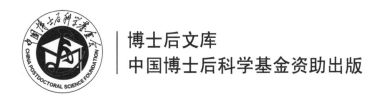

博士后文库
中国博士后科学基金资助出版

致密砂岩储层裂缝评价方法及其应用

刘敬寿　著

U0207512

科　学　出　版　社
北　京

内 容 简 介

本书以鄂尔多斯盆地三叠系上统延长组致密低渗透砂岩储层为例,从地表露头、岩心、薄片、成像测井及实验等实际资料入手,采用地质、地球物理、动静态相结合的方法,对不同尺度裂缝发育特征、主控因素与成因机制、关键参数分布规律进行系统的论述,并提出一套储层地质力学非均质建模方法,形成裂缝性储层双孔双渗建模新思路;此外,基于有限元与离散元理论,分析裂缝性储层的多尺度力学行为。采用数值模拟方法,分析致密储层开发过程中裂缝孔渗参数的变化规律,最终形成裂缝应力敏感性指数的定量预测方法,揭示压裂裂缝非对称扩展机制。

本书可供从事致密砂岩储层勘探开发的科研人员、生产管理人员和高校师生阅读参考。

图书在版编目(CIP)数据

致密砂岩储层裂缝评价方法及其应用 / 刘敬寿著. -- 北京 : 科学出版社, 2025.3. - (博士后文库). -- ISBN 978-7-03-081548-4

I. P618.130.2

中国国家版本馆 CIP 数据核字第 2025HW4738 号

责任编辑:孙寓明/责任校对:高 嵘
责任印制:徐晓晨/封面设计:陈 敬

科学出版社出版
北京东黄城根北街 16 号
邮政编码:100717
http://www.sciencep.com
北京厚诚则铭印刷科技有限公司印刷
科学出版社发行 各地新华书店经销
*
开本:B5(720×1000)
2025 年 3 月第 一 版 印张:17 1/2
2025 年 3 月第一次印刷 字数:353 000
定价:168.00 元
(如有印装质量问题,我社负责调换)

作者简介

刘敬寿　男，山东潍坊人，博士（后），中国地质大学（武汉）教授，博士生导师，入选湖北省高层次人才计划、校青年拔尖人才（A 类），2019 年获李四光优秀博士研究生奖。主要从事储层地质力学、非常规储层裂缝形成机制与建模、地应力评价与应用及油区构造解析方面的教学、科研工作，形成了"石油构造分析与控油气作用、非常规油气储层不同尺度裂缝表征与工程甜点预测的地质力学基础研究"等稳定学科方向。目前主持国家自然科学基金、湖北省自然科学基金、中国博士后科学基金项目及校企合作课题 20 余项；以第一作者在 *GSA Bulletin*、*Tectonics*、*SPE Journal*、*International Journal of Rock Mechanics and Mining Sciences*、*Rock Mechanics and Rock Engineering*、*Engineering Geology*、*Geophysics* 及《石油学报》等期刊上发表论文 30 余篇；近十年来，以第一发明人授权国家发明专利 30 余项，登记软件著作权 10 余项，获教育部科技进步二等奖等省部级奖励 4 项。此外，受邀担任 *Frontiers in Earth Science* 期刊《非常规储层地质力学》专刊客座主编，*Journal of Marine Science and Engineering* 期刊《盆地分析与建模》专刊编辑，*Applied Sciences* 期刊《地质力学与储层模拟》专刊客座主编，*Academic Editor of International Journal of Energy Research*、《地质通报》青年副主编，《石油学报》、*Petroleum Science*、《地球科学》青年编委，*GSA Bulletin*、*AAPG Bulletin*、《中国科学：地球科学》、《石油勘探与开发》、《石油学报》等多个期刊的审稿人。具体研究方向包括：

（1）非常规储层裂缝形成机制、定量预测及建模；

（2）四维应力场预测与应用；

（3）含油气盆地构造解析；

（4）深层-超深层储层地质力学实验；

（5）潜山储层古今应力场模拟与多期裂缝预测；

（6）储层工程甜点评价的地质力学基础理论。

"博士后文库"编委会

"博士后文库"序言

1985 年，在李政道先生的倡议和邓小平同志的亲自关怀下，我国建立了博士后制度，同时设立了博士后科学基金。30 多年来，在党和国家的高度重视下，在社会各方面的关心和支持下，博士后制度为我国培养了一大批青年高层次创新人才。在这一过程中，博士后科学基金发挥了不可替代的独特作用。

博士后科学基金是中国特色博士后制度的重要组成部分，专门用于资助博士后研究人员开展创新探索。博士后科学基金的资助，对正处于独立科研生涯起步阶段的博士后研究人员来说，适逢其时，有利于培养他们独立的科研人格、在选题方面的竞争意识以及负责的精神，是他们独立从事科研工作的"第一桶金"。尽管博士后科学基金资助金额不大，但对博士后青年创新人才的培养和激励作用不可估量。四两拨千斤，博士后科学基金有效地推动了博士后研究人员迅速成长为高水平的研究人才，"小基金发挥了大作用"。

在博士后科学基金的资助下，博士后研究人员的优秀学术成果不断涌现。2013年，为提高博士后科学基金的资助效益，中国博士后科学基金会联合科学出版社开展了博士后优秀学术专著出版资助工作，通过专家评审遴选出优秀的博士后学术著作，收入"博士后文库"，由博士后科学基金资助、科学出版社出版。我们希望，借此打造专属于博士后学术创新的旗舰图书品牌，激励博士后研究人员潜心科研，扎实治学，提升博士后优秀学术成果的社会影响力。

2015 年，国务院办公厅印发了《关于改革完善博士后制度的意见》（国办发〔2015〕87 号），将"实施自然科学、人文社会科学优秀博士后论著出版支持计划"作为"十三五"期间博士后工作的重要内容和提升博士后研究人员培养质量的重要手段，这更加凸显了出版资助工作的意义。我相信，我们提供的这个出版资助平台将对博士后研究人员激发创新智慧、凝聚创新力量发挥独特的作用，促使博士后研究人员的创新成果更好地服务于创新驱动发展战略和创新型国家的建设。

祝愿广大博士后研究人员在博士后科学基金的资助下早日成长为栋梁之才，为实现中华民族伟大复兴的中国梦做出更大的贡献。

中国博士后科学基金会理事长

前　　言

伴随全球油气勘探逐渐从常规走向非常规，致密砂岩储层研究受到普遍关注并不断取得突破。致密砂岩储层是我国陆相沉积盆地中重要的油气储集层类型，同时也是我国石油工业的发展趋势，目前已成为油气勘探开发的新热点。鄂尔多斯盆地是该类储层的重要分布区，盆地致密油探明资源量达 20 亿 t，为长庆油田年产油气当量突破 6 000 万 t 夯实了资源基础，将是"十四五"及中长期油气上产稳产的重要领域。与传统中高渗储层相比，鄂尔多斯盆地三叠系延长组致密砂岩储层具有典型的"三低"特征，且储层非均质性强，盆地中广泛发育的不同尺度构造裂缝决定了致密砂岩储层的渗流能力，并影响油气藏开发方案部署。

本书的研究对象是致密砂岩储层中的天然构造裂缝。以鄂尔多斯盆地华庆地区元 284 先导试验区为例，基于野外露头、测井、钻井、实验、微地震监测及生产动态资料，本书运用地质学、力学、数学及计算机科学理论，提出储层地质力学非均质建模方法，并研制相应的软件系统，研究鄂尔多斯盆地华庆地区元 284 先导试验区长 6 层组的地应力系统和裂缝系统，预测低渗透储层裂缝的静态与动态参数，并提出储层的开发建议。

本书共 8 章。第 1 章综述地应力、储层裂缝表征和预测方面的研究进展。第 2 章概述研究区延长组地层发育和地质概况。第 3 章通过对野外露头、岩心、成像测井、薄片及扫描电镜的观察描述，依据成像测井与阵列声波测井资料，分析多个尺度力学参数与裂缝密度的相关性，通过野外观测建立三维裂缝网络模型，采用有限元与离散元相结合的方法分析裂缝性储层的多尺度力学行为，确定地质力学建模中表征单元体的大小。第 4 章通过采用多种方法综合研究确定现今水平最大主应力方向，利用提出的储层地质力学非均质建模方法，研发相应的软件系统，模拟不同时期的应力场分布。第 5 章依据建立的裂缝密度计算模型，结合古应力场模拟结果，得到燕山期、喜马拉雅期裂缝线密度；在考虑裂缝面粗糙度的基础上，建立裂缝面有限元地质力学模型，提出多因素约束下的油藏裂缝开度数值模拟方法。第 6 章综合裂缝开度理论预测模型和三维裂缝渗透率张量计算模型，实现裂缝性储层双孔双渗建模。第 7 章采用储层裂缝数值模拟的方法，分析储层裂缝孔渗参数在开发过程中的动态变化规律，确定裂缝孔渗参数的应力敏感性指数；在裂缝孔渗参数及地应力场数值模拟的基础上，求得储层破裂压力、裂缝开启压力及井口注水压力；利用水平井微地震监测结果，分析压裂改造效果的影响因素。

裂缝的表征和预测是一项世界级难题，本书基于已掌握资料对鄂尔多斯盆地延长组储层裂缝开展初步研究，尚有很多问题有待进一步研究和探索，笔者希望可以通过本书与同行学者进行深入交流，丰富、完善储层裂缝成因理论、预测方法。

本书由中国博士后科学基金资助出版，主要成果来源于国家自然科学基金项目（42102156）研究成果。在编写过程中得到了中国地质大学（武汉）、中国石油勘探开发研究院、中国地质大学（北京）、中国石油长庆油田分公司勘探开发研究院和构造与油气资源教育部重点实验室等单位相关专家、老师的大力支持与帮助，在此一并表示感谢。特别感谢中国石油勘探开发研究院、中国石油长庆油田分公司勘探开发研究院提供的岩石力学与地应力测试等实验数据。此外，笔者在书中引用了大量油田基础资料、中外文参考文献、前人研究报告，借此机会一并表示感谢。

由于笔者研究水平、经验及掌握的资料有限，书中难免有所疏漏，敬请广大读者批评指正。

刘敬寿

2024 年 11 月

目　　录

第1章 绪 论

随着我国油气勘探开发的逐步推进，低渗透油气、致密油气、页岩油气及煤层气在我国的能源结构中扮演着越来越重要的角色。目前，我国油气开发逐渐转向深层、复杂储层及非常规储层，油气开发难度进一步增大；储层天然裂缝在地质甜点与工程甜点评价中扮演着越来越重要的角色，裂缝的表征与预测经历了定性—半定量—定量的过程，并逐渐形成了一套储层裂缝系统综合表征、预测的技术。低渗透储层脆性大，厚度、岩相及物性变化大，储层内部裂缝系统分布规律复杂（丁文龙 等，2024；刘敬寿 等，2023，2019；Zeng et al.，2023，2022，2009；李理 等，2017；王秀娟 等，2004；Nelson，2001）；裂缝的高渗性与基质的低渗性导致了油气藏注水开发过程中的矛盾（Liu et al.，2023a，b；曾联波 等，2020，2019；吕文雅 等，2016；曾联波，2004），因此，裂缝的研究应当贯穿于油田勘探与开发的整个过程（刘敬寿 等，2023，2015a；曾联波 等，2023，2022；穆龙新，2009；Narr et al.，2006）。

在地应力研究方面，从全球来看，目前油田应力场研究整体处于起步阶段，还未形成以储层应力为核心的地应力场研究方法体系，对油藏开发过程中应力的变化、断层或岩性接触界面附近应力的转向规律等多个方面还缺乏深入的研究；尽管目前油田、煤田及地震监测部门采用多种方法进行了上万次的地应力测量工作，但在地应力平面非均质性及垂向分层性的精细刻画方面还远远不足。

在裂缝识别表征方面，测井识别与预测裂缝仅是一孔之见，如何综合运用多种方法实现井间裂缝的精细刻画是裂缝表征面临的实际难题。利用叠前、叠后地震资料可以预测不同尺度的裂缝，但地震预测多解性强、纵向分辨率低，在水平井轨迹设计中难以实际应用，并且利用地震预测的裂缝分布在垂向上可能不符合地质规律，预测结果可能与裂缝成因机理不一致。基于地质力学原理预测裂缝的方法常用于勘探程度低、地震资料品质差及地层均质性弱的油气区块（Liu et al.，2022a，b，2021；Guo et al.，2016；Ju et al.，2015），这种方法的出发点就是有限元或离散元方法，所采用的属性单元也基本上是横向各向同性的材料（Liu et al.，2024a；Wu et al.，2017，2016），实际上盆地沉积的地层不仅具有纵向上的异性特征，横向上也具有异性特征，不仅岩层的接触界面对应力有集中和卸载的作用，而且地层产状和岩性的组合方式同样能够改变应力、应变的分布。从更小的尺度上看，岩石的孔隙结构、成分及颗粒粒径也在一定程度上改变着裂缝的形成方式及产状。此外，在识别裂缝发育区方面，如何准确建立裂缝的尺度参数评价数学模型，识别不同尺度的裂缝发育区同样也是裂缝预测面临的另一大难题（Liu et al.，2024a；曾联波 等，2022）。

在研究区鄂尔多斯盆地华庆地区的元 284 先导试验区，低渗透储层的非均质性强、地应力与天然裂缝系统复杂，目前该区块油气开发整体进入了水平井压裂转采阶段，前人对该区块地应力、裂缝等方面的研究工作较少，只有精细刻画该类低渗透储层的地应力三维展布，准确预测天然裂缝的动静态参数，解决压裂开发过程中水窜、水淹及压裂裂缝沟通储层不明确的问题，才能进一步挖掘低渗透储层的油气潜力。本书利用地质学、力学、数学及计算机科学理论，研制储层地质力学非均质建模的软件系统，以鄂尔多斯盆地裂缝性低渗透储层为例，阐述储层地质力学非均质建模方法具体的实施方案；结合邻区的勘探开发资料，解剖研究区地应力系统、裂缝系统，以期为低渗透储层、致密砂岩及页岩等储层中的裂缝、地应力研究及压裂参数优选提供技术支撑及理论参考。

1.1 研究进展

1.1.1 油气藏地应力场研究进展

1. 油气藏现今地应力评价方法

地应力的研究已有百余年的历史，目前研究正朝向系统化和多方法相互印证的方向发展（Liu et al.，2022c；Zoback，2019；Rajabi et al.，2017a；王成虎，2014；Lehtonen et al.，2012；周文 等，2007）；在当前技术条件下，地应力大小是无法直接测量的，主要通过间接方法测量（Zang and Stephansson，2010）。Gephart 1990 年首次采用震源机制方法确定现今地应力的方向，经过二十余年的发展，目前普遍采用差应变法、震源机制解、小震综合断面解及 P 轴参数分析等方法确定现今最大主应力方向。差应变法测量现今地应力方向的基本原理为：地下岩石处在三向挤压的地应力作用下，当岩样从地下取出后，为了消除地下应力作用引发岩石卸载，应力卸载的方向和强度与地下主应力方向密切相关（何建华 等，2023；周新桂 等，2009a，b；周文 等，2007）。水力压裂法是目前均质岩石地应力测量中最直接也是最可靠的方法，它代表了地下较大范围的现今地应力测量方向，利用压力-时间曲线可以确定水平最小主应力的值，结合岩石抗拉强度、裂缝破裂压力同样可以确定水平最大主应力的值（Sun and Wang，2024；Chen et al.，2021；Mou et al.，2021；Ma and Zoback，2017）。地应力评价方法依据测量或者模拟的地应力尺度而不同，地应力尺度分为以下 4 种。

（1）薄片尺度（微米—厘米）：衍射方法、微磁方法等。

（2）岩心尺度：声发射方法、岩心声速测量、差应变法、滞弹性应变分析、黏滞剩磁法等。

（3）井筒尺度：阵列声波测井、水力压裂法、成像测井、钻孔崩落法、井斜轨迹统计法等。

（4）油藏-盆地尺度：有限元数值模拟、物理模拟、GPS 监测、震源机制、断层走滑机制等。

几种常见的应力测量与模拟方法简介如表 1-1 所示。

表 1-1　常见地应力测量与模拟方法简介

尺度	测试技术	物理机理	适用条件说明	参考文献
薄片尺度	衍射方法	晶格应变	测量储存在单个矿物颗粒尺度的应变，常用于残余应力的量化研究，对现今地应力的测量具有参考性意义	Arboit 等（2017）；Sekine 和 Hayashi（2009）；Lacombe（2007）
	微磁方法	磁畴应力转向	在饱和磁化状态的区域中，磁畴在挤压应力条件下，会转向挤压应力的垂直方位	Stefenelli 等（2013）；Hauk（1997）
岩心尺度	声发射方法	凯塞效应	实验室确定地应力的重要方法；该方法仍然处于发展阶段，目前不能被视为独立且可靠的岩石应力测量方法	马春德等（2020）；Hsieh 等（2014）；Jin 等（2009）；王连捷等（2005）；Holcomb（1993）
	岩心声速测量	应力释放产生微裂缝	应力释放产生的微裂缝沿垂直最大主应力方向优势分布，导致声波在岩心的不同方向上传播速度不同	赖锦等（2023）；Liu（2011）；杨野（2010）；谢润成等（2010）
	差应变法	应力释放产生微裂缝	水平最大主应力方向的应变量最大，将实验结果与古地磁实验结合可确定地应力方向	何建华等（2023）；Sanada 等（2013）；Kang 等（2000）
井筒尺度	水力压裂法	均质岩石破裂准则	是目前最直接、可靠的方法之一，利用压力-时间曲线可以确定水平最小主应力的大小，结合岩石抗拉强度、裂缝破裂压力可以确定水平最大主应力大小。在裂缝性储层和高渗透储层中，该方法的应用受限	Sun 等（2024）；Mou 等（2021）；Du 等（2017）；Ma 和 Zoback（2017）；Liu 等（2014）；周新桂等（2009a，b）；Healy 和 Zoback（1988）

续表

尺度	测试技术	物理机理	适用条件说明	参考文献
井筒尺度	阵列声波测井	纵横波传播各向异性	在裂缝不发育的地层中，其速度各向异性主要由地应力不均衡引起，快横波方位代表着水平最大主应力的方向	Liu 等（2021）；Tang 和 Patterson（2001）；Tang 和 Chunduru（1999）
	成像测井	地层张性破裂	泥浆压力大于地层破裂压力，钻井诱导裂缝方向为水平最大主应力方向	Liu 等（2023a, b）；付建伟等（2015）；周文等（2007）
	钻孔崩落法	井眼破裂理论	井眼长轴方向代表水平最小主应力方向；在裂缝性致密储层中，仅通过井眼破裂方位来确定应力方向是不可靠的	Liu 等（2023a, b）；Zeng 等（2015）；戴俊生等（2014）；Zoback 等（1985）
油藏-盆地尺度	有限元数值模拟	地质学、力学、数学及计算机科学	应用最为广泛的三维地应力预测方法，通过建立地质模型、力学模型及数学模型实现应力的分布预测；储层地质力学非均质建模的发展实现了应力场的精细模拟	Liu 等（2024b, 2018a, 2017a, 2017b）；Lin 等（2016）；戴俊生等（2014）；周文等（2007）

　　在测井资料中，阵列声波测井是确定现今地应力大小和方向的有效方法，其原理是利用纵横波传播的各向异性，在裂缝不发育的地层中，其速度各向异性主要是由地应力的不均衡所致，快横波方位代表着现今水平最大主应力的方向（赖锦等，2023；Liu et al.，2021；Tang and Patterson，2001）。成像测井同样可以用来确定水平主应力的方向，当泥浆压力大于地层的破裂压力时，地层发生张性破裂，钻井诱导裂缝方向为水平最大主应力方向。钻孔崩落法的原理是井眼破裂理论，井眼长轴方向代表水平最小主应力方向（刘钰洋等，2024；Sobhani et al.，2024；徐珂等，2020；Zeng et al.，2015）。

　　目前声发射实验是测量现今地应力较为可靠的实验方法之一，当应力未达到先前最大应力的值时，很少有声发射产生，当应力达到或超过历史最高水平后，则产生大量声发射，因此声发射法可用来测量岩石的地应力。在岩石变形过程中同步采用声发射监测技术可以在时间和空间上监控岩石破裂过程；采用三轴压缩、巴西劈裂及抗剪强度实验，可以揭示深层-超深层岩石在不同应力模式（挤压、拉伸、走滑作用）下的破裂机制，以及在岩石力学实验中持续施加载荷所造成的不同变形事件（弹性变形阶段、塑性变形阶段、破裂粉碎阶段等），计算岩石力学参数动态变化的同时，同步检测声发射频率累计事件，记录岩石动态破裂过程与微裂隙演变。通过分析声发射信号主频、幅值随时间的变化，以及各种基本参数，可以揭示岩石破裂孕育不同阶段的特征信息，总结岩石在不同应力机制下的应力累积释放过程（图 1-1）。

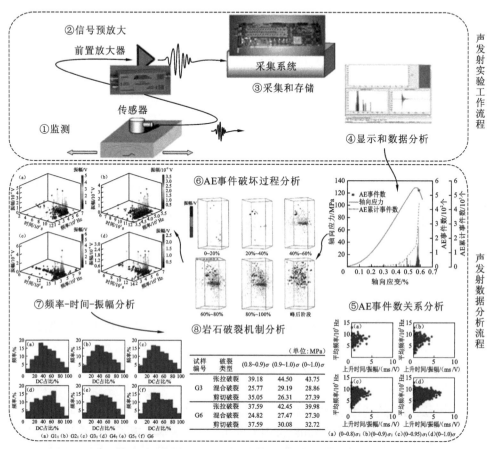

图 1-1 岩石破裂声发射监测技术工作流

AE 为声发射（acoustic emission）

2. 储层地质力学建模研究进展

目前储层地质力学的研究已经成为油气开发的重要领域之一，它主要涉及地层变形、地层物理性质、地层流体传输等方面问题。研究这些内容，有助于分析储层地质结构的复杂性和开采地下油气资源的可行性及方法。储层地质力学建模是涉及地质学、力学、数学及计算机科学的多学科融合技术，是地质模型、力学模型及数学模型全过程相互制约、相互渗透并且有机结合的系统。储层地质力学建模是在油藏地质建模的基础上发展而来的（表 1-2），目前正朝向与油藏建模精度相匹配的方向发展，并在地应力场模拟、储层裂缝定量预测、油区构造解析、水力压裂优化设计、出砂预测及注水井网布置等多个方面具有重要的应用。

表 1-2 油藏地质建模与储层地质力学建模的区别与联系

类别	油藏地质建模	储层地质力学建模
差异性	油藏数值模拟提供三维地质数据体	构造演化与成因机制解释
	计算含油气孔隙体积或储量	储层裂缝多参数分布预测
	井轨迹与井位部署	地应力场演化
	断层封堵分析和预测	临界应力断层和流体流动分析
	剩余油分布、监测油藏的动态	储层衰减影响分析，开发过程中应力模拟
	油藏开发方案的优化设计	压裂数值模拟，注水井网部署
	储层预测，地质甜点优选	分析井眼稳定性，工程甜点优选
相关性	两种建模均为地质工程师、油藏工程师及钻井工程师提供了一个交流的平台，储层地质力学建模是在油藏地质建模的基础上发展而来的	

储层地质力学建模经历了二维地质力学建模、简单三维地质力学建模及三维非均质地质力学建模和复杂构造/储层地质力学孪生建模四个阶段（图 1-2）。阶段 I，二维地质力学建模阶段（1968~2008 年），模型主要以曲壳模型、薄板模型为主，断层以线或面单元为主，包含地质信息少，同时无法实现三维应力的模拟，在模拟断层与裂缝成因机制及现今地应力场时，存在理论上的缺陷。阶段 II，简单三维地质力学建模阶段（2008~2017 年），模型基本考虑了三维构造起伏及断层几何形态的变化，同时能够实现三维应力场数值模拟，建模的应用性得到大幅提高，但该阶段所建的三维地质力学模型通常与油藏模型中的三维地质模型不同，前者往往是地层等厚模型，没有考虑地层尖灭、厚度变化等信息，在模型中无法全面地实现岩石力学参数的渐变与突变；同时在网格划分精度方面也无法与油藏建模相匹配。阶段 III，三维非均质地质力学建模阶段（2017~2023 年），Liu 等（2023b，2018a，2017a，2017b）提出了一种储层地质力学非均质建模方法，并研发相应的软件系统，实现了地质力学建模与油藏地质建模的精度匹配，使油藏地质力学建模的适用性大大提高。三维非均质地质力学建模核心要素包括非均质的地质模型、非均质力学保护模型、非均质边界条件及非均质的破裂条件。阶段 IV，复杂构造/储层地质力学孪生建模阶段（2023 年至今），刘敬寿等（2023）针对我

图 1-2 储层地质力学建模发展阶段

国西部叠瓦构造、缝洞型储层的地质条件，研发了储层地质力学孪生建模技术，即"几何孪生"与"力学孪生"双重含义，在准确刻画复杂构造与复杂缝洞体几何形态的基础上，同时实现了力学非均质与各向异性的准确表征，大幅提高了地应力预测的精度。

储层地质力学参数包括应力应变参数、岩石力学参数，此外还包括与两者相关的结构面活动参数、工程参数等，研究储层地质力学参数的方法可概括为以下四个方面。

（1）三维地震勘探技术：现代地震勘探技术已经能够获取高分辨率的地质图像，为储层的地质结构和岩性划分提供了更准确的数据支持。通过对地震数据的处理和解释，可以了解储层的构造、排列和岩性变化等。同时，岩石物理学的应用也在地震数据解释中发挥着重要作用，使勘探人员能够对储层的岩性、饱和度等进行定量分析（马妮 等，2020）。

（2）数值模拟技术：数值模拟是储层地质力学研究中的一种重要手段，通过建立数学模型并运用计算机仿真方法，可以模拟储层地质力学中的各种物理过程，如地层变形、应力分布和流体渗流等。这些模拟结果可以帮助研究人员更好地理解储层中的流体运移规律，优化开发方案并评估储层的稳定性和可开发性（Li et al.，2022a，b；Liu et al.，2022c；任浩林 等，2020；Yang et al.，2020）。

（3）岩石力学实验：岩石力学实验是储层地质力学研究中的重要实验手段之一。通过应力-应变试验和岩石强度试验等方法，可以测定岩石的力学性质和变形特性，为储层地质力学模型的建立和数值模拟提供实验数据和参数。

（4）非常规储层力学研究：随着油气勘探开发需求的增长，对非常规储层（如页岩气、致密油、煤层气等）的力学特性研究也变得日益重要。非常规储层具有特殊的地质和工程特征，其力学性质对开发具有重要影响。非常规储层力学研究已成为当前研究的热点之一，旨在揭示非常规储层中的流体渗流和变形行为，以指导非常规储层的开发和利用（刘敬寿 等，2023；Liu et al.，2023a，b）。

总的来说，储层地质力学的研究正处于不断发展和完善的阶段，涉及多个学科领域和综合应用技术。其研究成果为油气勘探开发提供了重要的理论基础和技术支持，有助于更加高效和可持续地开发地下油气资源。

3. 地应力建模软件的发展

目前地应力建模软件可分为一维建模、二维建模和三维建模三大类，近年来，四维建模技术和配套软件也逐渐得到地质与工程研究人员的重视，但四维建模总体还处于探索阶段。一维地质力学建模是利用测井方法获得常规测井参数，运用测井参数或经验公式计算岩石力学参数，根据岩心测试结果校正动态岩石力学参数，最终，基于应力和应变理论，计算地应力数值，揭示井筒方向的力学属性分布，完成地质力学的一维建模。石油领域通常利用 Techlog、Geolog 等测井解释软件来解释一维单井地应力。二维地质力学建模是建立地质体的几何形状，并考虑不同的岩石性质和埋藏深度等可变应力条件对主应力的大小和方向的影响。此外，不同学者针对不同的构造、储层特征，建立了不同的二维地质力学模型，以研究构造形态、应力类型和岩石特性如何影响不同深度的应力状态。三维地质力学建模的基本思路是利用层位、断层数据建立三维地质模型，基于已构建的三维地质构造模型，将岩石力学参数赋值到不同的单元体中，建立三维地质力学模型，为下一步数值模拟提供基础模型。

用于三维地质力学建模的方法常有 Petrel 建模法、ANSYS 建模法、Petrel2ANSYS 建模法等。Petrel 建模法利用 Petrel 软件平台的属性建模（property modeling）功能模块，实现三维属性建模。对三维模型中测井曲线粗化，采用序贯-高斯插值方法并以三维地震数据体或实验数据点为约束，对杨氏模量、泊松比、密度等相关数据进行三维预测，以此为基础进行三维地质建模。基于油气藏生产功能模块将三维地质网格转化为三维地质力学网格，设置断层参数和应力边界条件，建立三维地质力学模型。

ANSYS 建模法是利用 AutoCAD（Autodesk computer aided design）、构造解释软件提取地表及岩层分界面的地质信息，然后运用 ANSYS 软件将这些数据自下而上建立模型。有限元法（finite element method，FEM）的主要原理是将连续体结构的求解区域看成由若干个称为有限元的小的互联子域组成，对每一单元假定一个合适的近似函数，然后推导求解这个域总的满足条件，从而得到问题的解。该方法将抽象的力学模型转化为具体的方程并进行简化求解，将连续的无限自由度问题离散成以未知场函数的节点值为未知量的有限自由度问题，以此建立一个符合实际的二维或三维有限元模型。由于处理步骤少，模拟效率高，不同材料适用性强，有限元法在构造模拟研究中的应用最为广泛，可用于构造变形研究的有限元软件已经较为成熟。首先，需要地质构造信息，可利用勘测提供的 AutoCAD

地形图文件，其包含了带高程的地表、基岩等高线，这些等高线就是建模的依据，并用 Surfer 对构造信息进行离散，处理成规律分布的均匀化网格点。其次，对于离散后的地形表面网格点，通过在 ANSYS 软件中建立点和体，完成了初步几何模型。之后，对初步模型进行单元划分，此过程将模型简化处理为由大量简单的小块体组成的网格，最后直接将小块体转化为有限元单元，生成最终有限元模型，实现三维地质力学建模。

Petrel2ANSYS 建模法是为了克服不同模型中数据组织方案差异所带来的模拟困难。为此，开发了 Petrel2ANSYS 软件平台，允许不同网格类型之间的双向转换，简化了三维地质模型和有限元模型的连接过程，实现了 Petrel 三维地质网格与 ANSYS 三维角点网格的双向转换（Liu et al.，2022a，b）。Petrel2ANSYS 软件平台集成了 4 个模块：预处理模块用于对输入的角点网格进行修改；转换模块将角点网格转换为有限元网格；后处理模块将有限元网格转换为角点网格；可视化模块用于对不同网格上的所有模型进行可视化。其实现过程为：首先，由 Petrel 软件包构建的三维属性模型进入 Petrel2ANSYS 的预处理模块，模块对其进行修改，表示角点网格的输入文件在转换模块中被转换为有限元网格；输出文件流入 ANSYS 软件进行数值模拟。仿真完成后，可在可视化模块中可视化的应力模型流入后处理模块，再转换为基于角点网格的模型（Liu et al.，2023a；刘敬寿 等，2019）。

在传统的三维地质力学建模方法中，难以实现准确搭建逆冲带地应力网格模型，徐珂等（2024）通过以下流程实现了复杂构造地应力网格建模：在地震解释的基础上，建立研究区三维全层系构造几何模型［图 1-3（a）］，构造几何模型主要考虑地表起伏、叠瓦构造及盐构造三部分［图 1-3（b）］；在建立构造几何模型的基础上，建立有限元几何模型，表征层面与层面、断层与层面、断层与断层之间的交接关系，建立地层和构造格架，并与构造几何模型对比，确定有限元几何模型误差分布，通过调整局部构造起伏，使构造几何模型与有限元几何模型的误差在允许范围内；采用层面干预-有限元定向网格剖分方法，建立兼容主流有限元地应力模拟软件的地应力网格模型［图 1-3（c）］；基于阵列声波测井数据，计算岩石动态力学参数，并结合岩石三轴力学试验结果，通过岩石动静态力学参数转换，得到单井岩石静态力学参数垂向分布，建立地质力学模型；利用声发射技术确定古应力的大小，结合断层、裂缝方向及构造变形规律明确模型的边界条件［图 1-3（d）］，最后模拟复杂变形区连片三维应力分布。该方法为我国西北地区，尤其是塔里木盆地库车拗陷盐下储层应力场模拟提供了关键技术支撑。

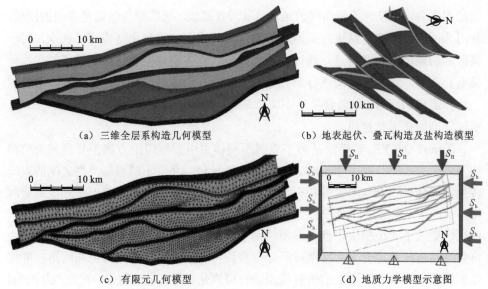

（a）三维全层系构造几何模型　　　（b）地表起伏、叠瓦构造及盐构造模型

（c）有限元几何模型　　　　　　　（d）地质力学模型示意图

图 1-3　库车拗陷博孜-大北段复杂构造地质力学建模

S_H 为水平最大主应力；S_h 为水平最小主应力

1.1.2　储层裂缝表征参数研究进展

裂缝多参数综合定量表征是油气地质开发领域的前缘性课题，常规裂缝定量表征参数主要包括裂缝的产状、密度（线密度、面密度、体密度）、高度、长度、组系、开度及孔渗参数等；伴随油气开发的深入，裂缝的充填特征、连通性、有效性、开启压力、封闭性、动态参数及裂缝面粗糙度等参数日益得到研究人员的关注（巩磊 等，2023；刘群明 等，2023；刘敬寿 等，2024a，2023，2019；曾联波 等，2023，2020；丁文龙 等，2015a，b；Olson et al.，2009）。

选取哪个参数表征裂缝发育程度是不同类型储层裂缝表征面临的首要问题；目前国内外裂缝参数表征、预测和建模侧重于刻画裂缝的密度与方位，而忽略地下裂缝开度的定量表征与模型评价（Liu et al.，2021；刘敬寿 等，2019；Laubach et al.，2019）。不同学者对裂缝开度的定义不同，本书关注的是由应力引起的两个近平行裂缝壁之间的物理开口大小（Liu et al.，2023b，2021；Bisdom et al.，2016b），即裂缝的有效开启程度，它是地下裂缝有效性评价的关键参数，决定了致密砂岩储层的渗流能力。目前，大多数裂缝流动模型均将裂缝的开度视为单一的开度（Liu et al.，2021；Bisdom et al.，2016a；Liang et al.，2016），但实际上裂缝面是粗糙的，其三维起伏与开度分布频率直接影响裂缝两壁的应力状态与流体流动特性（Bisdom et al.，2016b）。

裂缝面几何特征可采用节理粗糙度（joint roughness coefficient，JRC）、节理吻合度（joint matching coefficient，JMC）和节理闭合率（joint closure apparent，JCA）3 个参数表征（Zhang et al.，2019；Tatone and Grasselli，2012；Belem et al.，2000；Zhao，1997），而力学特征则采用法向与切向刚度系数表征（Singh and Basu，2016）。Barton 和 Choubey（1977）提出的节理粗糙度被国际岩石力学学会作为评估节理（裂缝）粗糙度的标准轮廓曲线，但裂缝粗糙度表征与应用需要结合具体的工程问题开展研究（Saadat and Taheri，2020；Singh and Basu，2016；Tatone and Grasselli，2012）。与节理粗糙度不同，节理吻合度代表了裂缝面"匹配"或"吻合"的程度（Zhao et al.，2008；Zhao，1997），相同粗糙度的裂缝（节理）面中，吻合度较差的裂缝通常具有较大的开度。节理闭合率是指裂缝面闭合面积占裂缝面总面积的百分比（Nemoto et al.，2009）。目前，在工程地质领域，裂缝（节理）面参数研究往往局限在单一尺度或单一参数。而在油气地质领域，国内外学者尚未对裂缝面的力学性质开展系统的应用研究，对不同尺度、不同充填样式、不同粗糙度及吻合度的裂缝面几何特征缺乏系统研究。

目前，裂缝的识别和表征正趋向于精细化、定量化的方向发展，逐渐形成了多手段、多尺度、多参数的储层裂缝综合表征思路。储层裂缝综合表征是储层裂缝预测和建模的基础，也是储层工程甜点优选、勘探开发方案制定的重要参考依据。基于裂缝成因机制与影响因素的复杂性，采用单一方法或单一参数很难准确刻画裂缝的三维分布特征。目前，裂缝识别与表征方法可分为地质与岩石学法、测井方法、钻井与录井方法及生产动态资料分析法四大类。

1. 地质与岩石学法表征裂缝

地质与岩石学法通过野外露头、岩心或制备其他样品直接观测、统计裂缝的参数，并结合少量钻孔数据来构建地下连续的裂缝网络模型（Afshari et al.，2018）。随着断层扫描机、阴极射线发光、无人机遥感技术、激光扫描技术及野外裂缝建模技术等的发展（曾联波 等，2023，2022；冯建伟 等，2020；Scheiber and Viola，2018；Casini et al.，2016；Santos et al.，2015；Tanaka and Yamamoto，2014；Yun et al.，2013），地质与岩石学法表征裂缝正朝更微观、更立体及更精细的方向发展。如图 1-4 所示的研究区野外观测，显示该地区裂缝总体呈棋盘状分布，具有延伸远、缝面平直的特点。图 1-5 中为鼓峡景区小铁桥处长 6 层细砂岩中发育的构造裂缝，两组构造裂缝近垂直相交，倾角近 90°，延伸长，为典型的鄂尔多斯盆地构造裂缝特征。图 1-6 为鼓峡景区长 6 薄层砂岩中的裂缝，相比于厚层砂岩，薄层砂岩中的裂缝密度更大；在长度约 1.3 m 的剖面中，共有 7 条裂缝，走向为北东东向 65°～75°。部分砂岩中的裂缝可以穿透薄的泥岩夹层，但是难以穿透较厚的泥岩层。

图 1-4　灵武市石沟驿长 6 层细砂岩裂缝平面发育特征

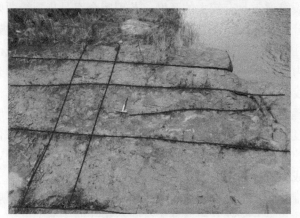

图 1-5　鼓峡景区小铁桥处长 6 层细砂岩中发育的构造裂缝

图 1-6　鼓峡景区长 6 薄层砂岩中的裂缝

2. 测井资料识别裂缝

常规测井资料识别裂缝实际是对微弱信号提取与放大的过程（曾联波 等，

2010)。目前，基于常规测井与裂缝响应的关系，不同学者建立了不同的裂缝参数响应模型（Lai et al.，2018，2017；屈海洲 等，2016；童亨茂，2006；袁士义 等，2004），应用常规测井曲线识别天然裂缝发育特征。通常不同产状的裂缝响应不同，因此，解析裂缝的测井响应时应当考虑裂缝的发育类型（赖锦 等，2023，2015；赵军龙 等，2010）。目前测井资料识别法表征裂缝参数正朝向表征定量化、探测立体化方向发展，即由"一孔之见"朝向"一孔远见"发展（唐晓明 等，2017）。Xiao 等（2019）、赵军龙等（2011，2010）从有限的岩心资料出发，运用现代数学中的重标极差分析（rescaled range analysis，R/S）技术和灰色关联技术，将测井、录井及动态资料结合，开展了低渗透砂岩储层天然裂缝的识别工作（图 1-7）。

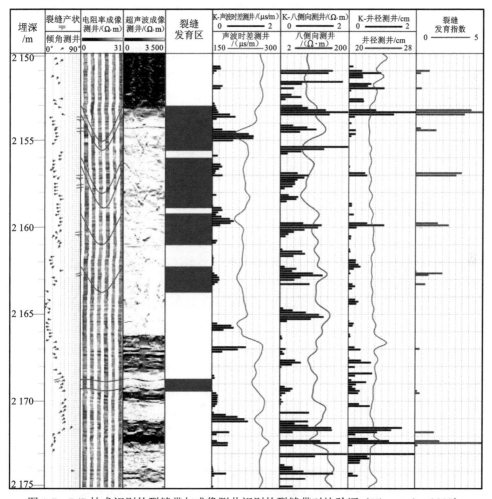

图 1-7 R/S 技术识别的裂缝带与成像测井识别的裂缝带对比验证（Xiao et al.，2019）

　　Ali Zerrouki 等（2014）对神经网络方法改进后，利用迈萨乌德（Messaoud）油田测井资料计算得到天然裂缝孔隙度，并指出密度测井与计算的天然裂缝孔隙度相关性最大。Lyu 等（2016）总结了致密砂岩中裂缝的测井响应特征，井径测井、声波测井、补偿中子测井、密度测井及双感应测井存在裂缝响应；但在岩石破裂强度较小的砂岩中，常规测井难以区分裂缝和非裂缝的发育段。Xu 等（2018，2016）基于测井响应敏感性特征建立了裂缝识别模型，并利用测井响应的差异性计算了裂缝的孔隙度。Fernández-Ibáñez 等（2018）研发了一种综合成像测井、岩心及地质力学模型的裂缝识别技术，通过减少钻孔周边应力对成像测井的影响，从成像测井中获取了高可信度的裂缝数据信息。南泽宇等（2017）通过绘制双感应裂缝开度评价图版，建立了裂缝开度评价模型。唐晓明等（2017）创造性地研发了偶极横波远探测成像测井技术，利用相应的成像处理软件，实现了对井眼周围数十米范围内的微构造形态及方位的精细刻画。潘保芝等（2018）利用电阻率资料、常规测井资料构建了电成像储层裂缝识别因子和常规储层测井裂缝综合识别因子，为储层裂缝的识别提供了一种新的方法。邓少贵等（2018）基于三维有限元法，系统模拟了裂缝的方位侧向测井响应，并通过对方位电阻率测井响应数据进行井周成像，实现了裂缝产状和发育特征的可视化。董少群等（2023）系统总结了人工智能算法，尤其是无监督方法与有监督方法在常规测井裂缝识别中的优缺点，并系统讨论了不同人工智能算法在天然裂缝识别中的发展趋势。

3. 钻井与录井资料表征裂缝

　　目前钻井与录井资料识别裂缝总体应用较少，识别精度低于测井资料（图1-8）。在钻井与录井资料识别裂缝方面，陈清贵和潘小东（2006）提出采用钻时曲线、地层可钻性及钻时回归参数识别裂缝性储层。Norbeck 等（2012）提出在欠平衡钻井作业期间获取与井眼相交的天然裂缝位置的两个评价参数：泥浆测井中总气体浓度和泥浆体积。何新兵等（2014）系统总结了钻遇裂缝发育带时的录井响应特征：溢流、录井槽面及井漏产生气泡并上涨；气测全烃呈尖峰式上涨，并且出现周期性的重复现象；标准含油质量浓度为异常高值；钻井液出口的电导率为高值。隋泽栋等（2015）提出利用功指数识别火成岩储集层的裂缝发育段，功指数减小的幅度能够反映裂缝的发育程度。阚留杰等（2015）指出泥岩裂缝的随钻响应特征：地层可钻性指数曲线异常、气测曲线偏高、自然伽马测井曲线异常高值、钻井过程中出现井壁失稳、井漏及岩屑中次生矿物含量均增多的现象。吴炎（2017）指出在裂缝发育层段气测组分齐全且具有连续性，C_2（乙烷在天然气中的体积分数）、C_3（丙烷在天然气中的体积分数）明显升高，并提出采用$(C_2+C_3+iC_4)/T_g$与C_1/T_g（C_1为甲烷在天然气中的体积分数，C_4为异丁烷在天然气中的体积分数，

T_g 为气测全烃在天然气中的体积分数）绘制交会图的方法识别裂缝。郭明宇和姬建飞（2021）基于录井资料，建立了随钻裂缝预测模型，为随钻作业提供了技术支撑。李战奎等（2023）利用录井参数，采用曲线交会法、井漏信息法对渤海湾太古界变质岩进行裂缝识别，取得了较好的应用效果。

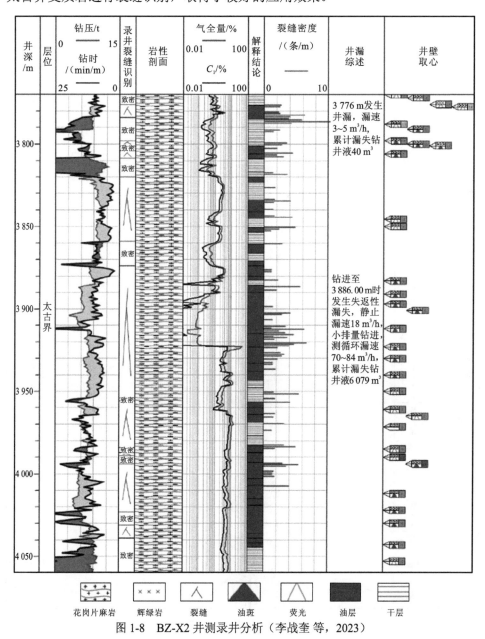

图 1-8 BZ-X2 井测录井分析（李战奎 等，2023）

4. 生产动态资料识别裂缝

利用生产动态资料识别裂缝时，应当注意区分吸水、漏失及水窜等现象是由裂缝还是孔喉所致。如图 1-9 所示，天然裂缝发育层段在吸水剖面上往往呈指状或者多指状形态，平面上往往形成裂缝水窜带（Bogatkov and Babadagli, 2010；穆龙新，2009）。邓虎成等（2013）发现新场气田气井的无阻流量与测试井段裂缝的张开度具有相关性，这表明井筒附近有效裂缝对天然气产量有控制作用。Kim等（2015）从合成的微震数据中提取了虚拟的垂向地震剖面和单井剖面数据，并进行叠前深度偏移，准确确定了天然裂缝的空间位置。王丹丹等（2016）通过分析复杂动态气水的分布特征，提出裂缝产状会影响储层的产水量，低角度裂缝或

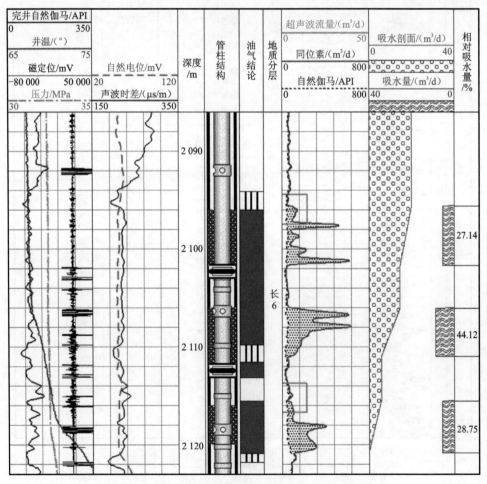

图 1-9　鄂尔多斯盆地华庆地区元 289 井吸水剖面

网状裂缝为主的储层易产水，而高角度裂缝占优势的层段基本不出水。苏皓等（2017）基于吸水剖面、示踪剂等动态资料，利用应力场模拟与相属性约束，建立了动态三维离散网络模型。赵向原等（2020）等利用静态地质因素（天然裂缝、应力、力学性质）及动态工程因素（注水压力、注水量），建立了注水诱导裂缝形成的地质条件模型，并揭示了应力对诱导裂缝的控制作用。Liu 等（2024a）基于水侵、吸水剖面及含水率变化，建立了裂缝尺度预测模型。

5. 储层裂缝表征技术测量精度

由于探测能力的限制，仪器准确、系统地表征天然裂缝难度很大，目前，尚无一种系统的方法可以准确、全面地表征裂缝的发育特征（赵向原 等，2023；刘敬寿 等，2019；高金栋 等，2018）。储层裂缝研究的技术与实验方法分为两大类：一类是直接观察法，包括电镜观测、岩心观测及野外观测等；另一类是间接观察法，包括压汞分析、录井分析、测井分析、动态资料分析及地震方法等。此外，按照裂缝识别的空间维度又可以分为二维表征与三维表征（图 1-10）。

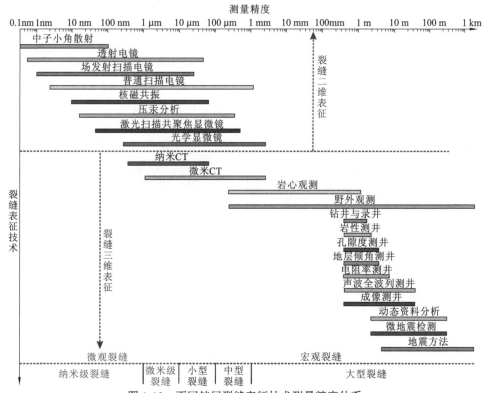

图 1-10　不同储层裂缝表征技术测量精度体系

6. 裂缝充填特征与连通性

裂缝的充填特征主要包括充填物、充填率、充填期次及充填样式等。金强等（2015）通过研究富台油田的碳酸盐岩潜山裂缝的充填物特征，发现裂缝的充填程度受断层的距离、围岩岩性、构造活动期次、热液温度及流速等多种因素控制。裂缝的形成时期可以通过裂缝内充填物的包裹体、碳氧同位素与微量元素组成分析、电子自旋共振（electron spin resonance，ESR）测年及磷灰石、锆石测年等方法确定（范存辉 等，2017；Nuriel et al.，2012）。

岩层裂缝的连通性是了解和预测裂缝内流体流动的关键因素，Ozkaya 和 Mattner（2003）通过在成像测井资料上判别裂缝长度发育概率，提出了裂缝交叉点数量计算方法。Ghosh 和 Mitra（2009a，b）通过部分连通面积（fractional connected area，FCA）和裂缝连通面积聚类分析两个参数，在二维平面内分析了不同的裂缝参数对裂缝网络连通性的影响。对于单组裂缝，裂缝长度增加和间距减小都会导致更高的断裂平行连通性；裂缝连通性取决于裂缝的数量、方向、分散性及密度等。在图 1-11 中，灰色多边形显示每个样本的连通群集，图（a）、（b）中两个样本虽然具有相同的 FCA 值，但由于单个集群中连通裂缝集中，（b）中所示的样本区域有可能遇到更大的连通区域（Ghosh and Mitra，2009b）。Li 等（2018）基于离散断裂网络（discrete fracture network，DFN）模型，计算了单位体积的裂缝交点数和交点长度等连通性参数。巩磊等（2023）基于裂缝节点类型与比例，采用数值模拟的方法，揭示了裂缝连通性、发育强度的主控因素。

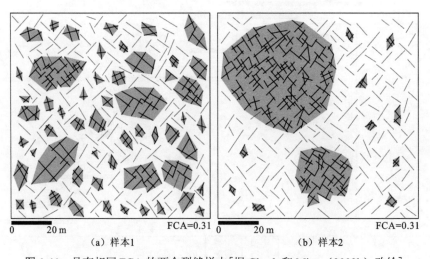

0 20 m FCA=0.31	0 20 m FCA=0.31
（a）样本1	（b）样本2

图 1-11　具有相同 FCA 的两个裂缝样本[据 Ghosh 和 Mitra（2009b）改绘]

7. 裂缝有效性与开启性

裂缝的有效性可以通过裂缝充填与张开程度表征（赵向原 等，2017；曾联波 等，2012；Prioul and Jocker，2009）；裂缝的有效性主要受现今应力场大小和方向、裂缝形成时间、异常流体压力、构造抬升与剥蚀作用、裂缝面力学性质与裂缝产状、构造变形与断层活动性、胶结、不整合及溶蚀作用等因素控制（陆云龙 等，2018；张鹏 等，2013；曾联波 等，2012；Luczaj et al.，2006）。一般而言，晚期形成的裂缝有效性更好（曾联波 等，2012）；溶蚀作用和异常流体高压作用可显著地增加裂缝的有效性（曾维特 等，2016）；膏盐层的展布特征同样会影响裂缝的有效性，离膏盐层越近，裂缝的有效性越差；与现今水平主应力方向或主干断层方向近于平行的裂缝，一般有效性最好（曾联波 等，2012；周新桂 等，2012）。在顶板厚度基本稳定的前提下，页岩气的保存条件很大程度上取决于顶板的连续性，因此对断层、裂缝在不同时期的活动性、剖面穿层能力的评价同样至关重要。Liu 等（2018c）结合黔北地区岑巩区块的构造应力场演化及剖面岩石力学层组合模式，提出了牛蹄塘组页岩储层裂缝开启性评价模型，定量分析了裂缝的穿层能力及开启能力，进而定量评价了裂缝在不同时期的保存能力。裂缝开启压力是使闭合裂缝再次开启所需的最小外部压力（周新桂 等，2013；曾联波 等，2010，2008a），通过现今地应力分析与测量及裂缝产状统计与预测，可以确定不同构造位置、不同组系的裂缝开启压力、次序，结合储层的破裂压力，从而确定合理的井口注水压力（赵向原 等，2020，2015；周新桂 等，2013）。

8. 裂缝动态参数

目前，在油田开发初期，裂缝参数描述和预测技术日趋成熟，但随着注水采油的推进，孔隙压力的下降，裂缝面所受的有效应力增大，导致裂缝有效开度减小，进而裂缝的孔渗参数发生变化，即裂缝的应力敏感性或压力敏感性增强（赵向原 等，2020；Liang et al.，2016；张浩 等，2007），裂缝的渗透率与正应力的关系同样受杨氏模量各向异性的影响（Chen et al.，2015）。曾联波（2004）将伴随着油气田开发而变化的裂缝参数称为裂缝动态参数，同时，裂缝动态参数的定量评价、分布预测是裂缝性低渗透储层高效开发的瓶颈（Liu et al.，2024c；王珂 等，2014）。

9. 裂缝面粗糙度

裂缝面粗糙度会影响岩体应力、应变的分布；裂缝（节理）粗糙度（JRC）是定量描述裂缝表面几何形态的关键参数，目前该参数已经在岩石力学、工程地质中得到了广泛的应用（图 1-12），此外，在相同粗糙度条件下，裂缝的吻合度也是影响裂缝渗流的一个关键参数（Zhao，1997）。裂缝面粗糙度是影响岩体的物理、力学及水力学性质的关键因素，也是客观地预测裂缝的抗剪强度及水力传导特征的重要参数（Bisdom et al.，2016a；葛云峰 等，2012；Kulatilake et al.，2008），也可能影响断层与裂缝的走滑、裂缝的开度及渗透率的各向异性（Wang et al.，2018；Power et al.，1987）。Barton 和 Choubey（1977）根据试验及现场测量结果，提出了一系列标准粗糙度的裂缝（节理）剖面曲线，并将 JRC 的值分为 10 个等级。目前，裂缝三维表面形貌常用 CT 三维扫描、激光三维扫描仪、表面光度仪及位移传感器等手段直接测量。Barton（1982，1973）采用试验的方法，利用粗糙度系数 JRC 建立了裂缝力学开度 E 与水力等效开度 e 的数学转换模型。目前，普遍采用 Tse 和 Cruden（1979）提出的经验公式计算二维 JRC 数值：

$$JRC^{2D} = 32.20 + 32.47 \lg Z_2 \tag{1-1}$$

$$Z_2 = \sqrt{\frac{1}{m-1}\sum_{i}^{m-1}\left(\frac{Z_{i+1} - Z_i}{\Delta}\right)^2} \tag{1-2}$$

式中：Z_2 为裂缝（节理）的平均梯度模；m 为沿某方向截取的二维剖面的数目；Z_i、Z_{i+1} 分别为裂缝（节理）数据中第 i、$i+1$ 个数据点的垂向坐标；Δ 为剖面线上点与点之间的间距；JRC^{2D} 为岩体裂缝（节理）面二维粗糙度系数。

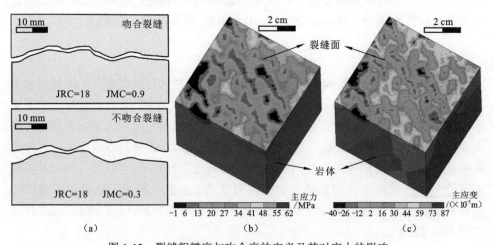

图 1-12　裂缝粗糙度与吻合度的定义及其对应力的影响

（a）相同粗糙度、不同吻合度的裂缝面［据 Zhao（1997）］；（b）和（c）为裂缝面及其附近岩体最小主应力、最小主应变分布；正值代表压应力（刘敬寿 等，2019）

葛云峰等（2012）采用均值化的方法将二维 JRC 值扩展为三维 JRC 值（JRC^{3D}）：

$$JRC^{3D} = \frac{1}{n}\sum_{i=1}^{n}JRC_{i}^{2D} \qquad (1-3)$$

式中：n 为二维 JRC 值的数目。

1.2 存 在 问 题

1.2.1 储层裂缝发育主控因素

不同类型储层中裂缝的主控因素各异，例如在影响裂缝发育的非构造因素中，低渗透砂岩储层的岩性、粒径及岩层的厚度通常是裂缝发育的主控内因；在页岩储层中，页岩的脆性、总有机碳（total organ carbon，TOC）含量可能是更为重要的影响因素，而在致密砂岩中岩石的脆性也逐渐引起研究人员的关注（赵向原 等，2023，2016）。不同产状的裂缝主控因素可能不同，高角度缝和斜交缝受断层及其扰动应力场、岩石力学层厚度及储层物性控制，而低角度缝主要受局部构造与沉积因素控制（刘敬寿 等，2019；赵向原 等，2018）。

1. 构造与应力场

构造是通过影响应力场的分布间接影响储层裂缝的发育程度（Griffith and Prakash，2015；曾联波 等，2008a），它是控制储层裂缝发育最重要的外因。断层活动强度在时间、空间上存在很大的差异，在断层附近的局部应力具有明显的分时、分区及分带性，进而影响了断层附近裂缝的发育模式（包汉勇 等，2024；Liu et al.，2022c，2018b；Abul et al.，2015；Baytok and Pranter，2013）。曾联波（2008a）认为断层两盘的裂缝发育程度往往存在一定的差异，一般断层被动盘一侧的张裂缝密度小于主动盘一侧；断层两盘裂缝发育程度不同导致油气在断层两侧差异聚集成藏。李乐等（2011）发现裂缝的密度与逆断层面及地层的曲率呈线性关系，并且存在一个断控的裂缝发育带。商琳等（2013）在研究富台潜山背斜时发现，在褶皱的核部，裂缝的开度大；而在褶皱的两翼，裂缝的开度小。在断层相关褶皱中，褶皱转折端的裂缝往往要比其褶皱翼部的裂缝发育，构造裂缝密度随着与断层距离的增大呈指数式递减（李小刚 等，2013），并且在靠近断层或者转折端的位置，存在一个断层-转折端共同控制的构造裂缝发育区域，该区域裂缝密度递减迅速（曾联波 等，2024；冯建伟 等，2020；鞠玮 等，2014b）。

2. 沉积相与岩性

岩性是影响裂缝发育最基本的内在因素（梁丰 等，2022；Ogata et al.，2017；曾联波 等，2007）。如果将研究区有限区域的外部构造应力场看作各向同性的，那么沉积作用、沉积条件的变化导致不同位置沉积碎屑的组成、结构、小层厚度及剖面的岩性组合会成为裂缝发育不均一的主控因素；因此，对沉积微相的研究可以揭示裂缝的三维分布。沉积微相通过影响岩石的微观特征进而影响裂缝的发育程度。岩石中裂缝的发育程度与岩石颗粒的大小密切相关。一方面，岩石粒度越大，晶间结合越不牢固，导致粗晶矿物的节理、晶间缝相对发育，裂缝发育程度降低；另一方面，在相同外部应力作用下，不同粒径的岩石颗粒间的接触点往往不同，进而影响局部应力的分布，导致裂缝的发育程度不同（刘敬寿 等，2019；赵文韬 等，2015，2013）。

3. 层厚

在相同的外部应力作用下，不同层厚的岩层内裂缝尖端应力的集中程度不同。一般岩层越薄，裂缝尖端的应力越集中，裂缝的发育程度越高（曹东升 等，2023；毛哲 等，2020；赵文韬 等，2015，2013）。当层厚小于某一临界值时，裂缝间距与层厚之间呈线性正相关；当层厚大于该临界值时，层度的增加不再影响裂缝间距，间距趋近于某一定值（Liu et al.，2022a；邓虎成和周文，2016；赵文韬 等，2015；曾联波 等，2007）。层厚对裂缝间距的影响并非是一成不变的，这取决于裂缝的成因机制，董有浦等（2013）在研究扬子地块南缘的钱塘坳康山组剖面构造裂缝的影响因素时发现，裂缝的发育程度与层厚呈正相关。McGinnis 等（2017）在研究得克萨斯州西部大弯曲（Big Bend）国家公园的 Boquillas 组岩层时发现，岩性和岩层力学特征对层厚与裂缝的相关性影响很大，石灰岩的裂缝间距与层厚相关性强，其间距与层厚比值在 0.31～1.33，裂缝通常穿透整套岩层并延伸到毗邻的泥岩中；相反，泥岩中的裂缝间距与层厚的相关性较差，间距与层厚比值在 0.09～0.25，并且裂缝多止于泥岩层内。曹东升等（2023）研究发现岩性是岩石力学性质演化及构造裂缝发育的物质基础，岩性组合决定了多尺度岩石力学层的纵向分布规律。岩石力学层厚控制了层内裂缝密度，主要有裂缝间距指数线性模型和幂函数模型两种定量关系。大尺度岩石力学层控制了大尺度断层裂缝的倾角、密度及构造样式等特征，进一步控制了流体运移、富集和成藏。中小尺度力学层及微尺度力学层控制了断溶体储层垂向非均质性。

4. 结构面与早期裂缝

裂缝与结构面组合样式的发育机理主要有三种。

（1）Cook-Gordon（库克-戈登）剥离作用。动态裂纹扩展实验表明，Cook-Gordon 剥离作用是复合材料中常见的分层机制（Larsen et al.，2010）。在均匀各向同性材料中，裂缝前端由于破裂作用引起的张应力在垂直于裂缝延伸方向上最大；平行于裂缝延伸方向的最大拉应力约为垂直于裂缝方向应力的 20%（Larsen et al.，2010；Parmigiani and Thouless，2007；Cook and Gordon，1964），如果接触面的抗拉强度小于该值时，破裂引起的拉伸应力可以使裂缝的端部张开，该岩石为非均质时，裂缝可能沿岩体的薄弱面扩展。

（2）应力屏障。界面处主应力的旋转可能会对特定裂缝类型的传播产生不利的局部应力。其中，存在不利应力场的层或单元被称为应力屏障（Gudmundsson et al.，2010，2006；Gudmundsson and Philipp，2006）。特别是，最大主压应力 σ_1 在不同层之间的上接触处变为水平，在界面处局部应力使得裂缝终止。

（3）材料韧性。材料韧性定义为每单位裂纹面积吸收的能量，它等于临界应变能释放率。当裂缝的应变能释放率达到裂缝扩展所需能量的临界值时，裂缝会穿透岩石界面；相反若该值达到岩石界面材料的韧性时，裂缝会以偏转的形式进入界面（Wang and Xu，2006；Hutchinson，1996）。一般而言，从较软层向较硬层传播的裂缝倾向于在各层之间的接触处转向或终止，而从硬层向软层传播的裂缝倾向于穿透接触面（Gudmundsson et al.，2010）。

早期裂缝同样可以通过改变局部应力场进而影响后期裂缝的分布（Liu et al.，2021，2017a，b；曾联波 等，2007）。早期裂缝方位及其与后期应力场中最大主应力方向之间的夹角是控制两期裂缝叠加的关键因素（Liu et al.，2021，2017a）；在后期构造应力场的作用下，岩石最容易沿着早期裂缝破裂扩展，这与早期裂缝的发育降低了岩石的破裂强度有关（Murray，1968）。在早期裂缝面的两侧，后期的主应力、剪应力及应变都有可能发生很大的改变，先存的裂缝可以影响断层的生长及相关裂缝的几何模式（Flodin and Aydin，2004）。

5. 岩石力学各向异性

刘敬寿等（2023）、汪虎等（2017）、李军等（2006）通过平面上不同方向的单轴抗压强度、泊松比及杨氏模量实验，证实了岩石力学性质的各向异性。曾联波等（2008b）在研究鄂尔多斯盆地陇东地区延长组裂缝时发现，北西向（330°）和北东向（60°）岩石强度明显比其他方位的岩石强度要低，因而在燕山期与喜马拉雅期构造应力的作用下，共轭裂缝中近南北向及近东西向的裂缝发育较弱，而北东向及北西向的裂缝更为发育。储层岩石力学的各向异性可能是导致不同组系裂缝发育程度存在差异的主要原因（王小琼 等，2021；曾联波，2008），当研究区构造应力差较小时，岩层非均质性可能会在裂缝扩展方向上起主导作用。

　　6. 成岩作用

　　由于成岩作用的差异，不同成岩相的岩石力学性质及裂缝发育程度上存在差异（Lamarche et al.，2012），成岩过程可以产生脆性带，使其优先断裂（Giorgioni et al.，2016），尤其是在快速和浅埋过程中，早期成岩作用会赋予岩石早期脆性行为，使岩石表现出脆性破裂变形而形成裂缝（Lavenu et al.，2015）。并且裂缝在开启过程中的胶结作用，也有助于裂缝的聚集。裂缝内的裂隙密闭结构发展过程表明，通常被解释为单一裂缝的结构，实际上可能是多组破裂的组合（Hooker et al.，2018；Hooker and Katz，2015）；另外，储层的压实与胶结作用使储层进一步致密化，进而影响裂缝的有效性（刘春 等，2017；Nelson，2001）；而溶蚀作用可以形成粒内、粒缘溶孔，这使得当岩石受力变形后，需要更大的应变或者位移才能发生破裂（吕文雅 等，2016）。Cook 等（2015，2011）在研究岩石微观结构变化时发现，孔径分布、孔隙形状、平均颗粒接触长度、颗粒接触数、粒间体积（intergranular volume，IGV）及颗粒间接触点数目与颗粒数目的比值（bond-to-grain ratio，BGR），均能定量反映渐进压实与胶结作用；参数 IGV 能反映压实作用的强弱，而参数 BGR 可以反映固体颗粒骨架的连通性。Dashti 等（2018)对扎格罗斯地区的一个天然裂缝性碳酸盐岩储层进行了裂缝发育层段与岩石力学层段研究，研究发现天然裂缝基本上反映了古岩石力学层，而钻井诱导裂缝则代表了现今岩石力学层，这可能与成岩作用对岩石力学性质的改变有关。此外，裂缝的发育也会改变成岩环境，进而导致岩石力学性质随时间发生变化（Liu et al.，2022a；Laubach et al.，2019）。

1.2.2　储层裂缝预测方法

　　多期构造应力场的叠合作用不仅导致储层多组系裂缝的发育和叠加，也从宏观和微观多个尺度上加剧了储层的非均质结构特征。目前，储层裂缝预测方法正朝向多方法综合，多尺度、多参数定量预测的方向发展。裂缝的预测方法可以分为岩层曲率法、断裂分形法、地震法、应力场数值模拟及综合法五大类，常用的储层裂缝预测方法简介如表 1-3 所示。

表 1-3 常用的储层裂缝预测方法简介

大类	亚类	方法说明	参考文献
岩层曲率法	主曲率法	岩层所受的构造应力越大，岩层越容易发生弯曲，岩层破裂的概率越大，裂缝发育程度也越高	卢世浩等（2020）；丁文龙等（2011a，2011b）；彭红利等（2005）；李志勇等（2003）；Murray（1968）
	高斯曲率法	与主曲率法相比，高斯曲率法预测裂缝的分布与实际地质资料、钻井及测井吻合较好	马妮等（2020）；唐诚（2013）；孙尚如等（2003）
断裂分形法	容量维法	基于断层、裂缝的自相似理论，判断小栅格内是否有地质单元进入，并未考虑地质单元的规模、延伸规律及分形计算单元的大小等问题	Mirzaie 等（2015）；冯阵东等（2011）；饶华等（2009）；侯贵廷（1994）
	信息维法	考虑断裂落入每个栅格的概率、尺度，基于断裂自相似性理论，合理确定了分形统计单元的大小	Liu 等（2018d）；刘敬寿等（2015b，c）
地震法	叠前相干数据体法	通过检测地震波同相轴的不连续性识别天然裂缝发育区	姜晓宇等（2020）；张军华（2004）
	横波分裂法	利用高精度的监测仪器，观测横波分裂或者双折射建立横波分裂与纵波方位各向异性的关系	李向阳等（2024）；Bansal 和 Sen（2008）；Ramos-Martínez 等（2000）
	地震属性分析法	定性地预测大尺度裂缝发育区，是多种地质因素综合预测结果	Chen 等（2016）；鲍明阳等（2023）；Bouchaala 等（2019）
	蚂蚁追踪技术	利用蚁群算法自动追踪的特点，进行小断层和大裂缝的识别	谢清惠等（2021）；王军等（2013）；Cox 和 Seitz（2007）
应力场数值模拟	二元与破裂率法	建立岩心裂缝发育程度与岩石的应变能或者主应力、剪应力等参数的数学模型，定性、半定量地预测裂缝分布	宿晓岑等（2021）；吴林强等（2018）；Yin 和 Ding（2019）；Ju 和 Sun（2016）；丁中一等（1998）
	裂缝多参数预测法	建立裂缝参数与地应力、岩石力学参数的数学模型，定量预测天然裂缝的密度、开度、孔渗等参数	Feng 等（2018）；冯建伟等（2011）；季宗镇等（2010a，b）
	储层地质力学非均质建模法	综合考虑了地质模型、力学模型及岩石破裂模型的非均质性，合理解决了岩石破裂过程中应变能转换问题，建立的地质力学模型更符合实际	Liu 等（2023，2022a，2018d，2017a）；刘敬寿等（2023）；Feng 等（2021）
综合法	多学科、多技术交叉	采用正演和反演的方法综合预测裂缝。目前主要分为应变信息约束地震资料、多方法综合预测及动静态资料相结合的方法预测裂缝	王珂等（2015）；Sassi 等（2012）；Shaban 等（2011）；McLennan 等（2009）

在断裂构造的研究中，人们已经认识到断层和裂缝在几何学、运动学及动力学特征上具有统计意义上的自相似性，这是分形理论在构造地质研究中的体现（位

云生 等，2021）。越来越多的研究表明，岩石破碎过程具有随机自相似性，断裂的分布、几何形态具有明显的分形特征。分维值是定量评价断裂构造的一项准确、有效的指标，断裂的分维值不仅与断层的长度有关，而且与断裂的条数、长度及平面组合特征等有关。断层和裂缝在成因上具有一致性，它们都在相同的应力场背景下形成，因此，确定二者之间的内在定量关系，依据断裂分布可以预测裂缝的发育规律（刘敬寿 等，2015c）。根据计算维数的定义，可分为容量维、信息维、相似维及关联维等，在分形几何构造地质复杂性的应用研究中，以容量维和信息维较实用。然而，已发表的研究成果表明，多数学者采用简单数盒子计算断裂的容量维值或信息维（图 1-13）。

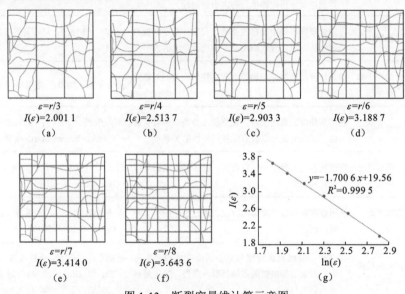

图 1-13　断裂容量维计算示意图

$I(\varepsilon)$ 为断裂信息维；ε 为网格尺寸；r 为分形统计单元的边长

1.2.3　拟解决问题

1. 储层力学参数表征与建模

受储层裂缝发育密度、组合样式及裂缝面的力学特征影响，岩体力学参数在不同的尺度下数值不同，即裂缝性储层力学行为存在尺度效应（刘敬寿 等，2019）。实际上，岩石力学实验、测井解释及地震反演得到的力学参数在反映宏观裂缝发育程度、组合样式等信息的"能力"是不同的，如何将不同尺度测量和计算得到的岩石力学参数合理地应用于地质力学建模中，储层裂缝的发育特征对地质力学建模中表征单元体大小有何影响，而多期发育的裂缝对岩石力学参数的时空演化如何定量表征，这些问题是限制裂缝性储层地质力学建模、地应力模拟及裂缝动静态参数精细预测的瓶颈。

2. 储层地质力学建模

与油藏建模不同，国内外地质力学建模技术与软件发展缓慢，目前，仍以二维或简单三维地质力学模型为主；地质力学建模的精度与实用性远远落后于油藏建模（Liu et al.，2024c；高晨阳 等，2023；李萧 等，2021；Lin et al.，2016；戴俊生 等，2014，2011；Fischer et al.，1995）。基于构造应力场模拟的储层构造裂缝预测方法需要建立精细的地质模型，符合实际的三维岩石力学参数分布，施加合理的边界载荷约束条件，以及符合实际的岩石破裂过程，才能最大程度逼近油藏裂缝真实三维分布；然而现有的有限元软件运行环境、数学算法及理论模型远远无法达到上述要求。因此，在复杂地质条件下的裂缝预测中，该方法刻画裂缝的精度仍然十分有限（刘敬寿 等，2019；侯贵廷和潘文庆，2013；Jiu et al.，2013；Maerten et al.，2006）。目前，主流方法通过岩相划分和建立地质力学模型进行应力场模拟，很难满足目前水平井的开发要求（刘敬寿 等，2023；Wu et al.，2017；Guo et al.，2016）。传统的地质力学建模方法在页岩储层水平井设计、压裂作业实施及工程甜点优选等方面难以得到实际应用。因此，提出一套三维储层地质力学非均质建模方法，并研发相应的地质力学建模软件，精细刻画低渗透储层的三维地应力与裂缝系统，对裂缝性储层的勘探与开发至关重要。

3. 储层裂缝发育程度表征参数选择

目前国内外表征、预测裂缝参数时侧重于目的层位裂缝的密度（强度），而忽略了裂缝地下真实开度的表征和预测（Liu et al.，2021）。裂缝的密度是裂缝表征中最直观的参数，因此它常被用来表征裂缝的发育程度。而实际上，相对于裂缝的密度，开度对裂缝渗透率的贡献更为显著，并且是天然裂缝性储层建模中不确定性的主要来源。这种不确定性是由准确量化地下开度的困难，以及对控制开度的成岩过程、力学变形过程有限的理解造成的。在没有胶结及高孔隙压力的情况下，地下裂缝通常被认为是闭合的。

实验分析、露头观察及地下数据表明，一些裂缝仍然是开启的，但是，大多数裂缝流动模型均将裂缝的开度视为单一的开度（van Stappen et al.，2018；Bisdom et al.，2016a），而实际上裂缝面是粗糙的，并且裂缝的开度具有很强的应力敏感性。目前，地下裂缝的开度无法直接测量，裂缝开度的研究方法主要包括实验模拟、数值模拟及测井计算。Ponziani 等（2015）通过建立实验室模拟装置，得到裂缝开度的误差在 40～110 μm，尽管测量的相对误差较小，但当地下裂缝的开度集中在几十个微米时，该装置的可靠性仍需进一步检验。van Stappen 等（2018）在研究斯瓦尔巴德群岛 de Geerdalen 组的非常规硅质碎屑储集层时，依靠微 CT 成像技术，研究了不同围压条件下裂缝开度的变化，但该实验装置实际上仅能实现二维应力加载，无法进行三维条件、多因素影响下的裂缝开度模拟。从目前已发表的文献来看，通过不同方法计算的不同类型、不同深度的储层裂缝开度差异很大（表 1-4），准确地表征、预测油藏裂缝的开度需要一个多因素约束的理论或经验模型，否则容易导致估算、预测的裂缝开度产生几倍、几十倍甚至上百倍的误差。

表 1-4 不同文献中地下裂缝开度的预测结果

地区	岩性	开度/μm	埋深/m	确定方法	参考文献
克深 2 气田	粉-细砂岩	63～214	>6 500	成像测井	王珂等（2016）
		74～130		数值模拟	
川西凹陷	中砂岩	44～120	3 500	数值模拟	王正国和曾联波（2007）
金湖凹陷	粉砂岩	250～530	2 000～2 500	数值模拟	季宗镇等（2010a）
徐深气田	火山岩	10～1 151	4 000～4 300	成像测井	王春燕和高涛（2009）
鄂尔多斯	致密砂岩	5～60	5 050	测井计算	邓虎成和周文（2016）
KL 地区	砂岩	50～300	3 847～3 867	双孔隙模型	张福明等（2010）
—	—	20～100	80～115	双侧向测井	Sibbit 和 Faivre（1985）
—	石灰岩	100～900	0	经验公式计算	Ponziani 等（2015）
		90～810		实验方法	
Gafsa 盆地	碳酸盐岩	0.1～100	—	数值模拟	Bisdom 等（2016b）
塔里木油田	碳酸盐岩	230～800	6 620	地层测试	Xia 等（2015）
		430～2 312		泥浆漏失	
		240～1 200		堵漏剂	
富台	灰岩、白云岩	400～1 400	3 600～4 500	数值模拟	商琳等（2013）
东濮凹陷	砂岩	8.6	1 831～3 907	经验公式计算	刘卫彬等（2018）
金湖凹陷	粉砂岩	0～200	100～4 000	数值模拟	Liu 等（2018b）
伊朗西南部油田	白云质灰岩、灰岩	50	3 700～4 300	地层微电阻率扫描成像测井直接测量	Mohsen（2018）
		23		薄片直接测量	

4. 储层裂缝动态参数表征与压裂效果评价

研究区位于鄂尔多斯盆地华庆地区的元 284 先导试验区。一方面，区块裂缝发育，注入水在平面上容易单向突进，导致注水的无效循环。所以，开展多期裂缝的三维空间动静态参数预测对预防裂缝性水淹意义重大。另一方面，预测储层破裂压力及裂缝开启压力，确定不同井区合理的注水压力同样至关重要。研究区后期分段压裂作业与微地震监测结果表明，在相同的施工参数条件下，分段压裂改造效果不一。在不同的压裂段，存在压裂改造效果与产油量差异大、压裂裂缝扩展规律不明确，以及压裂裂缝两翼扩展不等长导致储量沟通不明确等诸多问题。

1.3 本书内容及技术路线

1.3.1 本书内容

结合研究区存在的问题及下一步开发需求，本书结合研究区丰富的勘探开发及实验资料，在国内外资料调研的基础上，"解剖"研究区的地应力与裂缝系统，本书的主要内容如下。

1. 天然裂缝的表征与主控因素分析

（1）不同方法、不同尺度的裂缝表征，绘制单井裂缝综合柱状图。

（2）裂缝发育主控因素分析，不同尺度的岩石力学参数与裂缝面密度的相关性分析。

2. 裂缝性储层多尺度力学行为研究

（1）横波速度测井计算方法与单井动态岩石力学参数解释。

（2）建立三维网络模型，基于离散元法与有限元法研究储层的多尺度力学行为。

（3）多尺度力学行为影响因素分析及岩石力学参数演化规律预测。

（4）研究确定裂缝性储层地质力学建模中表征单元体大小的方法。

3. 基于常规测井曲线的"轨迹寻踪法"识别裂缝

（1）软件设计原理与技术路线。

（2）"轨迹寻踪法"识别裂缝的可靠性分析。

（3）砂/泥岩互层裂缝发育段测井识别。

4. 储层地质力学非均质建模

（1）储层地质力学非均质建模方法及软件研制。
（2）燕山期应力场数值模拟。
（3）喜马拉雅期应力场数值模拟。
（4）多种方法综合确定现今水平主应力的大小、方向。
（5）现今地应力场数值模拟与分布规律。

5. 天然裂缝静态参数评价

（1）含粗糙裂缝面的有限元地质力学建模方法。
（2）多因素约束下裂缝开度数值模拟，裂缝开度的三维分布预测。
（3）裂缝密度与产状计算模型与分布预测。
（4）基于吸水剖面的裂缝尺度参数评价方法研究。
（5）建立裂缝性储层渗透率张量计算模型，实现裂缝性储层双孔双渗建模。

6. 天然裂缝动态参数评价与开发建议

（1）研究开发过程中岩石力学与物理参数，分析开发过程中裂缝孔隙度与渗透率的变化，并预测裂缝性储层的应力敏感性。
（2）利用现今应力场模拟结果，以水平井监测数据为约束，反演储层的破裂压力。
（3）分析不同时期的裂缝开启压力，预测合理的井口注水压力。
（4）压裂改造效果与压裂裂缝两翼不等长扩展规律分析，储层的压裂位置优选。

1.3.2 技术路线

综合上述研究内容，如图 1-14 所示，本书主要根据研究区的构造、沉积、地层、微地震监测、岩心、测井、实验分析测试及油气开发动态资料等，采用不同的方法表征裂缝的发育特征，分析裂缝的主控因素，并利用常规测井曲线建立一套适用于砂泥互层的测井裂缝识别方法。在建立三维离散裂缝网络模型的基础上，采用有限元法与离散元法相结合的方法，分析裂缝性储层的多尺度力学行为，并形成地质力学建模表征单元体大小的确定方法。通过研制相应的软件，实现储层地质力学非均质建模，模拟不同时期的应力场分布。结合不同时期裂缝的静态参数分布，得到储层力学参数的三维演化规律。在考虑裂缝面粗糙度的基础上，建立粗糙裂缝面的有限元模型，提出多因素约束下的裂缝开度理论计算模型，预测油藏裂缝开度的三维分布；通过建立三维裂缝渗透率张量计算模型，实现裂缝性储层双孔双渗建模。利用储层裂缝数值模拟方法，分析裂缝性储层的应力敏感性，得到裂缝的动态参数分布，预测裂缝孔隙度、渗透率的应力敏感性。在前期裂缝参数及地应力场模拟的基础上，求取储层破裂压力、裂缝开启压力及井口注水压力。利用水平井微地震监测结果，分析压裂裂缝的扩展规律和压裂改造效果的主控因素，总结压裂裂缝两翼不等长扩展的规律，并优选水平井的压裂位置。

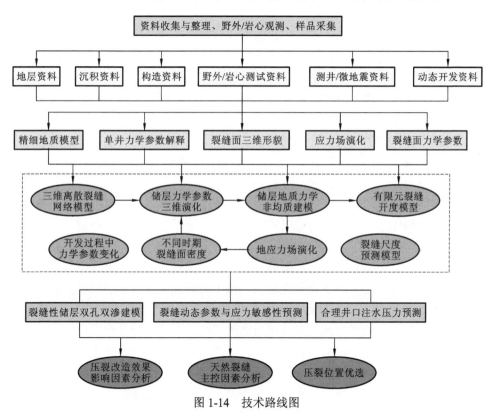

图 1-14　技术路线图

第 2 章　油气地质背景

2.1　地理位置及油气地质条件

致密砂岩储层是我国陆相沉积盆地中一种重要的油气储集层类型，鄂尔多斯盆地是该类储层的主要分布区，盆地致密油探明资源量达 20 亿 t，为长庆油田连续 12 年稳产 5 000 万 t 提供了坚实基础。鄂尔多斯盆地是叠加在华北古生代克拉通台地之上的中生代大型陆内盆地，是我国形成时间最早、演化时间最长的沉积盆地 [图 2-1 (a)]。晚中生代—新生代是鄂尔多斯盆地形成和演化的重要阶段。区域构造应力体制的转换使盆地周缘形成了不同组合样式的构造带，盆地的地质构造具有双重性：稳定性与活动性。总体来看，盆内构造稳定，边缘相对较活跃，地形呈北高南低、西陡东缓的构造趋势 [图 2-1 (b)]。

受多期构造运动影响，盆地内低渗透储层中发育有不同尺度的构造裂缝。在本书中，裂缝连通性定义为衡量空间中任意两点连通能力大小的指数，该参数决定了流体流动体积和储层压裂改造效果，是衔接致密砂岩储层"地质甜点"与"工程甜点"的关键参数，也是裂缝表征中的一个技术难点。裂缝密度、产状离散性、穿层性及长度均影响裂缝连通性。地下裂缝的高度与穿层机制如何确定？裂缝密度、长度和高度间的数学关系如何确定？裂缝产状离散性影响因素有哪些？为了回答上述科学问题，拟开展致密砂岩储层裂缝关键参数评价研究，目的在于查明储层裂缝穿层机制，建立裂缝长度和产状离散性预测模型，形成储层裂缝三维连通性评价方法。研究区为华庆地区元 284 先导试验区，构造上位于鄂尔多斯盆地中南部。华庆地区位于甘肃省华池县，是一个由差异压实作用形成的局部隆起；总体为平缓的西倾单斜，在单斜背景上发育东西向低幅度鼻状隆起；面积约 300 km²，属黄土塬，地表被 100～200 m 厚的第四系黄土覆盖，地形复杂，沟壑纵横，梁峁参差。在河流下切较深的河谷中，可见岩石裸露；地面海拔在 1 350～1 660 m，相对高差在 310 m 左右。研究区油藏类型主要为岩性油藏，属三角洲前缘湖底滑塌浊积扇沉积体系，砂体展布方向总体呈北东—南西向。

鄂尔多斯盆地油气的时空展布特征明显，雷振宇和张朝军（2000）将鄂尔多斯盆地的含油气系统总体划分为下古生界含气、上古生界含气及中生界含油气三

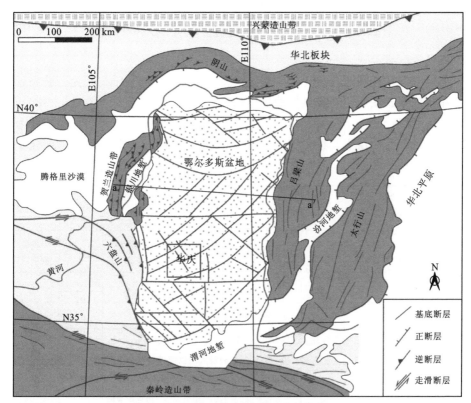

（a）华庆区块及鄂尔多斯盆地构造位置图

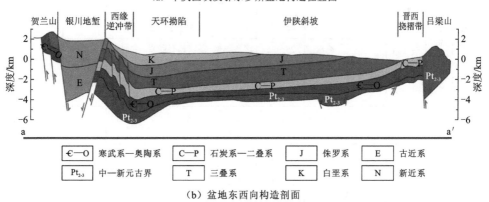

（b）盆地东西向构造剖面

图 2-1　研究区构造位置及剖面图［据 Darby 和 Ritts（2002）、姜琳等（2013）修编］

个含油气系统。本书主要关注中生界含油气系统，在中生代，延长组湖相烃源岩展布及环湖三角洲沉积体系形成的良好储集层控制了油气的分布与富集（王永宏等，2013；杨华等，2007）。

2.2 地层发育特征与沉积背景

鄂尔多斯盆地华庆区块元 284 先导试验区钻遇的主要含油层组为三叠系延长组，在侏罗系延安组也有少量的油气显示。延长组地层厚度为 1 000～1 300 m，与下伏纸坊组、上覆下侏罗统富县组呈平行不整合接触。本书研究的目的层为三叠系延长组长 6 油层组，经多年油气勘探、开发实践，依据岩性、湖盆演化史及测井小层对比等资料将延长组进一步分为 5 个岩性段、10 个油层组（图 2-2）。

地层				地层厚度/m	岩性特征	标志层	湖盆演化史
统	组	段	油层组				
上三叠统	延长组 T3y	第五组 T3y5	长 1	0～240	暗色泥岩、泥质粉砂岩、粉细砂岩不等厚互层，夹碳质泥岩及煤线	K9	平缓拗陷湖泊消亡
		第四组 T3y4	长 2 长 21	40～45	浅灰色、灰绿色块状细砂岩为主，夹中粒砂岩及灰色泥岩		稳定拗陷湖盆收缩
			长 22	40～45		K8	
			长 23	45～50		K7	
			长 3 长 31	35～50	灰色、深灰色泥岩，砂质泥岩、页岩夹浅灰绿色细砂岩或略等厚互层，局部夹煤线	K6	
			长 32	40～50			
			长 33	45～50			
		第三组 T3y3	长 4+5 长 4+51	30～50	暗色泥岩、碳质泥岩、煤线夹薄层粉-细砂岩	K5	
			长 4+52	25～40	浅灰色粉-细砂岩与暗色泥岩互层		
			长 6 长 61	25～35	深灰色微-细粒长石砂岩、岩屑长石砂岩，灰黑色、灰色泥质粉砂岩、粉砂岩，黑色泥岩、页岩互层	K4	
			长 62	25～35		K3	
			长 63	60～90		K2	
			长 7	80～100	暗色泥岩、碳质泥岩、油页岩夹薄层粉细砂岩	K1	强烈拗陷
		第二组 T3y2	长 8 长 81	35～45	灰色、深灰色中细粒长石石英砂岩、长石岩屑砂岩与深灰色、暗色泥岩互层	K0	湖盆扩张
			长 82	40～50			
			长 9	90～120	灰色中粗粒砂岩夹细砂岩、粉砂岩及泥岩，底部含有细砾岩		初始拗陷湖盆形成
		第一组 T3y1	长 10	280			
中三叠统			纸坊组		灰紫色泥岩、粉砂质泥岩与紫红色中细粒砂岩互层		

图 2-2 华庆地区延长组地层发育特征与湖盆演化史［据王立静（2010）修编］

从典型井的小层划分结果可看出，长 6_1 层、长 6_2 层及长 6_3^1 层上部整体处于一个水进的沉积环境，并且可以进一步分为长 6_1 层、长 6_2 层及长 6_3^1 层三个次一级的沉积旋回；长 6_3^3 层、长 6_3^2 层整体处于一个水退的沉积环境。在元 284 先导试验区，长 6_1 层的砂体最为发育，是含油性最好的层位，也是研究区目前开发的重点目的层；长 6_2 层砂体发育程度和含油性较长 6_3 层明显变差；长 6_3 层砂岩的单层累计厚度薄，总厚度小于 10 m，是长 6 油层组中勘探开发潜力较低的砂层。元 284 先导试验区的主力油层为长 6_3^{1-1} 层和长 6_3^{1-2} 层，油层面积为 6.53 km²，平均厚度为 5.45 m。不同小层各分区的测井岩性-电性曲线特征见表 2-1。

元 284 先导试验区 5 个地层分区特征明显，其中元 414 井长 6_3^1 自然伽马测井（natural gamma ray logging，GR）曲线呈弱齿化箱形，泥质含量较高；长 6_3^2 层 GR 曲线呈齿化箱形，自然电位负偏，为主力油层发育段；元 295 井长 6_3^1GR 曲线呈弱齿化箱形；长 6_3^2 层 GR 曲线呈齿化箱形至剧烈齿状，自然电位测井（spontaneous potential loging，SP）曲线呈箱形或钟形，泥质含量高；元 430 井长 6_3^1 层 GR 曲线呈弱齿化箱形，自然电位负偏；长 6_3^2 层 GR 曲线锯齿化强烈，泥质含量高；元 284 井长 6_3^1 层 GR 曲线呈弱齿化箱形，自然电位负偏；长 6_3^2 层 GR 曲线锯齿化不剧烈，弱齿化，泥质含量低；元 290 井长 6_3^2 层 GR 曲线以孤立的单齿为特征，其齿化程度介于元 430～元 284 井。表 2-1 对各小层详细岩电特征进行了总结。

2.3 沉 积 特 征

华庆地区超低渗砂岩储层沉积环境、成岩机理、成藏条件的复杂性增大了测井解释难度，主要表现在如下几个方面。

（1）多元化的沉积体系、成岩的强非均质性导致其四性关系复杂，不同砂组之间或同一砂组不同井区之间往往存在低阻油层和高阻水层与其他油水层共生的现象，这种电性差异直接影响了测井对储层中流体的识别。

（2）该区储层岩性较细，基本为极细砂岩级，且长 6_3 层中大部分储层高放射性物质特别发育，导致 GR 曲线呈高值响应，有的储层 GR 曲线值甚至同邻近泥岩接近，给准确划分或识别储层造成很多困难。如元 414 井 1 973.5～1 982.4 m 处储层厚度为 8.9 m，用原始 GR 曲线识别的储层厚度只有 4 m 左右，储层丢失率大于 66%。

表 2-1　鄂尔多斯盆地华庆地区元 284 先导试验区岩性-电性曲线特征 [据王永宏等（2013）修编]

分层		分区				
		元 414 井	元 295 井	元 430 井	元 284 井	元 290 井
长6_3^1	长6_3^{1-1}	泥质粉砂岩夹细砂岩薄层; GR 曲线呈弱齿化箱形, 低值, 电阻率测井 (resistivity logging, RT) 低值	粉砂岩; GR 曲线呈弱齿化箱形, 低值, RT 中-高值	泥质粉砂岩和细砂岩互层; GR 曲线呈弱齿化箱形, 低值, RT 中-高值	粉砂岩及泥质细砂岩; GR 曲线呈弱齿化, 低值, SP 曲线呈箱形-钟形, RT 高值	上部细砂岩, 下部泥质粉砂岩, GR 曲线呈弱齿化, 低值, SP, SP 曲线呈钟形, RT 中-高值
	长6_3^{1-2}	泥质粉砂岩与细砂岩互层; GR 曲线呈弱齿化箱形, 低值, RT 低值	细砂岩; GR 曲线呈弱齿化箱形-钟形, 低值, RT 高值	细砂岩; GR 曲线呈弱齿化箱形, 低值, RT 高值	细砂岩; GR 弱齿化, 低值, SP 箱形-漏斗形	细砂岩夹泥质粉砂岩薄层; GR 曲线呈弱齿化, 低值, SP 钟形-箱形, RT 高值
	长6_3^{1-3}	GR 曲线呈弱齿化箱形-齿化箱形, 低值, RT 低值	细砂岩夹泥质粉砂岩; GR 曲线呈齿化箱形, 低值, RT 高值	GR 曲线呈箱形-漏斗形, 低值, RT 高值	上部细砂岩, 下部泥岩; GR 曲线呈漏斗形, 低值, RT 高值	细砂岩夹泥质粉砂岩薄层; GR 曲线呈齿化, 低值, SP 箱形-漏斗形, RT 低-中值
长6_3^2	长6_3^{2-1}	细砂岩; GR 曲线呈弱齿化箱形, 低值, RT 高值	泥质粉砂岩与细砂岩互层; GR 曲线呈弱齿化箱形, 低值, RT 中值	含泥质细砂岩; GR 曲线呈齿化箱形, 高值, 高声波测井 (acoustic logging, AC), RT 中值	上部细砂岩, 含泥细砂岩, 下部粉砂岩夹泥质弱齿化箱形; GR 曲线呈箱形, RT 低值	泥质粉砂岩; GR 曲线呈齿化箱形-漏斗形, 中-高值, RT 低值
	长6_3^{2-2}	GR 曲线呈齿化箱形至漏斗形, 个别见指状, 高值, RT 高值	碳泥质泥岩与细砂岩互层; GR 曲线呈指状箱形至漏斗形, RT 中-低值	上部细砂岩, 下部碳质泥岩; GR 曲线呈齿化漏斗形, 高值, 高 AC, RT 中-高值	含泥质细砂岩或泥质细砂岩; GR 曲线呈齿化箱形, RT 低-中值, SP 曲线呈漏斗形	泥质粉砂岩; GR 曲线呈齿化; GR 曲线呈齿化箱形-漏斗形, SP 箱形, RT 低值
长6_3^3	长6_3^{3-1}	泥质粉砂岩夹薄层泥岩; GR 曲线齿化剧烈, 高值, 高 AC	碳质泥岩夹泥质粉砂岩; 高 GR, 高 AC, RT 高值	碳质泥岩夹细砂岩薄层; 高 GR, 曲线呈指状, RT 中-高值	泥岩, 粉砂质泥岩夹含泥细砂岩薄层; GR 曲线呈齿化漏斗形, 高 AC, RT 中值	碳质泥岩, GR 曲线呈齿化, 中-高值, 中 AC, RT 低值
	长6_3^{3-2}	碳质泥岩夹薄层泥质粉砂岩; 中-高 GR, 自然电位曲线呈钟形或漏斗形	碳质泥岩夹泥质粉砂岩或粉砂岩; 中-高 GR, 自然电位曲线呈钟形; 中 GR, RT 低值	碳质泥岩夹泥质粉砂岩薄层; 中-高 GR, 曲线呈漏斗形, RT 中-低值	泥岩, 碳质泥岩及泥质粉砂岩; GR 曲线呈齿化箱形, RT 中-低值	碳质泥岩夹细砂质细泥岩; GR 曲线呈齿化, 呈指状, 中-高值, SP 箱形, RT 低-中值

（3）低孔低渗储层使测井仪器接收的地层骨架信息远大于孔隙部分的流体信息，即测井信息中有用信号偏弱，大大降低了测井对孔隙流体的识别分辨率，给流体识别增加了难度。

（4）由于年度跨越较大，部分井测井所使用的测井仪器的刻度和曲线差异也较大，甚至有些井的原始测井数据采集效果差，测井曲线之间的匹配明显不合理，给测井曲线标准化增加了诸多不利因素。

（5）储层较强的非均质性导致岩心分析的常规物性等资料参差不齐，毛刺较多，异常现象也频繁，有相当一部分微小差异甚至在测井分辨率之外，直接影响了岩心归位和测井解释建模精度。

（6）在所有测试的油层或水层中，从深侧向和八侧向电阻率曲线的表现形式上来看，增阻、视无阻、减阻三种侵入特征都存在，从某种程度上给储层电性与含油性关系的研究也造成一定困难。

针对目的层位上述这些问题或技术难点，研究区测井解释工作主要是最大限度地利用现有资料，在强化传统常规解释方法的同时尝试新技术或新方法，在岩心归位、测井解释建模、岩性识别等方面取得新认识。

（1）对所有井进行钻井环境校正，消除井径和泥浆等因素对测井曲线的影响，提高或改善测井曲线质量。

（2）重视微差异变化，对一些测井曲线匹配有问题的井重新进行微调匹配，提高测井曲线分辨率。

（3）运用样本优化处理技术对岩心分析孔隙度、岩心分析密度等资料进行优化处理，消除个别异常点的奇变影响，突出岩心分析资料的包络线形态，提高岩心归位质量。

（4）针对该区目的层位标志层不稳定的特点，对有钻井取心的井用岩心分析资料刻度法对测井曲线进行标准化，无钻井取心的井用标志层直方图平移或趋势面分析法对测井资料进行标准化。

（5）按区块和层位采用单井孔渗曲线曲率变化特征归类法进行井区划分，并对不同曲率变化的井区分别建立储层渗透率解释模型，提高测井解释精度。

（6）将钻井取心、地质录井、试油和测井资料相结合，精细刻画储层四性关系。在该区利用低频滤波技术，将反映岩性、物性的曲线拟合成拟伽马曲线，提高储层或岩性识别符合率。

根据单井砂体解释结果和分层数据表，编制研究区长 6_3^{3-2} 层、长 6_3^{3-1} 层、长 6_3^{2-2} 层、长 6_3^{2-1} 层、长 6_3^{1-3} 层、长 6_3^{1-2} 层、长 6_3^{1-1} 层砂体厚度图和沉积微相平面图，华庆油田长 6 油层组各小层厚度统计如表 2-2 所示。

表 2-2　华庆油田长 6 油层组各小层厚度统计表

油层组	砂层组	小层	亚层	最小厚度/m	最大厚度/m	平均厚度/m
长 6		长 6_1	—	—	20.99	50.13	29.14
		长 6_2	—	—	16.79	52.23	35.49
	长 6_3	长 6_3^1	长 6_3^{1-1}	4.60	21.56	10.23
			长 6_3^{1-2}	6.60	24.3	10.73
			长 6_3^{1-3}	6.52	24.05	10.04
		长 6_3^2	长 6_3^{2-1}	7.99	23.43	11.60
			长 6_3^{2-2}	7.93	26.69	10.77
		长 6_3^3	长 6_3^{3-1}	7.56	24.37	9.41
			长 6_3^{3-2}	8.50	19.46	9.03

　　需要说明的是，在划分三角洲前缘与前三角洲沉积时，本书根据两个相沉积水体差异及其导致的沉积环境氧化-还原作用差异，提出用深灰色、灰色泥岩的大量出现作为三角洲前缘的标志，而将灰黑色、黑色泥岩的大量出现或集中出现（如灰黑色、黑色泥岩厚度大于 2 m 以上）作为进入深湖环境的标志，因为深灰色、灰色泥岩代表了相对更氧化的沉积环境，而灰黑色、黑色泥岩代表了更为还原的沉积环境，后者沉积水体应更深。

　　如图 2-3、图 2-4 所示，在长 6_3^{3-2} 层、长 6_3^{3-3} 层沉积时期，厚砂体分布极其分散，呈孤立朵状分布，至少发育南、北两个物源，水道前缘和浊积砂微相相对发育。长 6_3^{3-1} 层沉积时期，厚砂体分布极其分散，呈孤立朵状分布，多物源特征明显，水道前缘和浊积砂微相相对较发育。长 6_3^{2-2} 层、长 6_3^{2-3} 层沉积时期，厚砂体分布分散，主要发育在东北部和北部，呈北东—南西向朵状分布；辫状水道和浊积砂微相相对发育。长 6_3^{2-1} 层沉积时期，厚砂体分布较分散，主要发育在东北部和北部，呈北东—南西向朵状分布；辫状水道和槽道微相较发育。长 6_3^{1-3} 层沉积时期，厚砂体分布分散，多呈北东—南西向朵状分布；水道间微相大面积发育，其次发育辫状水道微相。长 6_3^{1-2} 层沉积时期，厚砂体大面积分布，多呈北东—南西向条带状或朵状分布；平面上辫状水道微相大面积发育。长 6_3^{1-1} 层沉积时期，厚砂体主要发育在西南部和北部，呈北东—南西向条带状或朵状分布；辫状水道和水道间微相均大面积发育。长 6_3 层砂体发育压实、胶结、溶蚀三种主要成岩作用类型，压实和胶结作用是导致储层低孔、低渗的主要原因，溶蚀作用在一定程度上改善了储层的品质；以强压实-弱胶结相、强压实-中等胶结相及黏土矿物充

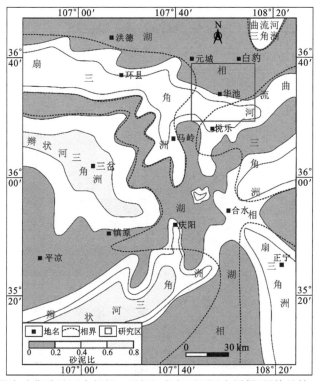

图 2-3　鄂尔多斯盆地西南部长 6 层组沉积相平面展布图[据罗静兰等（2008）]

填微孔相为主。长 6_3 层各小层（长 6_3^1 层、长 6_3^2 层、长 6_3^3 层）由灰色、灰黑色细砂岩、粉-细砂岩、钙质砂岩与灰黑色泥岩、粉砂质泥岩互层组成。长 6_3 油层各小层是研究区长 6 油层组的各小层中砂体最发育、含油性最好的，也是研究的重点层位；长 6_2 油层同样由灰色、灰黑色细砂岩，粉-细砂岩，钙质砂岩与灰黑色泥岩，粉砂质泥岩互层组成，但砂体发育程度和含油性较长 6_3 油层明显变差；长 6_1 油层岩性主要为灰黑色泥岩、粉砂质泥岩、碳质泥岩夹细砂岩、粉-细砂岩，其砂体发育程度差，呈薄的透镜体，砂岩累计厚度一般小于 10 m，为研究区长 6 油层组中砂体发育和含油性最差的砂组。

通过对研究区目的层平面微相的分析，得出如下的结论：长 6 层沉积期间，研究区存在多个物源，主要为北—北东和南东—南部物源，但各个时期的主要物源存在变化；长 6 层自下而上为一水退过程，长 6_3 层砂组沉积时期以深湖-水下扇沉积为主，长 6_2 层、长 6_1 层沉积时期，深湖、水下扇和三角洲前缘均较发育；长 6_3^3 层→长 6_3^2 层→长 6_3^1 层时期，水下扇发育规模增大，再减弱，以长 6_3^2 层时期水下扇最为发育，辫状水道沉积砂体厚度最大、横向连片性最好；长 6_3 层砂组砂体分布主要受辫状水道微相控制，长 6_2、长 6_1 层砂组砂体主要受河口坝和远砂坝控制。

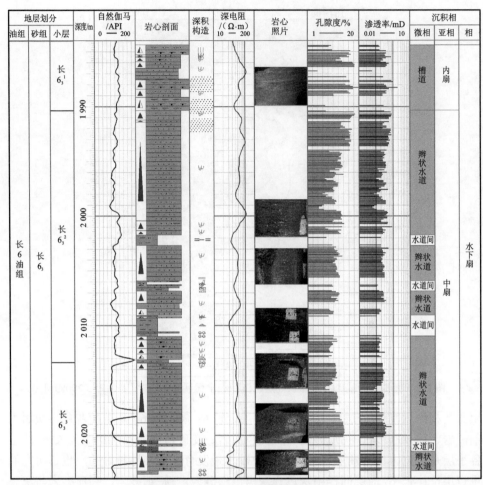

图 2-4 元 414 井取心段沉积微相图

2.4 成 岩 特 征

如表 2-3 所示，利用各成岩储集相的铸体薄片计点数据，定量统计分析各成岩储集相的填隙物类型及含量和储集空间等特征，为推演出各成岩储集相砂岩孔隙演化打好基础。综合上述数据，可得到各成岩相砂岩的孔隙演化模式；碳酸盐胶结成岩相砂岩经压实、胶结后原生粒间孔的孔隙度损失殆尽，经溶蚀后形成的次生孔隙体积为 5.79%。现今储层孔隙度全部由次生溶蚀孔贡献，胶结作用是砂岩致密的最主要原因；黏土杂基充填微孔成岩相砂岩杂基充填后剩余原生粒间孔的孔隙度为

表 2-3　各成岩储集相的铸体薄片计点统计数据　　　　　　　（单位：%）

相类型	黏土杂基	水云母	铁方解石	铁白云石	硅质	长石质	粒间孔	粒间溶孔	长石溶孔	岩屑溶孔	晶间孔	面孔率
强压实强胶结碳酸盐胶结致密岩	1.04	0.04	13.21	10.05	0.04	0.00	0.00	0.00	0.17	0.02	0.00	0.20
黏土杂基充填微孔相	17.82	6.71	2.85	2.18	0.57	0.06	0.44	0.00	0.25	0.02		0.52
强压实中胶结相	4.12	2.16	1.87	1.34	0.31	0.05	0.55	0.03	0.24	0.05	0.02	0.82
中至强压实-中至强胶结相	3.47	3.46	6.78	0.82	0.14	0.04	0.46	0.01	0.27	0.04	0.03	0.85
强压实-弱胶结粒间孔相	4.51	4.59	1.29	1.02	1.09	0.07	2.57	0.03	0.77	0.14		3.60
中至强压实颗粒溶蚀成岩相	7.14	3.24	2.43	0.74	2.47	0.06	1.01	0.00	1.34	0.27	0.04	4.30

15.3%，经压实后剩余原生粒间孔孔隙体积为 9.32%，经胶结后剩余原生粒间孔孔隙体积为 7.02%，溶蚀作用形成的次生孔隙增加的孔隙体积为 4.48%，现今孔隙度为 11.5%，黏土杂基充填是其孔隙损失的最主要原因；强压实中胶结成岩相砂岩经压实后原生粒间孔隙体积为 7.06%，经胶结后剩余原生粒间孔孔隙体积为 4.18%，经溶蚀后增加了 2.57%的次生孔隙体积，现今孔隙度为 7.75%，压实作用是孔隙损失的最主要因素；中至强压实-中至强胶结成岩相砂岩经压实后孔隙度为 11.62%，经胶结后剩余原生粒间孔孔隙体积为 3.96%，经溶蚀后增加了 5.44%的次生孔隙体积，现今孔隙度为 9.5%，压实和胶结是孔隙损失的主要因素；强压实-弱胶结粒间孔成岩相砂岩经压实后剩余原生粒间孔孔隙体积为 10.72%，经胶结后为 6.13%，溶蚀增加了 4.06%的次生孔隙体积，现今孔隙度为 10.19%，压实和胶结是孔隙损失的主要因素，该类型砂岩保留了较大的原生粒间孔隙，形成了研究区相对优质的储层；颗粒溶蚀成岩相砂岩经压实后原生孔隙体积为 12.95%，经胶结后原生孔隙体积为 2.71%，溶蚀作用增加了 10.76%的次生孔隙体积，现今孔隙度为 13.47%，压实和胶结仍然是孔隙损失的主要因素，但后期溶蚀提供了较高的次生孔隙，且溶蚀孔隙所占比例大于残余粒间孔孔隙，如果溶蚀作用形成的次生孔隙和保留下来的剩余原生粒间孔隙形成良好的配置，则构成了研究区重要的储层。

据研究区 70 块长 6 层组砂岩成岩相统计，以黏土矿物充填微孔相（ZY）和压实-部分胶结成岩相（BJ）占优势，其分布频率分别为 20.8%和 23.4%；其次为

颗粒溶解成岩相（KR）、压实-胶结成岩相（YJ）和压实胶结成岩相（Y），分布
频率分别为 15.6%、14.2%和 16.9%（图 2-5）；碳酸盐胶结成岩相（TJ）的分布频
率均很低，仅占 9.1%。

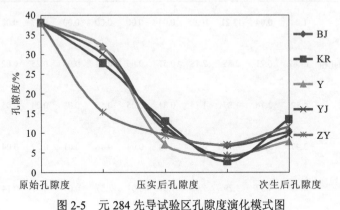

图 2-5　元 284 先导试验区孔隙度演化模式图

2.5　构造应力场演化特征

从中生代开始，鄂尔多斯盆地与华北板块分离（Zhang et al., 2011; Meng et al.,
1997），加里东期，区域的主压应力呈北北东—南南西向和近南北向，主要受晚奥
陶世以来秦岭洋盆向北俯冲，以及与华北板块碰撞影响。印支期，区域主压应力
呈北西—南东向和北北东—南南西向、南北向，主要受华北板块、扬子板块的碰
撞，以及兴蒙地区印支期造山运动的共同影响。燕山期，盆地构造应力场大致具
有从盆地四周向盆地内部挤压的特点（Zhang et al., 2011; 汤锡元 等，1988）。鄂
尔多斯盆地喜马拉雅期区域主压应力呈北北东—南南西向，应力源于印度板块与
欧亚板块碰撞的远程效应。

从中生代开始，在鄂尔多斯盆地南部及北部，在不同的地质历史时期，古构
造应力的方向及大小有所差异（图 2-6）。在印支期，伴随阿拉善地块的东移，在
中部构造的软弱带，即鄂尔多斯北段，主要受南东方向的挤压（刘亢 等，2014;
Ritts et al., 2009; 刘池洋 等，2005）[图 2-6（a）]。受北祁连褶皱带北东向挤压
的影响，鄂尔多斯地块南段处于北东向挤压环境中，北段最大主压应力方向为北
西向，南段为北东向。在燕山期，受太平洋板块北北西方向挤压与欧亚板块向南
挤压的影响，鄂尔多斯盆地西缘的南部与北部所处构造应力方向与印支期相似
（董树文 等，2007）；北段最大主压应力方向为北西西—南东东向，南段为南东
东向[图 2-6（b）]。在喜马拉雅期，印度板块向北俯冲，鄂尔多斯盆地西南部受

北东方向的挤压；盆地的北段主要受北北西方向的拉张应力；南段最大主压应力方向为北北东方向[图 2-6（c）]（徐黎明 等，2006）。

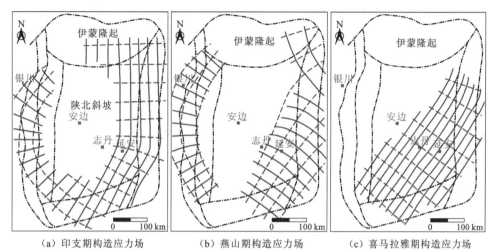

（a）印支期构造应力场　　　　　（b）燕山期构造应力场　　　　　（c）喜马拉雅期构造应力场

图 2-6　鄂尔多斯盆地不同时期构造应力场[据徐黎明等（2006）]

实线代表水平最大主应力方向，虚线代表水平最小主应力方向

2.6　油藏特征与开发现状

2.6.1　储层的非均质性

元 284 先导试验区长 6_3 层属于湖泊水下扇沉积，砂体分布主要受辫状水道微相的控制，其次为水道前缘、水道间及槽道。储层渗透率集中分布在 0.0225～1.382 μm^2，孔隙度集中分布在 5.6%～16.1%。利用钻井、测井及录井等资料综合分析华庆地区长 6_3 储层非均质性。华庆地区长 6_3 储层层内变异系数、突进系数、平均级差分别为 0.89、5.78、119.26。华庆地区长 6_3 层渗透率变异系数大于 0.7 的井占 77%，层间储层物性差异性较大。储层渗透率级差大于 6 的井占 75%，总体上，纵向渗透率差异性特别大，单层突进现象较多。储层渗透率突进系数大于 3 的井占总井数的 98%；突进系数在 2～3 的井占总井数的 2%。

华庆地区长 6_3 层主要发育的孔隙类型为粒间孔，属细喉道和微喉道级别，喉道平均半径为 0.55 μm。分析得出，华庆地区长 6_3 为强非均质性储层，水驱动用程度低，为 44.7%；在常规曲线上，该层 GR 约为 80 API，密度平均为 2.52 g/cm^3，声波时差约为 228 $\mu s/m$，核磁测井波形与差谱分析表明，T_2 谱均呈单峰状分布，说明储层孔隙以小孔为主；结合差谱信号强度分布，推测孔隙中可能含烃（图 2-7）。成像测井显示，在白 412-26 井的 2 130～2 140 m 处裂缝发育（图 2-7），即在低渗透、强非均质条件下储层裂缝的表征与预测是研究面临的实际难点。

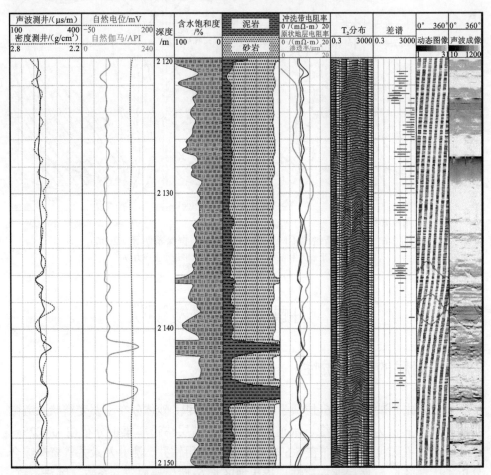

图 2-7　白 412-26 井长 6 层综合解释成果图

如图 2-7 所示，延长组长 6 层 2 121.0～2 126.3 m，层厚 5.3 m，总孔隙度为 5.92%，有效孔隙度为 5.24%，可动流体体积为 3.5%，其中毛管束缚水体积为 1.74%，平均渗透率为 0.151×10⁻³ μm²，电阻率为 31.49 Ω·m，含油饱和度为 28.70%；由核磁共振测井时间域分析（time domain analysis，TDA）结果来看，可动水的含量较高，在常规曲线上该层 GR 值约为 80 API，密度为 2.55 g/cm³，声波时差为 225 μs/m，物性显示与核磁分析结果相一致。所以虽然录井和取心级别均显示油迹和油斑，但综合分析，该层解释为差油层。延长组长 6 层 2 126.3～2 134.6 m，层厚 8.3 m，总孔隙度为 7.37%，有效孔隙度为 6.40%，可动流体体积为 4.70%，其中毛管束缚水体积为 1.70%，平均渗透率为 $0.705 \times 10^{-3} \ \mu m^2$，电阻率为 32.33 Ω·m，含油饱和度为 49.20%。从波形和差谱分析结果来看，谱的位置明显后移，呈单峰分布，有较强的差谱信号，孔隙中可能含有一定量的烃；录井和取心级别均为油斑，综合分析，该层解释为油层。延长组长 6 层 2 134.6～2 141.0 m，总孔隙度为 7.43%，有效孔隙度为 6.89%，可动流体体积为 4.94%，其中毛管束缚水体积为 1.95%，平均渗透率为 $0.685 \times 10^{-3} \ \mu m^2$，电阻率为 26.03 Ω·m，含油饱和度为 47.30%。在常规曲线上显示该段岩石较纯，密度平均为 2.56 g/cm³，声波时差约为 228 μs/m，物性与上层比较变差，与核磁分析的孔隙结果相一致。录井和取心级别均为油斑，但由 TDA 分析结果来看，含有一定可动水，通过对核磁及常规资料的综合分析，该层解释为油水层。延长组长 6 层 2 141.0～2 144.1 m，总孔隙度为 6.78%，有效孔隙度为 6.52%，可动流体体积为 4.63%，其中毛管束缚水体积为 1.89%，平均渗透率为 $0.522 \times 10^{-3} \ \mu m^2$，电阻率为 30.85 Ω·m，含油饱和度为 49.20%。由 TDA 分析结果来看，含有一定可动水，在常规曲线上 GR 约为 85 API，密度平均为 2.53 g/cm³，声波时差约为 225 μs/m，物性与上层比较相近，录井和取心级别均为油斑，该层解释为油水层。延长组长 6 层 2 144.1～2 151.0 m，总层厚为 6.8 m，总孔隙度为 6.86%，有效孔隙度为 5.83%，可动流体体积为 4.17%，其中毛管束缚水体积为 1.66%，平均渗透率为 $0.363 \times 10^{-3} \ \mu m^2$，电阻率为 28.66 Ω·m，含油饱和度为 32.40%。区间孔隙度均分布在 8～128 ms，主要由中小孔径组成；从波形和差谱分析结果来看，T_2 谱均呈单峰分布，但比前几段稍有前移，说明小孔径比例增加，物性变差。在常规曲线上该层 GR 约为 80 API，密度平均为 2.52 g/cm³，声波时差约为 228 μs/m，与核磁分析的孔隙结果相一致。录井和取心级别均为油迹，由 TDA 分析结果来看，可动水含量较高，综合分析，该层解释为含油水层。

基于单井核磁测井分析发现，研究区延长组长 6_3 层为该区主力油层，砂体层厚 17.0 m，核磁计算总孔隙度为 10%，有效孔隙度为 8.5%，平均渗透率为 $0.43 \times 10^{-3} \ \mu m^2$，电阻率约为 40 Ω·m，含油饱和度 57.0%；核磁 T_2 谱在大、中、小孔径均有分布，砂体中部大孔径孔隙所占比例相对较高，核磁反映储层物性较好，而且有明显的差谱信号，表明该层含烃。

2.6.2 研究区基本生产情况

研究区目前水平井区 12 口体积压裂油井（含 2 口定向采油井，10 口水平井），25 口体积压裂转采注水井；定向井区 17 口体积压裂油井，6 口体积压裂转采注水井。实施压裂转采措施 10 年后累计产油增加 22.06 万 t, 对比同期采出程度增加 3.7 个百分点（图 2-8）。对元 284 先导试验区及其邻区油井的见水水型进行判别, 油藏的边缘及低电阻率层位注入水水型主要是天然裂缝或大孔喉引发的注水井沟通, 其中, 58% 见水井的水型为地层水, 42% 见水井的水型为注入水。地层水水型主要分布在油藏的边缘, 通过含盐数据分析, 目前的水淹区域多为注入水, 推测可能是天然裂缝开启沟通了油水井, 导致元 284 先导试验区形成了 4 条水线。例如, 研究区的元 307-65 井开始投产 40 天内, 产液量约为 3 t, 进入 12 月中旬, 产液量骤增至 10 t, 其中产油约 0.25 t（图 2-9）, 由含盐数据判断为注入水, 是典型的裂缝水淹井。

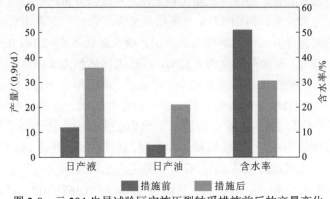

图 2-8　元 284 先导试验区实施压裂转采措施前后的产量变化

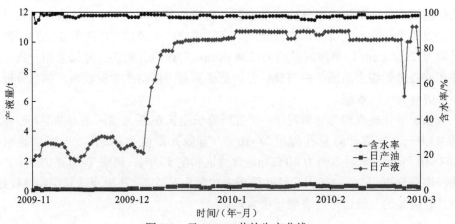

图 2-9　元 307-65 井的生产曲线

第3章 天然裂缝发育特征及测井识别

有效地识别储层裂缝、详细地描述能够获取裂缝的分布规律及裂缝表征参数特征，对高效勘探开发裂缝性油气藏具有重要的指导作用。目前，储层裂缝识别主要分为直接识别和间接识别两类。直接识别方法主要包括野外岩石露头的裂缝观测、岩心的裂缝观察与描述、利用铸体薄片观察与描述微小裂缝及裂缝三维计算机断层（computed tomography，CT）扫描等。而间接识别方法包括测井资料裂缝识别、生产动态资料裂缝识别及人工智能、大数据对裂缝的识别等。两类方法相辅相成、互相印证，对裂缝的识别和预测具有重要意义。在鄂尔多斯盆地延长组地层中，褶皱和断层相对不发育，但在区域构造应力作用下，盆地内裂缝仍然广泛存在。本书中，裂缝的尺度分类方案主要采用第1章中的裂缝尺度分类方案，将裂缝分为两大尺度：微观裂缝和宏观裂缝；宏观裂缝又进一步分为大型裂缝、中型裂缝及小型裂缝。

基于露头、岩心和薄片的裂缝观察与识别，仍是最直接、最有效和最可靠的手段，能够提供裂缝产状、规模、力学性质、充填程度和含油气性等一手资料。目前基于岩心资料是裂缝孔隙度、渗透率、体密度及裂缝强度的定性计算的有效方法，但一个地区取心井和取心段是十分有限的，且开度的测量不能代表地下原位应力条件下的数据，两者通常差几个数量级。基于X射线的工业CT扫描技术成功引入石油工程领域，实现了岩心尺度高分辨率裂缝三维成像及参数的准确表征，具有快速、精确、无损的优点，但其由于价格昂贵且岩心有限，很难应用于单井裂缝的连续识别中。近些年来，随着激光雷达、倾斜摄影、探地雷达、无人机航拍等现代测量技术的飞速发展，它们已逐步应用于地质露头的测量和建模中，局部精度可达0.2 mm，并能定量拾取地层岩性及厚度、裂缝产状及规模等真实参数，同时从空间上构建宏观裂缝网络分布体系，是对常规露头识别和裂缝测量的有效手段。

应用地球物理资料进行裂缝识别和描述，主要包括测井曲线法和地震属性法。测井曲线法，如岩性测井、孔隙度测井、电阻率测井、声波全波列测井、地层倾角测井、微电阻率扫描成像仪（formation micro imager，FMI）测井等，结合处理解释平台，可对单井裂缝类型、产状、长度、密度、开度、孔隙度、渗透率等参数进行连续识别和计算。测井曲线法具有高分辨率和高覆盖率等独特优势，已成为裂缝测井解释的主流方法。然而，受致密砂岩岩性致密、非均质性强、流体复杂等因素的影响，成像测井识别裂缝结果多解性强、尺度不统一。目前，很难用一种方法解决裂缝识别的所有问题，需要各种测井方法取长补短，相互验证，综合识别。地震属性法识别裂缝，主要是针对具有一定规模的裂缝发育带，尚不能做到单一裂缝的识别。相干体及倾角检测、叠后属性融合、小波多尺度边缘检测、弹性反演、曲率体分析及蚂蚁追踪等技术，均可对致密砂岩裂缝进行识别，但受储层非均质性和流体变化的影响大，且多解性强。因此，地球物理法识别裂缝仍处在定性（或半定量）研究阶段，需要将识别结果与岩心观察结果、动态试井资料紧密结合，以确保其可靠性。

3.1 不同尺度裂缝发育特征

为了在时间及空间上系统地研究鄂尔多斯盆地裂缝的发育特征，作者团队进行了为期15天的环鄂尔多斯盆地野外地质考察，野外观测范围涉及陕西省、甘肃省及宁夏回族自治区，途经佳县、绥德县、延长县、宜君县、铜川市、旬邑县、麟游县、华池县及灵武市等地区（图3-1），观测统计数据为后期裂缝离散元建模、裂缝性储层的多尺度力学行为分析及古应力场解析提供了翔实的地质基础资料。

3.1.1 野外裂缝观测描述

通过对环鄂尔多斯野外不同剖面的天然裂缝进行观测、统计（图3-1），将裂缝的发育特征总结如下。

（1）构造裂缝在时间、空间上跨度大，白垩系、侏罗系及三叠系地层中均有大量构造裂缝发育，在空间上，沿途经过佳县、绥德县、延长县、宜君县、铜川市、旬邑县、麟游县、华池县及灵武市等地区的40余个观测剖面均可见构造裂缝广泛发育。

（2）野外裂缝以高角度构造裂缝为主，在研究区附近的灵武市石沟驿剖面，倾角大于80°的裂缝占统计的裂缝总数的81%；构造裂缝走向稳定，以区域裂缝为主，裂缝延伸长度远，可达上百米。

（3）盆地周缘构造相对复杂，断层、褶皱发育，可见断层相关裂缝及褶皱相关裂缝[图3-1（c）]；剖面上可见呈花状构造样式的裂缝[图3-1（m）]。

（4）盆地的裂缝系统以多期叠加构造裂缝为主，相对于早期裂缝，晚期裂缝发育密度低，但尺度（长度）大[图3-1（f）]，且早期形成的裂缝被晚期裂缝切割。

图 3-1 鄂尔多斯盆地周缘野外露头裂缝观测照片

(a) 佳县黄河大桥剖面，长 7 油层组，三角洲前缘河口坝砂体，构造裂缝发育；(b) 绥德县三眼泉乡剖面，侏罗系直罗组，断层走向 310°，上部见铁质结核；(c) 绥德县青阳岔镇剖面，安定组，泥灰岩，见小型逆断层及断层相关褶皱现象，褶皱转折端裂缝较为发育；(d) 曹家河剖面，纸坊组，大型盲冲背斜；(e) 铜川市印台区金锁关古石林景区剖面，长 6 油层组，大型走滑断层/裂缝，见剥蚀后的残余纺锤状岩体；(f) 礼泉寺上景家河剖面，纸坊组，见两期构造裂缝，晚期裂缝（黄线）切割早期裂缝（红线），早期裂缝规模小，密度高，晚期裂缝规模大，但密度低；

（g）麟游县剖面，长 4+5 组砂岩，垂直剪切裂缝，裂缝主要发育在砂岩中；（h）石鼓峡剖面，长 6 组河流相灰绿色厚层细砂岩，裂缝呈棋盘状，裂缝密度为 5.4 条/m，裂缝走向与纸坊组中的裂缝一致；（i）灵武市石沟驿剖面，长 6 组灰色细砂岩，裂缝的走向变化较大，多期裂缝相互切割形成复杂网络；（j）宜君县信用村剖面，长 6_2 层灰色细砂岩，三角洲前缘沉积，为典型"砂包泥"，剖面上白色为方解石充填物，剖面全长，发育裂缝 20 条，裂缝宽度 0.5 cm 不等，裂缝走向为北东东向 65°；（k）图（j）中裂缝内充填的方解石；（l）宜君县信用村剖面，长 6_3 层底部，在该剖面的顶部地层呈近水平状，判断为同一沉积时期发生的构造运动，枢纽走向为北东向 51°，剖面走向为南东东向 100°；（m）旬邑县邯裕大桥剖面，长 6 组砂泥岩互层，裂缝在剖面上呈花状构造样式；（n）麟游县石鼓峡景区剖面，长 6 组灰绿色厚层细砂岩，裂缝面可见油迹，地层产状 332°∠9°，裂缝走向为北东东向 60°。扫描封底二维码见彩图

（5）野外裂缝以未充填的有效裂缝为主，对于充填裂缝，充填物以方解石为主，可见石英[图 3-1（k）]，在裂缝面上偶见油迹[图 3-1（n）]。

（6）裂缝的层控现象显著，即在不同的小层裂缝的发育程度存在显著差异；总体而言，在粉砂岩、泥质粉砂岩中裂缝密度更为发育，泥岩中的裂缝密度明显低于砂岩。

3.1.2 岩心裂缝发育特征

研究区北部定边地区的岩心裂缝观测结果表明，裂缝以高角度剪裂缝为主，裂缝面平直，多数为未充填缝；同时可以观测到层理缝（图 3-2）。裂缝充填物以方解石为主；受局部构造应力的影响，岩心中可观察到阶梯状正断层、张裂缝；

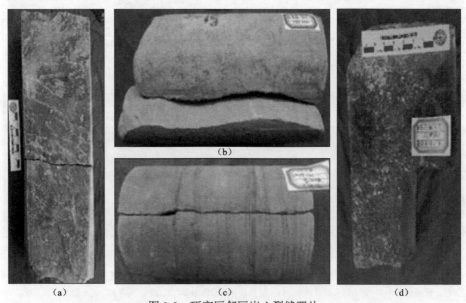

图 3-2　研究区邻区岩心裂缝照片

（a）D4505 井泥质粉砂岩中发育的高角度剪裂缝；（b）D1784 井粉砂岩中发育的弧形剪裂缝；（c）D1283 井泥质粉砂岩中剪裂缝切穿层理面；（d）D4010 井泥质粉砂岩中发育的两条近于垂直的剪裂缝

裂缝的层控特征明显，与野外观测的裂缝发育规律类似，在粉砂岩、泥质粉砂岩中裂缝密度高，泥岩中裂缝密度明显低于砂岩。

3.1.3 微裂缝发育特征

微裂缝对低渗透砂岩形成相对优质储层有重要影响（曾联波 等，2007）。从20个铸体薄片中观察的结果可知，裂缝以层理缝和张裂缝为主（图3-3），铸体薄片中微裂缝以顺层理分布居多，部分裂缝切割岩石颗粒后延伸。元284先导试验区的微裂缝几乎都没有被充填，微裂缝在云母片中呈断续状延伸，可见转向、分叉与合并现象，宽度在5～15 μm，微裂缝的延伸长度超出薄片的范围。受观察尺度的限制，扫描电镜中观测的微裂缝数量较少，主要以粒内缝为主，裂缝的延伸距离短，开度远小于薄片中观测的裂缝[图3-3（d）]。

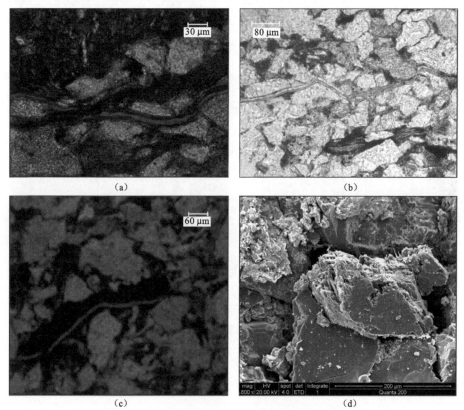

图 3-3　元 284 先导试验区长 6₃ 层微裂缝发育特征

（a）元 302-70 井铸体薄片，2 146.40 m，顺层裂缝；（b）元 284 井铸体薄片，2 219.72 m，贴粒缝；（c）元 298 井铸体薄片，2 155.04 m，张裂缝，见裂缝切穿矿物颗粒；（d）元 298 井扫描电镜照片，2 159.04 m，粒内缝

3.1.4　成像测井裂缝发育特征

声电成像测井是把地层岩性与物性的变化、裂缝、孔洞及层理等地层特征引起的电阻率变化转换成不同的色度，并通过图像显示出来。声波成像使用脉冲回波的工作方式，通过旋转换能器实现对整个井壁的立体扫描。研究区声电成像资料的裂缝响应特征较好，如图 3-4 所示，该段储层天然裂缝十分发育；裂缝以未充填裂缝为主，成像图上表现为一个完整波长的正弦曲线；在白 399-44 井的 2 154～2 162 m、白 412-26 井的 2 134～2 140 m 处，计算得到裂缝的面密度大于 2.5 m/m^2。

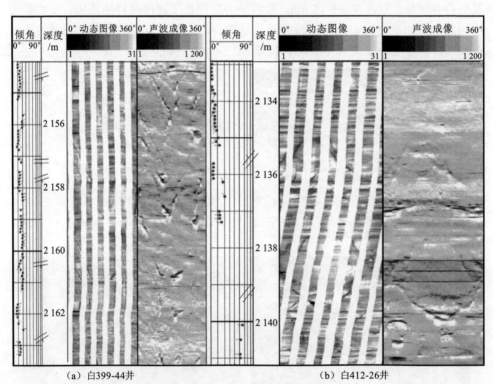

（a）白399-44井　　　　　　　　　（b）白412-26井

图 3-4　长 6 组裂缝成像特征图

3.1.5　裂缝产状

天然裂缝的方位主要通过野外观测、岩心古地磁定向及成像测井确定。古水流的方向主要通过测量层理的方位确定，如板状交错层理、槽状交错层理、楔状交错层理等。通过对鄂尔多斯盆地周缘野外剖面的详细观察，恢复了不同地区古水流的方向。鄂尔多斯盆地上三叠统延长组发育了大面积三角洲平原、三角洲前缘、半深湖-深湖沉积。受沉积相控制，砂体平面上大面积复合连片分布。从整体上看，盆地内部构造变形微弱，地层平缓，无明显的构造发育。通过对盆地周边露头观察表明，三叠系、侏罗系中裂缝较为发育，因此尽管陕甘宁盆地内部的褶皱和断层均不发育，但作用于盆地周缘的应力必然会对盆地内部产生影响，表现为盆地范围内广泛存在裂缝。按沉积旋回及含油性可将延长组自下而上划分为长10 组～长 1 组共 10 个油层组。低渗透储集层开发层系主要为长 4+5 油层组～长 8 油层组，渗透率小于 $1×10^3 \ \mu m^2$，孔隙度一般在 4%～12%。岩石颗粒细小，岩性致密。由于沉积、成岩和后期构造作用，使得天然裂缝发育，裂缝不仅能作为油气运移的通道，还能提高储层的孔隙度和渗透率及孔隙的连通程度，起到改善储层储集性能的作用。

为研究某一部位在平面上不同方向岩石力学性质的差异性及其与裂缝发育的关系，对平面上不同方向的岩样进行单轴和三轴岩石力学试验。岩石力学实验由北京科技大学岩石力学实验室 WGE-600 型万能试验机完成，实验结果详见附录1。岩石样品取自鄂尔多斯盆地上三叠统延长组特低渗透砂岩储层。为保证样品的数量足够，选择厚度超过 20 cm 的细砂岩段钻样。首先建立岩心的相对坐标系，从某一标志线方向开始，平行于层理面沿逆时针方向按 30° 间隔取样，每个部位自下而上取 6 个方向的样品。在同一平面上钻取 3 个平行的样品，并加工成 25 mm×(45～60) mm 的标准圆柱形试样，以后每个位置的试样数量为 18 个，最后通过岩心古地磁定向确定样品中标志线的方向。

从裂缝的切割关系看，鄂尔多斯盆地发育的 4 组裂缝主要在两期形成。在地表露头、岩心及成像测井中，可见东西向和北东—南西向裂缝限制南北向、北东—南西向裂缝，以及北东—南西向和南北向裂缝切割北西—南东向裂缝和东西向裂缝等现象，反映该区裂缝主要在两期形成，其中，东西向裂缝和北西向裂缝为早期形成的一组共轭剪切裂缝，而南北向裂缝和北东—南西向裂缝为晚期形成的一组共轭剪切裂缝。结合古应力分布（图 2-6），早期裂缝主要在北西西—南东东方向的水平挤压应力作用下形成，而晚期裂缝主要在北北东—南南西向水平挤压应力场作用下形成。上述两期构造应力场的方向分别与燕山期及喜马拉雅期的构造应力场分布完全一致，说明侏罗纪末期和白垩纪末期—古近纪是该区裂缝的主要形成时期，与裂缝充填物的包裹体分析得到的结果相同。

本书中天然裂缝方位主要通过野外观测统计、岩心古地磁定向及成像测井确定。岩心古地磁定向实验在自然资源部古地磁与古构造重建重点实验室完成,所有样品的系统剩磁测试是在实验室的美制立式超导磁力仪上采用系统热退磁方法完成的。岩心古地磁定向结果(图 3-5)表明,研究区北部定边地区裂缝走向以北东东向、南东东向为主,华庆地区裂缝方位以北东—北东东—东西向为主[图 3-5(a)和(d)]。成像测井统计结果表明,定边与华庆地区裂缝走向基本一致,方位以北东东—东西向为主,南东东向的裂缝少量发育[图 3-5(b)和(e)]。定边地区野外裂缝统计结果表明,野外裂缝的方位以北东向、东西向为主,南东向的裂缝少量发育,华庆地区野外裂缝观测结果与华庆地区的岩心古地磁定向、成像测井解释结果基本一致[图 3-5(c)和(f)]。结合第 2.5 节构造应力场演化分析,两个地区的裂缝方位基本与区域的古应力场解析结果一致,反映出区域应力对裂缝方位的控制作用。

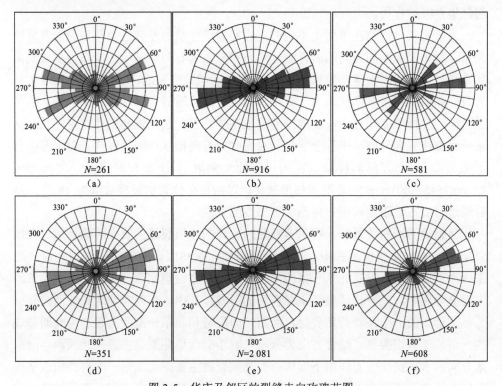

图 3-5　华庆及邻区的裂缝走向玫瑰花图

(a)研究区北部定边地区岩心裂缝古地磁定向结果;(b)研究区北部定边地区成像测井裂缝走向玫瑰花图;
(c)研究区北部定边地区野外裂缝走向玫瑰花图;(d)华庆地区岩心裂缝古地磁定向结果;(e)华庆地区
成像测井裂缝走向玫瑰花图;(f)华庆地区野外裂缝走向玫瑰花图。N 为统计样品的数量

3.1.5　裂缝的充填性

裂缝的充填特征包括充填物、充填率、充填期次及充填样式等。裂缝的充填性是决定裂缝有效性的关键参数，是分析裂缝形成期次、演化过程的重要判别参数。野外及岩心观测结果表明，研究区裂缝的充填率总体较低，充填率为4.6%，充填物以方解石为主。通过对鄂尔多斯盆地西缘岩心及野外裂缝的观察，将裂缝的充填样式分为均匀型充填、条带型充填及团簇型充填三种（图 3-6）。在条带型充填中，充填物的分布与小层的岩性有关，充填物多分布于砂岩层的断裂面上。

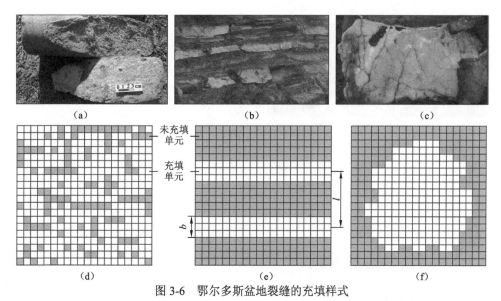

图 3-6　鄂尔多斯盆地裂缝的充填样式

（a）为均匀型充填；（b）为条带型充填；（c）为团簇型充填；（d）～（f）分别为三种充填样式的理想模型，白色区域代表充填物，灰色区域代表未充填。其中，b 为充填带的宽度，l 为充填带的间距

3.1.6　裂缝间距与长度的关系

裂缝的长度及穿层性是裂缝评价的两个关键参数，同时也是影响后期吸水剖面、水窜及水淹的关键因素。通过野外古窑子剖面、王家河剖面及石沟驿剖面裂缝间距与长度的统计，发现裂缝的间距与长度呈线性正相关（图 3-7），即裂缝间距越大，裂缝的长度越大，同一时期形成的构造裂缝规律如此，不同时期形成的裂缝同样有此规律[图 3-1（f）]。因此，在研究区内，不宜采用单一参数"裂缝

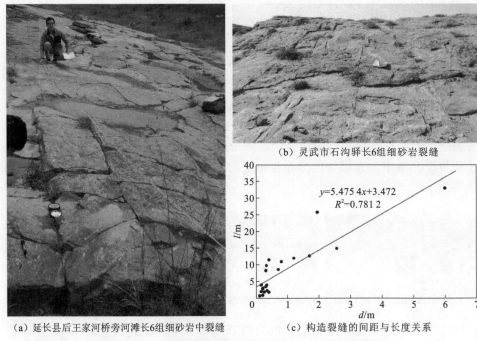

（a）延长县后王家河桥旁河滩长6组细砂岩中裂缝　（c）构造裂缝的间距与长度关系

图 3-7　鄂尔多斯盆地野外裂缝间距与裂缝尺度观测统计

d 为裂缝的间距，l 为裂缝的长度

密度"表征裂缝的发育程度，在裂缝线密度低的井区，裂缝的延伸长度大，开发过程中同样可能导致水窜、水淹等现象发生。

3.1.7　裂缝的形成时期

岩心裂缝多为未充填裂缝，因此，本书中裂缝形成时期主要参考与研究区毗邻的马岭地区（位置见图 2-3）的研究结果（赵继勇 等，2017），并结合区域应力场演化综合确定。依据马岭油田的埋藏-热演化史（图 3-8），燕山运动 IV 幕期间，延长组地温介于 85～116℃，喜马拉雅运动 I 幕期间，延长组地温介于 70～85℃。测量的岩石样品中石英颗粒次生盐水包裹体均一温度范围为 72～150℃，因此，推测温度范围为 80～116℃、72～85℃的包裹体分别形成于燕山运动 IV 幕、喜马拉雅运动 I 幕（图 3-8），说明燕山运动 IV 幕—喜马拉雅运动 I 幕是延长组构造裂缝的主要形成时期，其中，介于 85～116℃温度区间的包裹体数量占多数，推测裂缝的主要发育期为燕山运动 IV 幕（赵继勇 等，2017）。

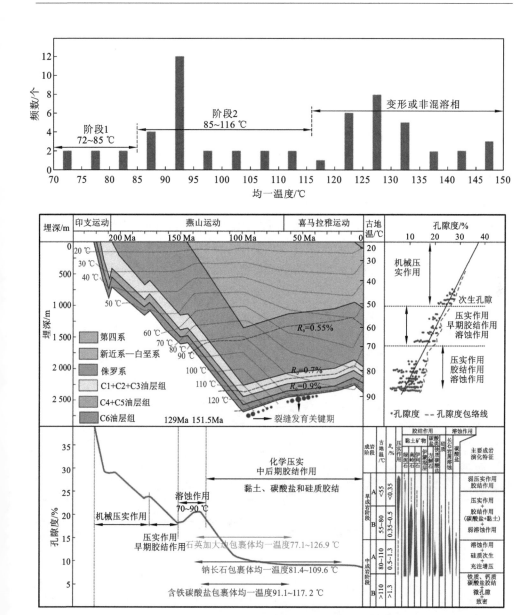

图 3-8　鄂尔多斯盆地长 7 油层组裂缝发育关键期划分图

据 Liu 等（2022a）、赵继勇等（2017）、罗静兰等（2016）、时保宏等（2014）修编

3.2 裂缝发育主控因素

3.2.1 岩层厚度

　　环鄂尔多斯盆地野外观测结果 [图 3-9（a）～（e）] 表明，在岩性相同的条件下，当岩层的厚度小于 125 cm 时，裂缝间距与层厚之间呈线性正相关；当厚度大于 125 cm 时，裂缝间距不再受岩层厚度的影响，裂缝的间距趋近于常数（160 cm）。厚度与裂缝间距之间的关系并非是一成不变的，如图 3-9（f）～（h）所示，在很多野外裂缝观测点，岩层厚度对裂缝密度的控制作用较弱甚至无作用 [图 3-9（f）～（h）]，说明除岩层厚度外，还有其他更为关键的因素控制裂缝发育程度；因此，单纯采用厚度法预测裂缝发育程度或者进行裂缝离散网络建模是不可靠的。

（a）　　　　　　　　　　　（b）

（c）　　　　　　　　　　　（d）

图 3-9　岩层厚度对裂缝间距的影响

（a）～（d）为鄂尔多斯盆地长 6 储层不同厚度的砂岩中裂缝发育程度；（e）为鄂尔多斯盆地东南部细-粉砂岩的岩层厚度与构造裂缝间距的关系，H 为岩层厚度，d 为裂缝间距；（f）～（h）为不同厚度泥岩、砂岩中裂缝密度发育特征。F1 代表裂缝相对不发育层，F2 代表裂缝相对发育层。

3.2.2　结构面

　　岩层结构层间或层内力学性质的不协调性不仅影响构造裂缝的形成、丰度、级别及组合样式，而且对后期水力裂缝的纵向扩展形态、规模及空间展布形式也会造成一定的影响。结合鄂尔多斯盆地周缘野外地质考察结果，依据裂缝与结构面组合样式的发育机理，将构造裂缝与结构面组合样式分为终止型、穿透型、变换型及复合型 4 大类（图 3-10）。

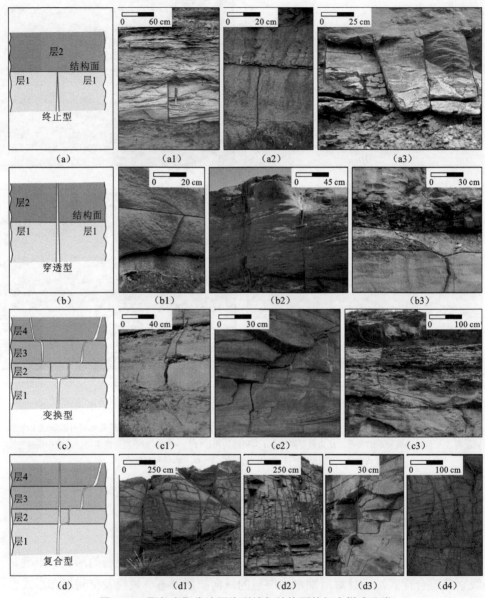

图 3-10　鄂尔多斯盆地周缘裂缝与结构面的组合样式分类

（a）～（d）为裂缝与结构面组合样式的理想模式图，参考 Hutchinson（1996）及 Larsen 等（2010）修编。（a1）～
（a3）为终止型裂缝。（b1）～（b3）为穿透型裂缝；（b1）为裂缝穿层后沿层理等薄弱面传播；（b2）为贯穿型裂
缝，裂缝没有转向；（b3）为裂缝穿过结构面后，在泥岩中发生转向。（c1）～（c3）为变换型裂缝；（c1）为左右
双变换型裂缝；（c2）为右变换型裂缝；（c3）为左变换型裂缝。（d1）～（d4）为复合型裂缝

3.2.3　岩性

对华庆地区 13 口取心井长 6 油层组进行的裂缝描述、统计结果表明,裂缝在泥岩、粉砂质泥岩、粉砂岩及细砂岩中均有发育,在不同的岩性中,裂缝的发育程度不同;其中泥质粉砂岩中裂缝的密度最高,裂缝线密度约为 1.15 条/m;其次为粉砂质泥岩,裂缝线密度约为 0.9 条/m;再次为细砂岩,裂缝线密度约为 0.66 条/m;泥岩中裂缝最不发育,裂缝线密度约为 0.5 条/m[图 3-11(a)]。对长 6 油层组不同岩性的裂缝倾角进行统计得出,在砂岩中的构造裂缝,11%为低角度裂缝,剩余的 89%为高角度裂缝。而在泥岩中,低角度裂缝所占的比例更高,约为 35%[图 3-11(b)];统计结果表明,在泥岩中更容易发育低角度裂缝,而砂岩中更容易发育高角度裂缝。

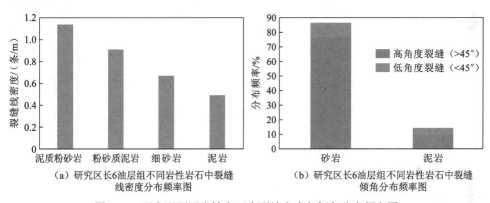

(a)研究区长6油层组不同岩性岩石中裂缝　　　　(b)研究区长6油层组不同岩性岩石中裂缝
线密度分布频率图　　　　　　　　　　　　　倾角分布频率图

图 3-11　研究区不同岩性岩石中裂缝密度与倾角分布频率图

3.2.4　岩石力学参数

岩石力学参数(泊松比、杨氏模量)是影响应力场分布最直接的因素,对鄂尔多斯盆地而言,其盆内构造稳定,目的层位内断层、褶皱不发育,并且裂缝多以区域构造裂缝为主。因此,岩石力学参数对裂缝形成、分布至关重要。受不同尺度岩石力学层的影响,裂缝具有尺度性,因此不同尺度的裂缝具有不同的特征。受岩石三轴力学实验数量、取心段长度及缺乏相关计算软件等多种外因的影响,在低渗透储层中,对不同尺度的岩石力学参数与裂缝发育程度(密度)之间的相关性研究,即研究裂缝密度与岩石杨氏模量、泊松比之间的相关性是否与统计的尺度有关,仍不充分。

本书借助研究区具有完整的、高质量的成像测井及阵列声波测井数据的白

399-44 井（图 3-12）和白 403-35 井，通过 Visual C++ 6.0 编制相应的计算机程序，提取成像测井中的裂缝曲线，计算不同尺度的裂缝面密度及动态岩石力学参数，分析不同尺度的岩石动态杨氏模量、动态泊松比对裂缝发育程度的控制作用，设置计算机程序循环计算的原理如下。

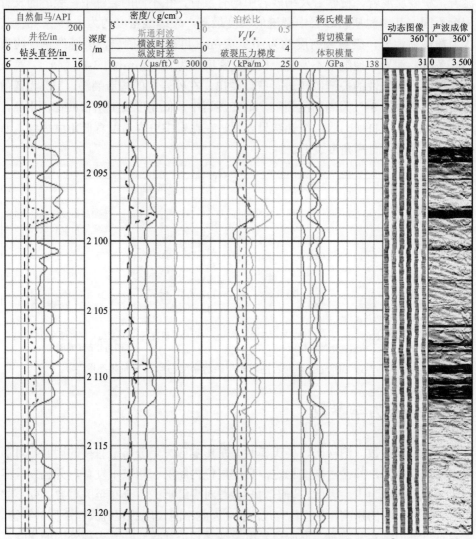

图 3-12　白 399-44 井长 6 油层组阵列声波与成像测井解释图[①]

　　不同尺度的岩石力学参数对裂缝发育程度的影响主要通过多尺度双循环计算实现，双循环分别为尺度循环和位置循环，为保证计算过程中有充足的统计数据。

----

① 1 ft ≈ 0.304 8 m。

计算涉及的层位包括长 4+5 层、长 6 层、长 7 层、长 8 层、长 9 层及长 10 层油层组。如图 3-13 所示，在进行岩石力学参数对裂缝发育程度影响的多尺度双循环计算中，对于 A 尺度的循环计算，计算尺度 $L=40\ cm$，设定每次循环的测井移动步长为 12.5 cm，使每次循环的计算结果与测井的识别精度相匹配，分别计算该尺度（40 cm）中岩石力学参数的平均值及该尺度下成像测井的裂缝平均面密度，依次标记为 A1、A2、A3……。完成 A 尺度计算后，将尺度依次改为 B 尺度、C 尺度……，完成相同的循环计算。计算过程中保证计算得到的不同尺度的岩石杨氏模量、泊松比及裂缝密度的中心位置相同（图 3-13），不同尺度的岩石力学参数计算过程中对应的测井点数目如表 3-1、表 3-2 所示。

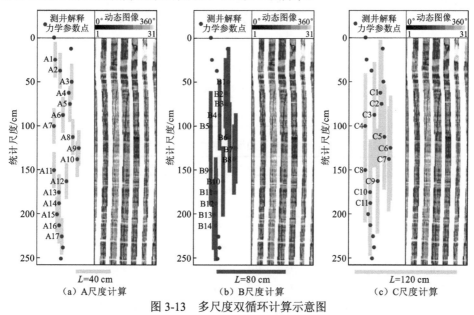

图 3-13　多尺度双循环计算示意图

表 3-1　不同尺度的岩石杨氏模量测井计算及数据量统计表

测井的垂向尺度计数	杨氏模量区间/GPa										
	<24	24~27.5	27.5~31	31~34.5	34.5~38	38~41.5	41.5~45	45~48.5	48.5~52	52~55.5	>55.5
$L=40\ cm$	206	266	381	460	419	416	523	1 054	618	273	82
$L=80\ cm$	189	245	402	475	427	423	525	1 052	626	264	70
$L=120\ cm$	178	233	404	485	443	431	523	1 040	643	253	65
$L=160\ cm$	150	232	388	519	451	438	538	1 013	683	225	61
$L=200\ cm$	129	224	384	517	493	447	568	985	696	194	61

测井的垂向尺度计数	杨氏模量区间/GPa										
	<24	24~27.5	27.5~31	31~34.5	34.5~38	38~41.5	41.5~45	45~48.5	48.5~52	52~55.5	>55.5
L=240 cm	120	222	388	495	524	464	576	972	702	175	60
L=280 cm	103	220	384	473	557	485	583	978	716	154	45
L=320 cm	100	215	372	486	556	517	570	980	724	134	44
L=360 cm	98	208	326	508	551	574	563	976	734	124	36
L=100 cm	95	200	328	501	541	617	538	997	724	133	24
L=440 cm	92	198	322	506	532	643	533	1 015	704	135	18
L=480 cm	83	196	292	516	571	663	528	1 020	682	133	14
L=520 cm	75	193	283	535	573	689	510	1 019	674	135	12
L=560 cm	72	190	276	528	595	684	537	1 019	653	138	6
L=600 cm	76	179	285	499	602	710	554	1 006	642	145	0

表 3-2 不同尺度的岩石泊松比测井计算及数据量统计表

测井的垂向尺度计数	泊松比区间										
	<0.14	0.14~0.17	0.17~0.20	0.20~0.23	0.23~0.26	0.26~0.29	0.29~0.32	0.32~0.35	0.35~0.38	0.38~0.41	0.41~0.44	0.44~0.47
L=40 cm	3	5	4	29	115	785	2 476	1 064	166	37	12	2
L=80 cm	1	2	7	20	103	753	2 563	1 048	161	31	9	0
L=120 cm	0	0	8	16	102	738	2 599	1 046	155	28	6	0
L=160 cm	0	0	0	15	86	707	2 647	1 067	150	26	0	0
L=200 cm	0	0	0	0	94	687	2 696	1 063	143	15	0	0
L=240 cm	0	0	0	0	93	685	2 694	1 073	145	8	0	0
L=280 cm	0	0	0	0	74	691	2 704	1 092	137	0	0	0
L=320 cm	0	0	0	0	58	688	2 723	1 105	124	0	0	0
L=360 cm	0	0	0	0	29	697	2 759	1 107	106	0	0	0
L=100 cm	0	0	0	0	27	681	2 798	1 111	81	0	0	0
L=440 cm	0	0	0	0	24	663	2 828	1 114	69	0	0	0
L=480 cm	0	0	0	0	13	650	2 848	1 147	40	0	0	0
L=520 cm	0	0	0	0	9	637	2 862	1 160	30	0	0	0
L=560 cm	0	0	0	0		603	2 910	1 155	21	0	0	0
L=600 cm	0	0	0	0	9	554	2 973	1 153	9	0	0	0

不同尺度的岩石动态杨氏模量对裂缝面密度的控制作用变化规律基本一致〔图 3-14（a）和（b）〕，当岩石的动态杨氏模量小于 45 GPa 时，裂缝的面密度随杨氏模量的增大而增大；当岩石的动态杨氏模量大于 48.5 GPa 时，裂缝的面密度随杨氏模量的增大而减小；最适合裂缝发育的岩石动态杨氏模量区间为 45～48.5 GPa。岩石动态杨氏模量与裂缝面密度的两段式变化可能与岩石内部能量的累积与释放有关，岩石力学实验表明，静态杨氏模量越大，岩石内部累积的能量越大，但抗压、抗剪强度也随之增大（图 3-15），两个参数之间存在一个临界点，这可能是导致岩石动态杨氏模量与裂缝面密度呈两段式关系的主要原因；此外，成岩作用会导致古今岩石力学参数存在一定的差异，而天然裂缝基本上反映了古岩石力学层，与现今岩石力学层可能存在差异（Dashti et al.，2018）。

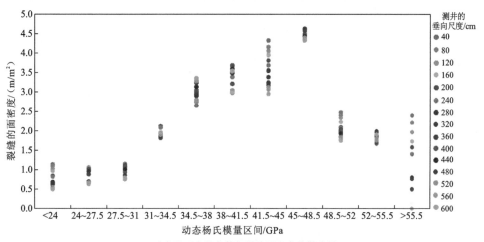

（a）动态岩石力学参数与裂缝面密度的散点图

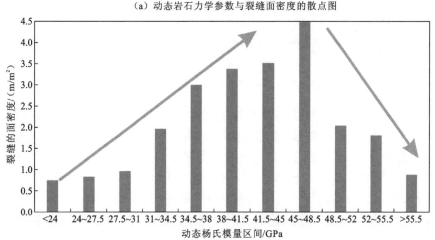

（b）动态岩石力学参数与裂缝面密度的频率分布图

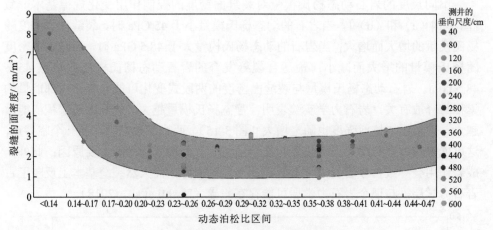

（c）岩石动态泊松比与裂缝面密度的散点图

图 3-14　不同尺度的岩石力学参数与裂缝面密度之间的关系

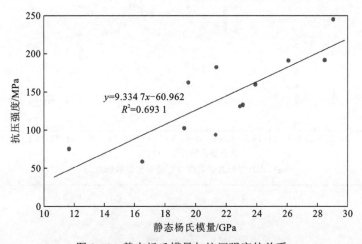

图 3-15　静态杨氏模量与抗压强度的关系

　　岩石的动态泊松比与裂缝面密度总体呈负相关[图 3-14（c）]，当动态泊松比小于 0.24 时，随着岩石动态泊松比的增大，裂缝的面密度迅速变小。当岩石动态泊松比大于 0.24 时，动态泊松比对裂缝面密度的控制作用与统计的尺度有关，总体而言，随着动态泊松比增大，裂缝面密度基本无变化；但当统计尺度 L 大于 320 cm 时，岩石的泊松比与裂缝面密度呈弱正相关（图 3-16），因此描述岩石动态泊松比与裂缝面密度的关系时，应当注意测量的岩石泊松比与裂缝面密度的尺度。

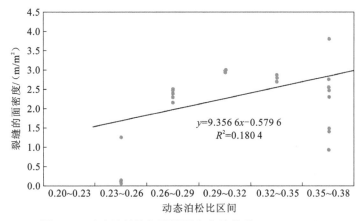

图 3-16 动态泊松比与裂缝面密度的关系（L>320 cm）

3.2.5 岩层的非均质性

鄂尔多斯盆地延长组低渗透砂岩储层岩石力学参数平面上存在各向异性，这可能是导致岩石中不同时期的共轭裂缝一组不发育的原因。鄂尔多斯盆地华庆地区延长组主要发育两期构造剪切裂缝，受岩层强烈非均质性的影响，每期主要发育一组裂缝，因而目前在不同的区块通常见到两组裂缝。在与研究区毗邻的姬塬地区，高帅等（2015）发现长 4+5 层致密砂岩储层的岩层各向异性控制了同一部位不同方向裂缝的发育程度[图 3-17（a）]。对研究区北部的石沟驿剖面长 6 油层组细砂岩中取样[图 3-17（b）]，并进行岩石周向力学实验[图 3-17（c）]，通过对不同方向的岩样力学参数取平均值，得到各个方向的岩石力学参数，结果表明，岩石力学参数同样有类似的结果，在北东向 40°和南东向 130°，岩石的静态杨氏模量及抗压强度为相对低值[图 3-17（d）]，这也与该地区裂缝的发育方位相似[图 3-5（c）]，储层岩石力学参数平面的各向异性可能是导致该地区共轭裂缝中一组不发育的原因。受构造活动强度的影响，燕山期裂缝的密度大于喜马拉雅期；研究区北东东向裂缝主要为喜马拉雅期形成，近东西向裂缝为燕山期形成。

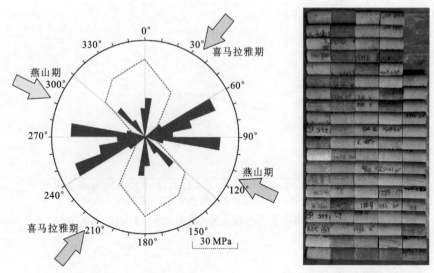

（a）鄂尔多斯盆地姬源地区裂缝走向与
主应力方位关系[据高帅等（2015）]

（b）岩石周向力学试验样品照片
（包括岩石声发射取样）

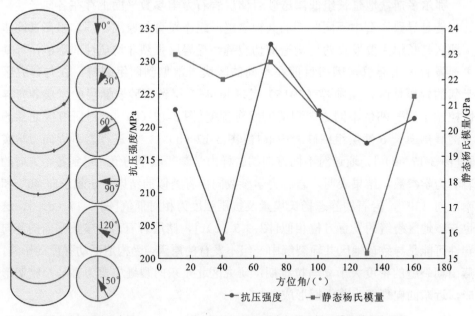

（c）岩石周向力学试验示意图　　　　（d）岩石抗压强度与静态杨氏模量的各向异性

图 3-17　研究区岩石力学各向异性试验取样方案与试验结果

3.3　轨迹寻踪法测井识别裂缝

3.3.1　软件设计原理与技术路线

研究区裂缝在砂岩、泥岩中均有发育，并且与岩层厚度密切相关，此外在长 6_3^2 层和长 6_3^3 层砂泥岩互层发育，因此，如何在该类储层中准确地识别裂缝发育位置是该区低渗透储层裂缝表征面临的一个难题，也是后期裂缝模拟结果静态验证的实际需求所在。本节提出轨迹寻踪法测井识别裂缝，具体原理是利用研究区 13 口取心井的裂缝观测数据，在与测井曲线进行深度标定后，建立包含常规测井曲线、层位信息、岩心裂缝发育信息及井位信息的裂缝解释数据库模型，在层控约束下，采用岩心确定的裂缝发育段和不发育段为约束条件，建立一个使岩心裂缝正判率最高的数学模型，实现测井裂缝的识别（图 3-18），其中，正判率为岩心观测结果与测井解释结果的吻合率。

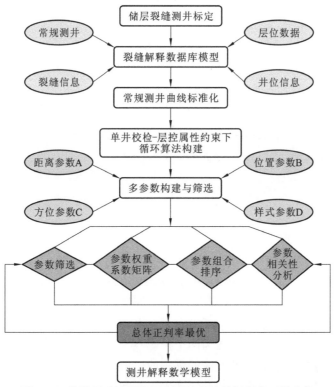

图 3-18　轨迹寻踪法测井识别裂缝的计算机程序开发路线

选取井径（CAL）、自然伽马（GR）、电阻率（RT）、声波（AC）及自然电位（SP）5 种常规测井曲线，在测井曲线标准化的基础上，如图 3-19 所示，从 5 种测井曲线中任选两条进行组合，得到不同组合的测井曲线投影数据点，构建如图 3-20 所示的 4 个参数：距离参数、位置参数、方位参数及样式参数。其中测井曲线标准化的具体流程如下。

（1）标准井的选择，遵循 3 个基本条件：①有系统的钻井取心资料；②在构造、岩性、含油性方面具有区域代表性；③测井系列齐、全、准。

（2）标志层的选择：①在整个构造区域内分布广，厚度大且变化小；②在测井曲线上有明显的响应特征。

（3）标准化方法的选择：①频率直方图法，即选定标准层分别做自然伽马、声波、密度、井径测井资料频率直方图，确定每项测井资料在每口井的主要分布范围和峰值，对应关键井相应的测井资料分布范围和峰值确定校正值；②趋势面分析法，是用数学方法计算出一个数学曲面来拟合数据中的区域性变化的趋势，该方法是在频率直方图法效果不佳时的一种完善方法。

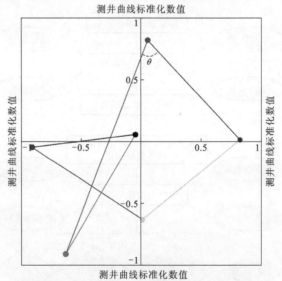

图 3-19　轨迹寻踪法参数组合示意图

不同颜色的点代表不同测井曲线组合的投影数据点

如图 3-19 所示，定义距离参数为线段的长度，定义位置参数为任意两个投影数据点的和或差，定义方位参数为两个投影数据点之间的夹角（θ）的反正切值，定义组合样式参数为任意测井曲线的乘积或比值；通过构建参数组合数据库，结合参数之间的相关性，筛选参数并依次确定不同参数的权重、排序，确定不同组合、不同排序及不同权重的参数对应的正判率。如图 3-20 所示，依据 4 个大类参数，分别利用 5 条测井曲线构建相应的子参数，通过循环计算确定不同的参数组合、参数排序及参数权重。如图 3-21 所示，以某一次循环计算为例，确定不同参数组合及参数权重下裂缝的正判率，通过计算机编程，记录每次循环对应的参数组合、参数排序及参数权重，优选最高裂缝正判率对应的参数组合、权重及排序作为元 284 区构造裂缝识别数学模型。

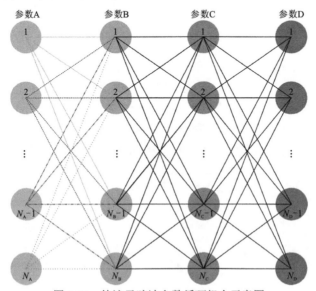

图 3-20　轨迹寻踪法参数循环组合示意图

A、B、C 和 D 分别代表距离参数、位置参数、方位参数及样式参数；N_A、N_B、N_C 和 N_D 分别代表距离参数、位置参数、方位参数及样式参数对应的子参数数目

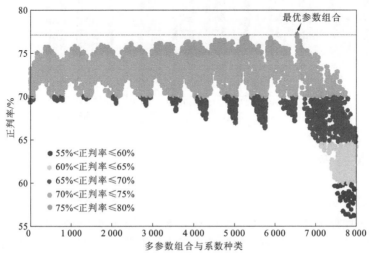

图 3-21　轨迹寻踪法最优参数组合的确定

3.3.2　可靠性分析

在进行距离参数、位置参数、方位参数及样式参数循环后,确定对应参数的最优权重,选取 5 个子参数作为研究区裂缝解释的最优组合。位置参数:$AC-GR$;距离参数:$(CAL-RT)\times(CAL-RT)$;样式参数①:AC/RT;样式参数②:$SP\times CAL$;方位参数:$\tan\left(\dfrac{AC-GR}{SP-CAL}\right)$;5 个参数的权重系数分别为:1、66、41、186、0.125。如图 3-22 所示,元 285 井的测井裂缝解释的正判率最高,在 206 个对比点中,196 个点解释正确,裂缝正判率为 95.15%,是解释正判率最高的一口井;元 293 井的测井裂缝识别正判率最低,在 203 个对比点中,120 个点解释正确,裂缝正判率为 59.11%,是解释正判率最低的一口井。总体测井裂缝解释的正确点数为 2 032,测井总点数为 2 629,裂缝正判率为 77.29%。

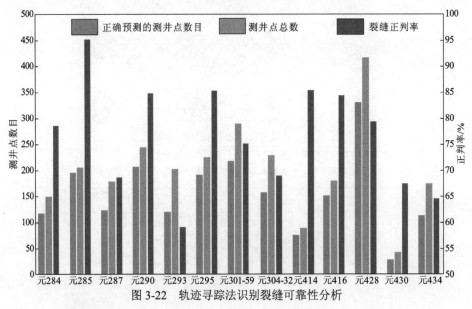

图 3-22　轨迹寻踪法识别裂缝可靠性分析

3.3.3　裂缝发育段识别

依据已建立的裂缝识别模型,将计算结果与裂缝发育数据库及裂缝不发育数据库对比,计算单井不同位置裂缝的发育概率,进而可以确定裂缝的垂向发育位置。元 416 井长 6 层裂缝测井解释结果表明,裂缝的发育概率介于 15%~80%;测井解释的正判率为 84.3%(图 3-23)。白 399-44 井长 6 层成像测井结果表明,

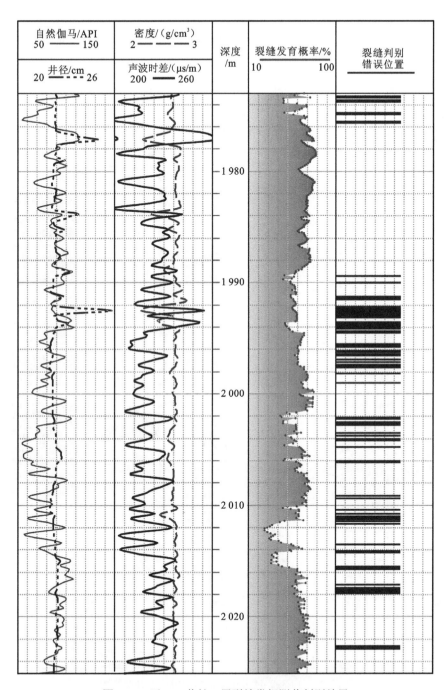

图 3-23　元 416 井长 6 层裂缝常规测井判别结果

轨迹寻踪法测井解释的裂缝正判率略低于岩心识别结果，成像测井解释的正判率为 74.6%（图 3-24）。每口井的测井解释结果用以验证数值模拟结果的可靠性，测井解释裂缝的垂向发育规律将在第 6 章中与数值模拟结果一并讨论。在动态资料识别裂缝方面（吸水剖面），主要涉及裂缝的尺度参数评价，将在本书第 6 章中详细讨论。

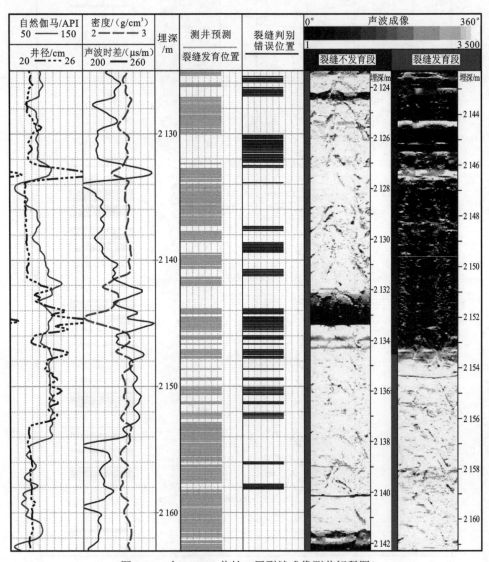

图 3-24　白 399-44 井长 6 层裂缝成像测井解释图

第 4 章　裂缝性储层多尺度力学行为

4.1　裂缝性储层多尺度力学行为简介

4.1.1　不同尺度岩石力学层概述

伴随着越来越多的裂缝性油气藏被发现，现今地应力与天然裂缝三维分布逐渐引起研究者的关注，这两个因素是控制裂缝性油藏勘探开发的关键因素。目前，储层地质力学方法是地应力建模、构造裂缝预测的主流方法，其在致密砂岩储层、页岩储层及低渗透砂岩储层中得到了有效应用，而岩石力学层准确表征是储层地质力学建模有效应用的关键，它决定了储层裂缝预测与地应力建模的精度。岩石力学层是指一套岩石力学性质一致或岩石力学行为相近的岩层，但是，岩石力学层不一定是岩性均一层，与岩性地层并不完全对应。在过去很长一段时间，裂缝地层也视作岩石力学层的同义词，然而，裂缝地层反映岩石破裂时期的古岩石力学层，受成岩与构造作用双重影响，岩石性质会随时间发生变化，即出现岩石力学层的迁移现象，控制裂缝发育的岩石力学层及适用于预测天然裂缝的岩石力学层可能不再存在（Laubach et al.，2019）。

鄂尔多斯盆地储层中褶皱和断层相对不发育，但在区域构造应力作用下，盆地内储层中广泛发育不同尺度的构造裂缝。勘探开发实践表明，无论是致密砂岩储层、页岩储层还是低渗透砂岩储层，天然裂缝均在其油气资源勘探开发中起着至关重要的作用，并且裂缝具有显著的层控特征，产状十分稳定，与裂缝形成时期的古构造应力场密切相关；燕山期裂缝走向以东西向、南东东向为主，喜马拉雅期裂缝走向主要以北南向、北东东向、北东向为主。多尺度岩石力学层可用于研究区域裂缝密度。受多种外部因素影响，如三轴力学实验次数、岩心长度和相关计算软件的缺乏，岩石力学参数与多个尺度上的裂缝发育程度（密度）之间几乎没有相关性，即岩石力学参数和裂缝密度之间的相关性是否与统计尺度有关。

此外，对多尺度的天然裂缝和岩石力学参数进行分析，有助于更好地理解力学和裂缝地层学之间的定量关系，这在任何成熟的天然裂缝储层特征研究中都非常重要。在成像测井中确定裂缝间距是困难的。传统的岩石力学层划分方法通常是单一尺度的，与测井测量尺度一致；基于成像测井的裂缝参数计算往往侧重于裂缝发育剖面分析，无法统计分析不同尺度下裂缝与力学地层学的关系。

4.1.2 鄂尔多斯盆地不同尺度裂缝发育特征

受储层裂缝发育密度、组合样式及裂缝面力学特征的影响，在不同尺度中计算得到的岩体力学参数大小不一，即裂缝性储层力学行为存在尺度效应。在低渗透储层地质力学建模中，将储层力学参数划分为三个尺度：岩心尺度、测井尺度及数值模拟尺度。岩心尺度主要反映几厘米至几十厘米范围内岩石的力学特征，该尺度的力学参数可由岩石力学实验确定，多为静态参数，但是该尺度的力学参数通常无法包含宏观裂缝的力学特征[图 4-1（a）]。测井尺度的力学参数反映几十厘米至几米范围内岩石的力学特征，该参数多为测井解释的岩石动态参数，该尺度的力学参数能够包含局部的宏观裂缝响应特征[图 4-1（b）]。数值模拟尺度的力学参数反映几米、几十米甚至几百米范围内的岩石力学特征，该参数可为动态参数也可为静态参数，该尺度的力学参数考虑了宏观裂缝发育模式[图 4-1（c）]。目前在裂缝性储层地质力学建模中，往往将地震反演的力学参数（或数值模拟尺度）、测井解释的力学参数转换为岩心尺度的力学参数，但实际上，对于裂缝性储层，三种尺度的力学参数在反映宏观裂缝发育程度、组合样式等信息的"能力"是不同的，尤其是岩心尺度和测井尺度力学参数，往往不能真实反映构造裂缝对储层力学参数的改造和影响。

    （a）岩心尺度   （b）测井尺度   （c）数值模拟尺度（考虑宏观裂缝发育模式）

图 4-1　裂缝性储层力学参数的三个尺度

4.2　岩心尺度与测井尺度力学参数分析

4.2.1　岩石三轴力学实验

岩石力学参数（主要包括岩石泊松比、岩石强度参数、各种弹性模量、内摩擦角及内聚力等）是进行古应力场模拟、现今地应力模拟、裂缝动静态参数预测及储层注水压力等研究的重要基础数据。单轴压缩和三轴压缩常用来测量压应力环境下形成的岩石。在单轴、三轴加载条件下，岩石表现出的强度特性是完全不同的，岩石的破坏形式也存在很大差异。实际上，地下深处的岩石始终处于三向地应力状态下，岩石的强度特性、破坏形式与围压有着显著的关系。选取具有代表性的岩心，利用钻机、切片机等设备将岩心加工成端面平整、直径 2.5 cm、长度 5.0 cm 的岩样。

三轴抗压强度实验仪器采用中国石油勘探开发研究院的 MTS286 岩石测试系统，依据《工程岩体试验方法标准》（GB/T 50266—2013）测试完成。通过建立岩石动静态力学参数转换数学模型，为测井资料计算静态岩石力学参数奠定基础。在三轴抗压实验过程中，将岩样放入高压室中，在四周施加不同的围压（0 MPa、10 MPa、20 MPa、30 MPa），逐渐增加岩石的垂向应力，分别记录岩样在轴向、径向的应变数值，得到对应的岩石应力-应变曲线。共选取 12 块代表性岩样进行三轴压缩实验，部分测试结果如表 4-1 所示，岩石应力-应变关系如图 4-2 所示。

表 4-1　元 294 先导试验区长 6 层组岩石三轴力学实验数据表

井号	岩性	深度/m	试样编号	密度/(g/cm³)	围压/MPa	弹性模量/(×10³ MPa)	泊松比	抗压强度/MPa
元 290 井	砂岩	2 106.27	H1	2.49	0	11.665	0.059	75.15
			H2	2.39	10	22.897	0.237	130.84
			H3	2.38	20	23.904	0.190	159.55
			H4	2.40	30	21.352	0.171	182.25
元 414 井	砂岩	2 007.10	I1	2.48	0	19.260	0.061	102.29
			I2	2.50	10	28.468	0.200	191.39
			I3	2.49	20	26.078	0.202	190.87
			I4	2.50	30	29.033	0.105	244.98

续表

井号	岩性	深度 /m	试样 编号	密度 /(g/cm³)	围压 /MPa	弹性模量 /(×10³ MPa)	泊松比	抗压强度 /MPa
元284井	泥岩	2 205.45	J1	2.62	0	16.522	0.269	58.61
			J2	2.62	10	21.308	0.216	93.66
			J3	2.62	20	23.087	0.204	132.59
			J4	2.65	30	19.535	0.392	162.26

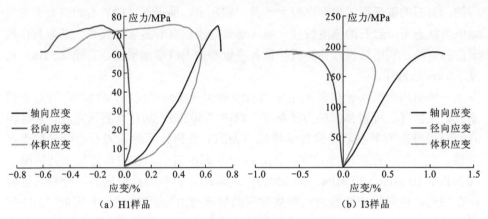

（a）H1样品　　　　　　　　　　（b）I3样品

图 4-2　岩石三轴压缩应力-应变关系曲线图

如图 4-3 所示，通过拟合不同正应力条件下岩石强度包络线，可以求取岩石的内聚力及内摩擦角。元 290 井砂岩拟合曲线为 $\tau > 19.297 + \sigma_1 \tan 40.03°$；元 414 井砂岩拟合曲线为 $\tau > 23.407 + \sigma_1 \tan 44.53°$；元 284 井泥岩拟合曲线为 $\tau > 13.523 + \sigma_1 \tan 39.82°$。求得元 290 井岩石样品的内聚力为 19.29 MPa，内摩擦角为 40.03°；元 414 井岩石样品的内聚力为 23.40 MPa，内摩擦角为 44.53°；元 284 井岩石样品的内聚力为 13.52 MPa，内摩擦角为 39.82°。利用测量的岩石内摩擦角、内聚力等数据，结合测井解释结果，建立相应的数学模型，求取裂缝的静态参数（密度、产状）。抗剪强度指标的测定方法主要分为室内实验和原位实验两种。室内实验是用钻探或其他方法取得岩土体，并加工成标准试样，再进行实验测定，直剪实验是应用最广泛的室内实验方法。原位实验是在原位应力下进行测试，其测定的范围大，可以同时反映微观和宏观结构对中浅层、深层-超深层岩石力学参数的影响。

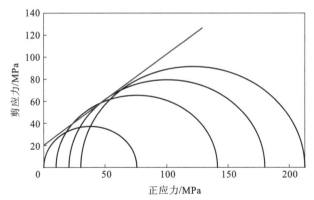

图 4-3　元 290 井深度 2 106.27 m 处的砂岩强度包络线图

4.2.2　岩石力学参数测井解释

岩石三轴力学实验直接模拟地下真实三维应力环境，测量精度较高，但受取样点数目及尺度的影响，难以反映宏观天然裂缝的组合样式和发育程度等信息。利用测井资料计算岩石的动态力学参数能充分考虑岩石力学参数在垂向上的连续性，同时计算结果能反映局部天然裂缝的响应，其相关公式如下（赵军龙 等，2015；李志明和张金珠，1997）：

$$E_{d} = \frac{\rho_{b}}{\Delta t_{s}^{2}} \frac{3\Delta t_{s}^{2} - 4\Delta t_{p}^{2}}{\Delta t_{s}^{2} - \Delta t_{p}^{2}} \tag{4-1}$$

$$\mu_{d} = \frac{\Delta t_{s}^{2} - 2\Delta t_{p}^{2}}{2(\Delta t_{s}^{2} - \Delta t_{p}^{2})} \tag{4-2}$$

$$\varphi = 90 - \frac{360}{\pi} \arctan\left(\frac{1}{\sqrt{4.73 - 0.098\Phi}}\right) \tag{4-3}$$

式中：E_d 为岩石的动态杨氏模量；μ_d 为岩石的动态泊松比；ρ_b 为测井解释的岩石密度；Δt_p 为岩石的纵波时差；Δt_s 为岩石的横波时差；φ 为岩石的内摩擦角，可以通过岩石三轴力学实验确定；Φ 为测井解释的孔隙度。

利用测井解释资料计算动态力学参数需要准确地获取纵横波速度，在常规测井中常缺少横波资料，而准确建立纵横波比值（横波与纵波差异性）的计算模型是动态岩石力学参数预测的关键点。传统的横波速度求取方法，例如多元回归法、基质模量法及 Xu-White 模型法，都或多或少地将纵横波的差异性弱化，这是因为不同参数之间转化时，往往需要曲线拟合，该处理方法实际会弱化纵横波之间的差异性，影响后期岩石力学参数计算的精度。目前，分形技术在孔喉分析、断裂评价、油气产量预测及地球化学分析等方面得到了广泛的应用。华庆地区储层在平面、剖面上存在强烈的非均质性，使分形技术在华庆地区储层参数评价中得以应用。因此，本书采用多元回归与测井曲线二维分形插值相结合的方法恢复纵横波的差异性。利用已有的两口井的阵列声波测井数据，首先分 9 个小层分别建立横波的多元回归数学模型，例如长 $6_3{}^{1\text{-}1}$ 层横波计算的多元回归算法为

$$\begin{cases} y_1 = 0.593\,1x_1 - 11.729 \\ y_2 = 127.611 - 1.101\,3x_2 + 0.025\,31x_2{}^2 - 0.000\,12x_2{}^3 \\ y_3 = 130.121 - 0.674\,2x_3 + 0.006\,45x_3{}^2 \end{cases} \tag{4-4}$$

$$y_4 = -11.154\,2 + 0.846\,8y_1 + 0.178\,5y_2 + 0.062\,66y_3 \tag{4-5}$$

式中：x_1 为声波测井数据；x_2 为泥质含量的测井计算结果；x_3 为 GR 测井数据；y_1、y_2 和 y_3 为中间变量；y_4 为横波时差。

通过多元回归的方法得到的横波时差，往往会导致纵横波时差的比值差异性减小，因此，采用式（4-6）～式（4-7）对横波拟合曲线进行二维分形插值（孙洪泉，2011），分形插值后的曲线每个点都连续但不可导，以提高纵横波比值预测的精度。

对于数据集 $\{(x_i, y_i)|i=0, 1, \cdots, N\}$，有 N 个仿射变换，第 n 个仿射变换的分形插值函数为

$$\begin{cases} x_{ni} = a_n x_i + e_n \\ y_{ni} = c_n x_i + d_n y_i + f_n \end{cases} \quad i = 0,1,\cdots,N; \quad n = 1,2,\cdots,N \tag{4-6}$$

式中：d_n 为纵向压缩比，人为给定；公式中其他相关参数表示为

$$\begin{cases} a_n = \dfrac{x_n - x_{n-1}}{x_N - x_0} \\[2mm] e_n = \dfrac{x_N x_{n-1} - x_0 x_n}{x_N - x_0} \\[2mm] c_n = \dfrac{y_n - y_{n-1} - d_n(y_N - y_0)}{x_N - x_0} \\[2mm] f_n = \dfrac{x_N y_{n-1} - x_0 y_n - d_n(x_N y_0 - x_0 y_N)}{x_N - x_0} \end{cases} \tag{4-7}$$

以白 408-35 井、白 399-44 井长 6 油层组阵列声波测井测量的纵横波比最优拟合为约束条件（图 4-4），每隔 8 个点选取一个点作为分形插值的控制点，对其余的 7 个点进行分形插值，确定纵向压缩比为 0.15，得到最优横波预测结果（图 4-5）。

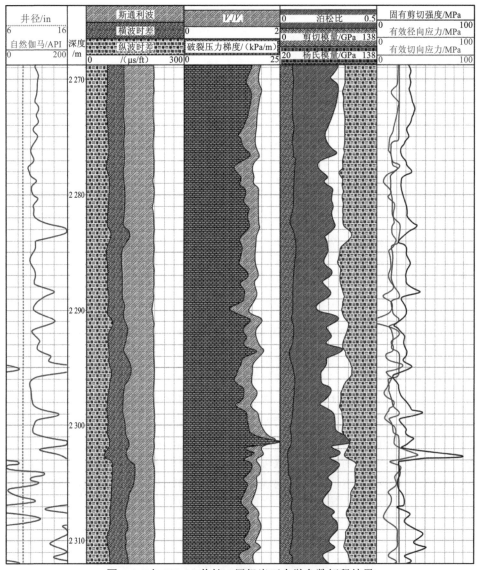

图 4-4 白 408-35 井长 6 层组岩石力学参数解释结果

白 408-35 井与白 399-44 井长 6 油层组横波预测结果表明[图 4-5(a)]，在 2 418 个测井验证点中，97.5%（2 358 个）的测井点横波预测误差在±10%以内，表明采用多元回归与二维分形插值相结合的方法预测横波的准确度较高，具有较高的实际应用价值。预测的岩石动态杨氏模量与阵列声波测量结果相关性较好，相关系数 R^2 为 0.877 3[图 4-5（b）]；预测的岩石动态泊松比的拟合系数略低于岩石动态杨氏模量，相关系数 R^2 为 0.639 9[图 4-5（c）]。

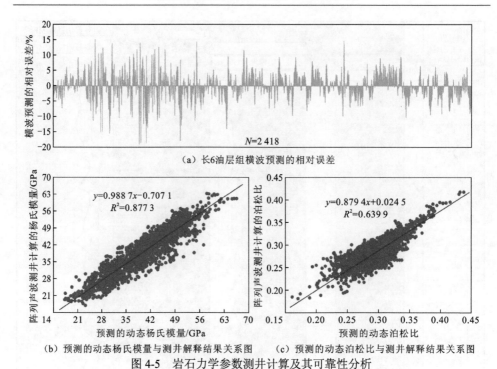

（a）长6油层组横波预测的相对误差

（b）预测的动态杨氏模量与测井解释结果关系图　　（c）预测的动态泊松比与测井解释结果关系图

图4-5　岩石力学参数测井计算及其可靠性分析

通过岩石力学实验与对测井解释的动态力学参数结果的标定，建立岩石动态-静态力学参数转换模型（图4-6），求得静态岩石力学参数。岩石动静态力学参数转换过程实现了岩石测井尺度的力学参数向岩心尺度的力学参数转换，由图 4-6 中的公式得到的静态力学参数实际上没有充分考虑或几乎没有考虑天然裂缝对力学参数的影响，即得到的力学参数可以看作天然裂缝未发育时的力学参数分布，因此需要进一步分析裂缝对岩体宏观力学参数的影响及其尺寸效应，才能确定现今岩石力学参数分布，并将其进一步应用在现今应力场数值模拟中。

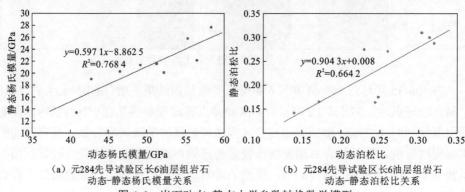

（a）元284先导试验区长6油层组岩石　　　　　（b）元284先导试验区长6油层组岩石
动态-静态杨氏模量关系　　　　　　　　　动态-静态泊松比关系

图4-6　岩石动态-静态力学参数转换数学模型

4.3　储层多尺度力学行为分析

对于裂缝性储层，受裂缝尺度的影响，不同尺度的岩体可能有不同的裂缝发育模式，因此其力学行为也有很大的不同，不同尺度的岩石力学层是控制不同尺度裂缝分布的关键因素。目前，储层地质力学方法是地应力建模、构造裂缝预测的主流方法，其在致密砂岩储层、页岩储层及低渗透砂岩储层中得到了有效应用，而岩石力学层准确表征是储层地质力学建模有效应用的关键，它决定了储层裂缝预测与地应力建模的精度。岩石力学层是指一套岩石力学性质一致或岩石力学行为相近的岩层，但是，岩石力学层不一定是岩性均一层，与岩性地层并不完全对应。在过去很长一段时间，裂缝地层也被视作岩石力学层的同义词，然而，裂缝地层反映岩石破裂时期的古岩石力学层，受成岩与构造作用双重影响，岩石性质会随时间发生变化，控制裂缝发育的岩石力学层及适用于预测天然裂缝的岩石力学层可能不再存在。岩石力学层控制天然裂缝的发育程度与成因机制，同样，裂缝发育也会影响岩石力学参数的大小与各向异性。

4.3.1　储层多尺度力学行为模拟方案

1. 三维裂缝离散网络模型

本书采用数值模拟的方法研究裂缝性低渗透储层的力学行为，即岩石力学参数的尺寸效应。目前，裂缝性储层力学参数尺寸效应的研究成果多集中在二维层面，并且多采用有限元法，而有限元法的基本原理是基于连续介质力学理论，不适用于裂缝面属性的建模。尽管离散元法适用于模拟裂缝性储层的力学性质，但在软件中对裂缝形态的准确刻画，尤其对于非贯穿裂缝，成为研究人员深入应用 UDEC 和 3DEC 软件的瓶颈。因此，本书基于野外裂缝观测的裂缝组合样式（图 4-7）及统计得到的裂缝相关参数，采用有限元法与离散元法相结合的方法系统研究裂缝性储层的多尺度力学行为。

首先通过野外观测，统计裂缝的产状、密度及组合样式等信息（图 4-7），建立三维裂缝面网络模型[图 4-8（a）]，在 ANSYS 软件中建立非贯穿的裂缝离散网络模型[图 4-8（b）]，导入 3DEC 软件中，基于三维离散元法开展复杂裂缝性储层力学参数的尺寸效应研究。

图 4-7　鄂尔多斯盆地西缘长 6 层野外露头裂缝观测照片

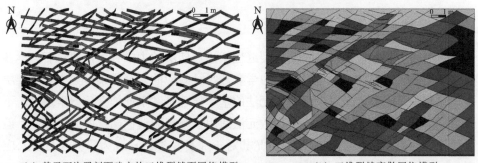

（a）基于石沟驿剖面建立的三维裂缝面网络模型　　　　（b）三维裂缝离散网络模型

图 4-8　基于野外构造裂缝建立离散裂缝网络模型

2. 岩石力学参数三循环计算

为系统、全面地研究裂缝性储层的多尺度力学行为，并充分利用已有的三维裂缝离散元网络模型信息，本书提出三循环法来研究不同尺寸模型的等效力学参数（图 4-9），该方法能够充分利用建立的裂缝网络模型信息，系统分析裂缝性储层力学参数的尺度效应。利用 3DEC 中的 Fish 语言进行二次开发，结合模拟的应力、应变数据，通过三循环法依次计算对应岩体的力学参数。三循环法具体的实施方式为（图 4-9）：①位置循环，在裂缝离散元模型内确定移动步长，实现单一尺度、不同位置力学参数的差异性模拟；②尺度循环，改变模拟单元（正方形）的边长 r，再次进行位置循环，同时满足同一位置的模拟单元的中心坐标相同；③方位循环，改变统计单元边长的方位，进行方位循环。将同一尺寸、同一位置、不同方位的模型力学参数计算结果（取平均值）作为该尺寸计算模型的等效力学参数。结合岩石三轴力学实验确定的研究区长 6_3 层岩石力学参数，在数值模拟中设定岩石的杨氏模量为 27 GPa，泊松比为 0.25，密度为 2.5 g/cm^3。通过编制程序提取不同位置的模型坐标，分析力学性质与统计尺度的关系。

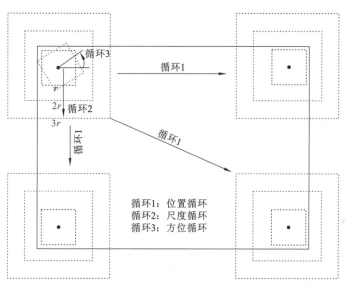

图 4-9　不同尺寸模型的等效力学参数三循环计算示意图

黑色实线框代表裂缝离散元模型

3. 裂缝面法向本构模型

利用岩心进行室内闭合实验（图 4-10），得到裂缝面法向应力-法向位移关系曲线，参考吴琼等（2014）建立的节理面法向应力-法向位移的数学关系模型，采用幂函数模型反映长 6 层裂缝面闭合变形的法向应力-法向位移关系[图 4-10（a）]，法向应力（σ_n）与法向位移（S_v）关系式为（图 4-11）：

$$\sigma_n = 1\,066.7 S_v^{1.454\,8} \tag{4-8}$$

裂缝面法向刚度系数（K_n）与法向应力（σ_n）的关系式为

$$K_n = 120.47 \sigma_n^{0.312\,6} \tag{4-9}$$

图 4-10　裂缝面力学参数测试样品

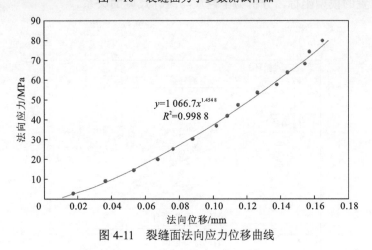

图 4-11　裂缝面法向应力位移曲线

实验结果表明，裂缝面的法向刚度随法向应力的增大而增大，同样表现为幂律的关系。通过测量不同法向应力对应的裂缝面剪切变形量，得到裂缝面的剪切刚度系数与法向应力的关系式为

$$K_s = 104.25\sigma_n^{0.4812} \qquad (4\text{-}10)$$

利用裂缝面的法向刚度系数、剪切刚度系数与法向应力的数学函数，采用 Fish 语言将数学模型嵌入数值模拟的源程序中，设置软件在每次模拟中分 100 步调整不同正应力条件下对应的裂缝面力学参数，进而自动调整裂缝面法向刚度和剪切刚度系数，实现在裂缝性储层数值模拟中，采用自定义的裂缝面变形本构模型描述裂缝面的变形特征，实现裂缝面变形特征与物理实验相一致。

4.3.2　裂缝性储层力学参数的尺寸效应

通过对 3DEC 软件的二次开发，计算得到不同位置、不同尺度及不同方位的模拟单元的等效力学参数。模拟结果表明（图 4-12），当模拟单元的边长较小时，模拟单元的等效杨氏模量、泊松比波动范围大，对于同一位置（图 4-12 中相同颜色点），不同尺度计算的等效力学参数差异较大；随着模拟单元尺度（>2 200 cm）进一步增大，同一位置的等效杨氏模量、泊松比逐渐趋于稳定。由此可知，在地质力学建模中，过小的网格单元尺寸不能完整刻画单元内的裂缝发育模式，因此不能准确反映该位置的力学参数。准确地确定地质力学模型的尺度是应力场模拟的基础。

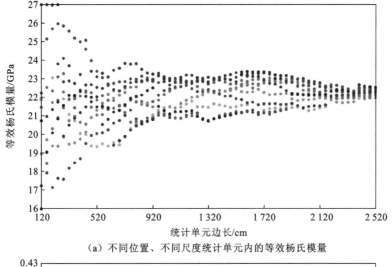

（a）不同位置、不同尺度统计单元内的等效杨氏模量

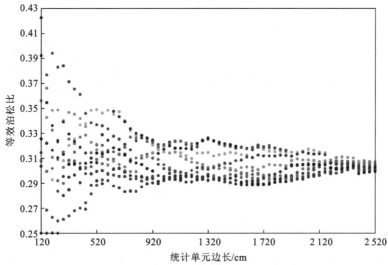

（b）不同位置、不同尺度统计单元内的等效泊松比

图 4-12　不同位置、不同尺度统计单元内的岩石力学参数变化规律

相同的颜色的数据点代表统计单元的中心位置坐标相同；扫描封底二维码看彩图

4.3.3　裂缝性储层力学参数的各向异性

由于裂缝发育，在统计单元的不同方向上，储层的力学参数不同。通过三循环计算，分别计算不同方向、不同尺度的力学参数变化规律；当模拟单元的尺寸较小时，很难反映统计单元力学参数的各向异性[图 4-13（a）～（d）]。随着模拟单元尺寸的进一步增大[图 4-13（e）和（f），$r=1\,600$ cm]，统计单元力学参数的各向异性逐渐明晰，在北东 40°～50°方向及南东东 115°方向，岩石杨氏模量为相对低值；在北南方向、东西方向上，岩石杨氏模量为高值；泊松比的变化规律与杨氏模量相反；但在同一方位，岩石的杨氏模量、泊松比的变化范围很大，即该尺度不同位置的模拟单元的力学参数与实际力学参数仍然存在较大差异。当模拟单元的尺度进一步增大[图 4-13（g）和（h），$r=2\,400$ cm]，模拟单元力学参数的各向异性进一步明晰，且不同位置模拟单元的力学参数在不同方向上逐渐趋于一致，即模拟的力学参数均进一步逼近真实的数值。因此，对于裂缝性储层，在地质力学建模中如何合理地确定网格大小，同样也是建模的关键一环，本书将在第 5 章储层地质力学非均质建模中详细讨论该问题。

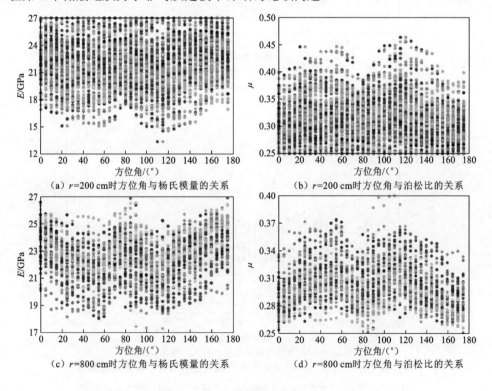

　　（a）$r=200$ cm时方位角与杨氏模量的关系　　　　　（b）$r=200$ cm时方位角与泊松比的关系

　　（c）$r=800$ cm时方位角与杨氏模量的关系　　　　　（d）$r=800$ cm时方位角与泊松比的关系

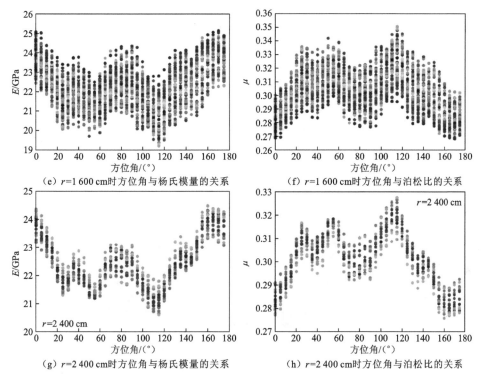

（e）$r=1\,600$ cm时方位角与杨氏模量的关系　　　（f）$r=1\,600$ cm时方位角与泊松比的关系

（g）$r=2\,400$ cm时方位角与杨氏模量的关系　　　（h）$r=2\,400$ cm时方位角与泊松比的关系

图 4-13　不同尺度、不同位置的统计单元内不同方位的岩石杨氏模量、泊松比变化

相同颜色的数据点代表统计单元的中心位置坐标相同；扫描封底二维码看彩图

4.4　岩石力学参数影响因素数值模拟及演化规律

4.4.1　等效力学参数影响因素数值模拟

1. 裂缝的夹角

裂缝间的夹角会影响岩石力学的各向异性，通过在模型中内置两条不同夹角的裂缝，模拟裂缝夹角对岩石力学各向异性的影响。如图 4-14 所示，两条裂缝的夹角分别为 60°、30° 时，杨氏模量的各向异性[图 4-14（a）和（c）]及泊松比的各向异性[图 4-14（b）和（d）]差异性较大，在裂缝间的锐夹角方向，岩石的杨氏模量为低值，泊松比为高值，并且在该夹角范围内泊松比变化较小；在裂缝间

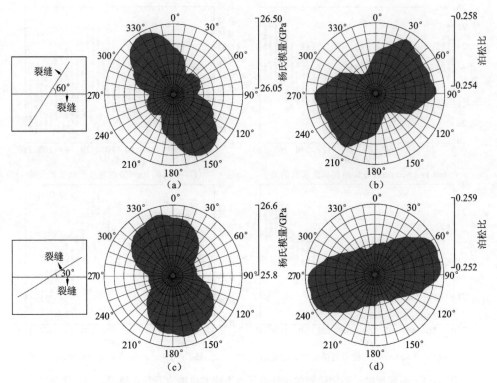

图 4-14　裂缝夹角为 30°和 60°时岩石力学参数变化规律

的钝夹角方向，岩石的杨氏模量为高值，泊松比为低值，并且该夹角范围内泊松比变化较大。

　　为系统分析岩石力学参数的影响因素，并分析力学参数的演化规律，通过定义岩石杨氏模量变化率、泊松比变化率来描述不同方向岩石力学参数变化的相对大小。杨氏模量变化率定义为模拟单元变化后的杨氏模量与模拟前岩体杨氏模量的比值。泊松比变化率定义为模拟单元变化后的泊松比与模拟前岩体泊松比的比值。如图 4-15（a）所示，水平最小杨氏模量随夹角的变化不大，变化率约为 0.975；水平最大杨氏模量随夹角的增大而减小；垂直方向的杨氏模量随夹角的增大而增大；两条裂缝间的夹角为 90°时，水平最小杨氏模量、水平最大杨氏模量及垂向杨氏模量之间的差异性最小。如图 4-15（b）所示，水平最小泊松比变化率随夹角的变化不大，变化率约为 1.025，水平最大泊松比随夹角的增大而减小。垂直方向的泊松比随夹角的增大而增大。与杨氏模量变化规律类似，当两条裂缝间的夹角为 90°时，水平最小泊松比、水平最大泊松比及垂向泊松比的差异性最小。

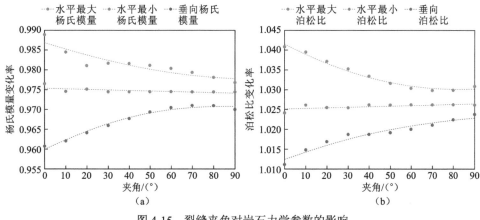

图 4-15　裂缝夹角对岩石力学参数的影响

2. 岩石力学参数与裂缝面密度

通过改变模型内裂缝的面密度、岩石的杨氏模量及泊松比，模拟岩石力学参数与裂缝面密度对岩体等效力学参数的影响。如图 4-16（a）和（b）所示，裂缝面密度对水平最大杨氏模量、水平最小泊松比的影响均较小，随着裂缝面密度的增加，水平最大杨氏模量略有下降，随着裂缝面密度的进一步增大（>1 m/m²），裂缝面密度对水平最大杨氏模量影响逐渐减小；水平最小泊松比随裂缝面密度的增大而增大，随着裂缝面密度的进一步增大（>1.5 m/m²），裂缝面密度对最小等效泊松比基本无影响。如图 4-16（c）和（d）所示，与水平最大等效杨氏模量、最小泊松比相比，裂缝面密度对平均杨氏模量、平均泊松比的影响较大，随着裂缝面密度的增加，平均杨氏模量呈线性减小，平均泊松比呈线性增大。如图 4-16（e）和（f）所示，裂缝面密度对水平最小杨氏模量、水平最大泊松比的影响最大，随着裂缝面密度的增加，最小杨氏模量呈线性减小，最大泊松比呈线性增大。模拟结果表明，岩石泊松比对等效力学参数的影响较小，但岩石杨氏模量对模拟单元的等效力学参数较大。岩石杨氏模量越大，对岩体等效力学参数的影响越大，即岩石的杨氏模量越大，模拟的岩体等效杨氏模量下降幅度越大，等效泊松比增加幅度也越大（图 4-16）。

4.4.2　不同时期岩石力学参数演化规律

通过岩石力学实验得到的力学参数没有充分考虑宏观裂缝对岩体等效力学的影响，如图 4-17 所示，元 284 先导试验区内共有 202 口工区约束井及 7 口外围约

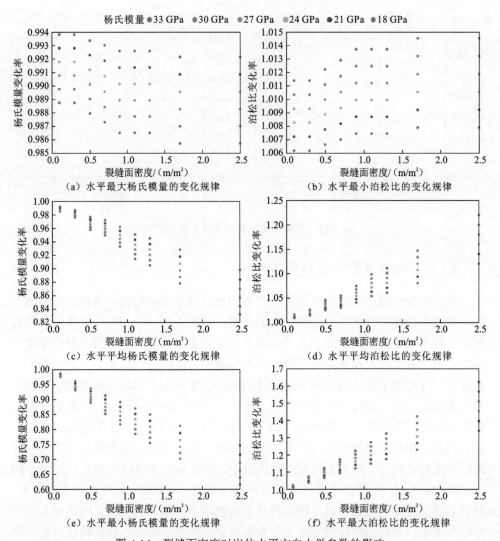

图 4-16 裂缝面密度对岩体水平方向力学参数的影响

束井，其中北部主要为直井区，南部主要为水平井区。利用计算得到的单井动态
力学参数，采用高斯序贯算法得到力学参数的平面分布。利用图 4-6 中建立的动
态-静态力学参数转换模型，得到的实际是储层岩石的力学参数，并没有充分考虑
裂缝对不同尺度统计单元内力学参数的影响。利用 4.4.1 小节中模拟得到的裂缝
夹角、裂缝面密度及岩石杨氏模量等多个因素与岩体等效力学参数之间的相关性，
分别建立力学参数多因素转换数学模型，以分析不同地质历史时期岩石力学参数
分布规律。

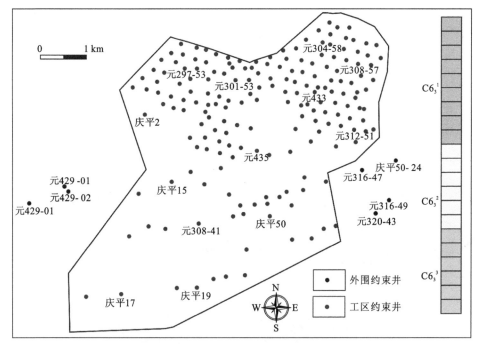

图 4-17 研究区元 284 先导实验区井位分布图

结合不同时期裂缝的密度、产状分布，采用逐步反推法得到构造因素（裂缝）控制下的岩石力学参数演化分布图。其中，逐步反推法是指首先应用动静态转换模型建立裂缝未发育时的燕山期岩石力学参数分布模型[图 4-18（a1）和（b1）]。通过燕山期应力场模拟得到该时期裂缝的面密度，利用岩石力学参数多因素转换数学模型得到用于喜马拉雅期岩体的力学参数[图 4-18（a2）和（b2）]，采用该时期力学参数进行喜马拉雅期应力场数值模拟，得到该时期裂缝的面密度。利用燕山期与喜马拉雅期两期裂缝的参数信息（产状、密度及组合样式），求得现今储层力学参数分布[图 4-18（a3）和（b3）]，将该力学参数用于现今应力场数值模拟。

如图 4-18 所示，从燕山期至喜马拉雅期再至现今，岩体的等效杨氏模量总体变小，泊松比总体变大；元 284 先导试验区岩体的等效杨氏模量及泊松比的差异性总体呈减小趋势，即在燕山期杨氏模量较大的单元体中，喜马拉雅期及现今的杨氏模量下降的幅度大；反之，在燕山期杨氏模量较小的单元体中，喜马拉雅期及现今的杨氏模量下降幅度小，甚至没有变化（裂缝不发育）[图 4-18（a1）～（a3）]。同样，在燕山期泊松比较小的位置，喜马拉雅期及现今的泊松比增加的幅度大，反之在泊松比较大的位置，喜马拉雅期及现今的泊松比增加的幅度小，甚至没有变化（裂缝不发育）［图 4-18（b1）～（b3）］。

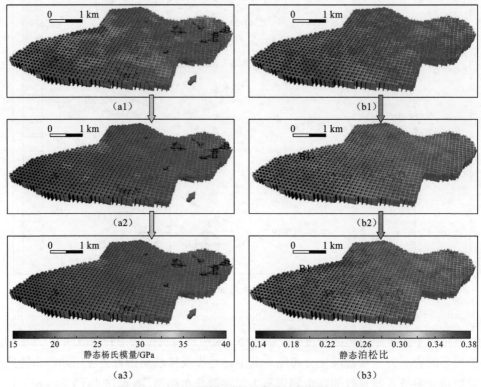

图 4-18　不同时期岩石力学参数演化规律分布图

（a1）燕山 IV 幕前岩体杨氏模量分布；（a2）喜马拉雅期 I 幕前岩体杨氏模量分布；（a3）现今岩体杨氏模量分布；

（b1）燕山 IV 幕前岩体泊松比分布；（b2）喜马拉雅期 I 幕前岩体泊松比分布；（b3）现今岩体泊松比分布

第 5 章 储层地质力学非均质建模与应力场模拟

5.1 储层地质力学非均质建模简介

目前，储层地质力学建模方法主要包括自由网格剖分法（包括映射网格划分、扫掠网格划分、混合网格划分）、角点网格与有限元网格自由转换法、层面干预-有限元网格定向转换法及逆向有限元工程网格剖分法 4 类。传统方法在有限元层面模型建立、非均质网格划分上存在很大的难度，难以建立复杂非均质的有限元模型。本章介绍一种基于储层非均质性的储层地质力学非均质建模方法，可以提高非均质储层的建模精度。

5.1.1 有限元数值模拟原理及流程

有限元法是目前应力场模拟的主流方法，尽管目前 Petrel 软件、3Dmove 软件及相关地震反演软件已陆续开发了相应的古今应力场正演或反演的模块，但由于地下某点的应力场是三维的张量，该变量并不适合使用一般的插值算法，应力、应变在网格单元中的传递，也很难准确地在上述软件所提供的算法中得到实现。因此，本章仍然采用有限元法模拟不同时期的应力场，该方法的基本思路如下。

（1）建立地质几何模型，模型的准确与否直接决定后期应力场模拟的精度，对于元 284 先导试验区，地质几何模型构建主要考虑地层格架及小层的起伏变化。本章通过小层对比得到分层数据，插值后得到层面数据，构建地质几何模型。

（2）建立力学模型，在建立地质几何模型的基础上，选取合适的材料属性，对不同地质几何体进行单元体划分，建立场函数模型，基本变量包括应力、应变及位移等。

（3）建立数学模型，通过定义模型的边界应力条件及位移约束条件，以节点位移为目标函数，构建多元方程组，求取每个单元体内的应力、应变值。

（4）提取单元体的应力、应变值，验证模拟结果的可靠性，若结果可靠，计算结束；若结果未能达到预期，则重新调整地质力学模型或修改边界约束条件，再次求取单元体内的应力、应变。在有限元应力场模拟中，有限元线性代数方程为（丁文龙 等，2011a）：

$$KU = P + Q \tag{5-1}$$

$$K = \sum K_e \tag{5-2}$$

$$K_e = \iiint_e B^T DB \mathrm{d}v \tag{5-3}$$

式中：U 为节点的位移矢量；K 为对应的刚度矩阵；B 为反映单元应变与节点位移之间几何关系矩阵；D 为弹性矩阵；P 为载荷的等效节点力矢量；Q 为边界面上载荷 q 的等效节点力矢量：

$$P = \sum P_e \tag{5-4}$$

$$P_e = \iiint_e N^T q \mathrm{d}v \tag{5-5}$$

$$Q = \sum Q_e \tag{5-6}$$

$$Q_e = \iiint_e N^T q \mathrm{d}v \tag{5-7}$$

式中：N 为插值函数矩阵或形函数矩阵，其形式取决于单元类型。

在三维条件中，应力和应变可以采用矢量的方式表示为

$$\boldsymbol{\sigma} = [\sigma_x \quad \sigma_y \quad \sigma_z \quad \tau_{xy} \quad \tau_{yz} \quad \tau_{zx}]^T \tag{5-8}$$

$$\boldsymbol{\varepsilon} = [\varepsilon_x \quad \varepsilon_y \quad \varepsilon_z \quad \gamma_{xy} \quad \gamma_{yz} \quad \gamma_{zx}]^T \tag{5-9}$$

其本构方程为

$$\boldsymbol{\sigma} = D\boldsymbol{\varepsilon} \tag{5-10}$$

5.1.2　地质力学建模表征单元体大小

在地质力学建模的网格单元划分中，如何确定单元体的大小往往是研究人员忽略的一个问题，前人通常依据勘探开发的需求或计算机的内存条件确定网格单元的大小，但对于这些网格单元大小的合理性，缺少系统、科学的分析。如第 4 章所讨论，与完整的岩体不同，裂缝性储层力学性质具有显著的尺寸效应及各向异性。尺寸效应是指某点的岩体力学性质随模型尺寸变化而发生变化的现象，岩体的力学参数变化趋于稳定的最小统计单元被称为表征单元体（representative elementary volume，REV）。数值实验法是目前研究裂缝性储层力学参数尺寸效应的有效方法（张贵科和徐卫亚，2008）。结合第 4 章对裂缝性储层的多尺度力学行

为分析，在地质力学建模中，网格单元的尺寸过小，会导致该网格单元不能真实反映该位置力学参数的大小；网格单元过大，一方面，会影响后期数值模拟的精度，另一方面，相邻网格单元的差异性变小，数值模拟的实用性会降低。为确定 REV，定义两个力学参数评价指标：

$$E_y = \frac{1}{n} \sum_{i=1}^{n} |E_i - E_{aver}| \tag{5-11}$$

$$\mu_y = \frac{1}{n} \sum_{i=1}^{n} |\mu_i - \mu_{aver}| \tag{5-12}$$

式中：E_y 为杨氏模量判别指数；μ_y 为泊松比判别指数；n 为同一尺度下模拟单元的数目；E_i 为第 i 个模拟单元的等效杨氏模量；μ_i 为第 i 个模拟单元的等效泊松比；E_{aver} 为该尺度所有模拟单元（建立的裂缝三维网络中的单元）的平均等效杨氏模量；μ_{aver} 为该尺度所有模拟单元的平均等效泊松比。

根据本书后期应力场模拟的精度要求，设定 E_y 的阈值为 0.01 GPa，μ_y 的阈值为 0.005。在第 4 章建立的研究区裂缝网络模型的基础上，通过调整模型的比例尺，改变模拟单元内裂缝的面密度，同时保证模拟单元内裂缝的样式不变，如图 5-1（a）和（b）所示，模拟得到不同的裂缝面密度及网格统计单元对应的 E_y、μ_y。依据图 5-1（a）和（b），分别确定不同的裂缝面密度对应的合理模拟单元边长 r（合理模拟单元边长 r 指同时满足 E_y 小于 0.01 GPa，μ_y 小于 0.005 的最小统计单元边长），得到图 5-1（c），进而确定不同裂缝面密度条件下合理模拟单元的最小值，将不同裂缝面密度对应的合理统计边长的最大值确定为最优的地质力学建模网格大小，即对于研究区的裂缝组合样式，地质力学建模的 REV 为 28 m。

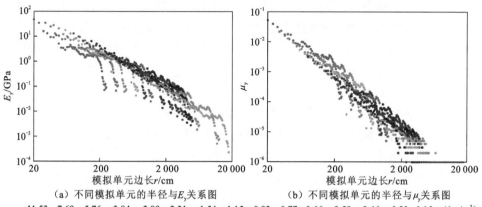

（a）不同模拟单元的半径与 E_y 关系图　　　（b）不同模拟单元的半径与 μ_y 关系图

•11.53 •7.69 •5.76 •3.84 •2.88 •2.31 •1.54 •1.15 •0.92 •0.77 •0.66 •0.58 •0.46 •0.23 •0.15 ρ_A/(m/m²)

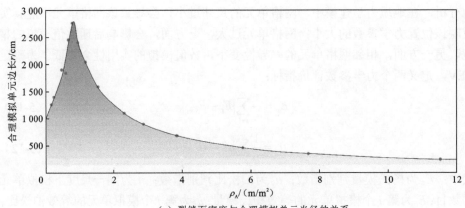

（c）裂缝面密度与合理模拟单元半径的关系

图 5-1　不同模拟单元的半径与岩石力学参数关系

ρ_A 为裂缝的面密度

5.1.3　地质力学"非均质建模"的内涵

地质力学建模是在地质建模的基础上发展而来的，如第 1 章第 2 节所讨论的，受限于有限元网格划分算法，地质力学建模的精度远远落后于地质建模。本书系统提出了地质力学非均质建模的概念，利用 Visual C++ 6.0 编程与 ANSYS 软件中的 APDL 编程，实现地质软件（Petrel）与地质力学软件（ANSYS）的自由切换。结合地质力学建模流程及应用方向，将地质力学非均质建模中"非均质"的内涵描述为以下 4 个方面。

（1）目的层位力学参数的非均质性。首先利用自主研制的 Petrel-ANSYS 转换系统，在 ANSYS 软件中，精确还原研究区目的层的小层划分方案、真实三维起伏及相关的属性参数[图 5-2（a）～（c）]；在 ANSYS 软件中建立目的层位真实的力学参数的垂向、侧向分布几何模型，在层控约束下，提出定向网格划分方案，即通过研制相关的计算机插件，编写相应的算法，依据反演得到的不同时期的岩石力学参数，沿模型的垂向及侧向赋予每个单元体特定的力学参数，建立目的层位的力学参数非均质模型[图 5-2（d）]，实现目的层位力学参数的非均质性建模[图 5-2（e）]。

（2）保护层位力学参数的非均质性。目的层位的顶板、底板的力学属性同样会影响目的层位的应力及变形，传统建模往往忽略了顶底板力学参数的变化，因而降低了后期应力场模拟及裂缝预测的精度。如图 5-3（a）所示，以喜马拉雅期古应力模拟为例，保护层位采用均一的力学参数分布，得到最小主应力分布，将模拟的结果与后期采用保护层位力学参数非均质建模得到的最小主应力进行对比，结果显示模拟的水平最小主应力的最大误差为±8%[图 5-3（b）]，即模拟

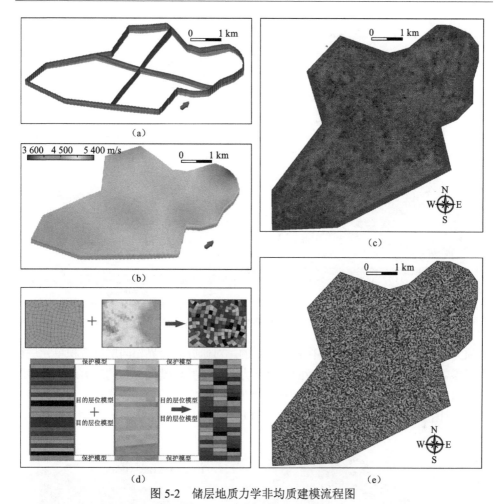

图 5-2　储层地质力学非均质建模流程图

（a）研究区小层格架图；（b）研究区纵波速度分布图；（c）有限元网格划分图；（d）有限元法中目的层位与保护层力学参数非均质性的实现流程；（e）目的层位的有限元非均质网格单元体，其中不同的颜色代表赋予的力学属性不同，每个单元体均赋予真实的力学参数（网格单元的平均边长）

的水平最小主应力的最大误差可达 2.5 MPa；模拟的水平最大主应力的相对误差为 ±7%[图 5-3（c）]，即模拟的水平最大主应力的最大误差可达 9.5 MPa。因此，在应力场模拟中，应当充分考虑保护层位力学参数的非均质性，以提高应力场数值模拟的精度。在本书中，保护层位力学参数非均质性的技术实现方案与目的层位的实现方式相同。

（3）非均质边界应力载荷。边界载荷往往受区域应力场和局部应力场的共同作用，传统的方法往往施加均匀的边界应力条件（Guo et al.，2016；Ju et al.，2015），这与地下实际应力边界条件不同。受构造单元与沉积单元的双重控制作用，施加在

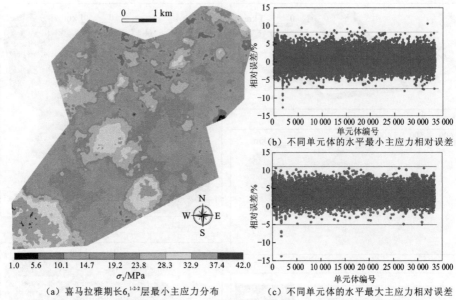

（a）喜马拉雅期长6₁¹⁻²⁻²层最小主应力分布

（b）不同单元体的水平最小主应力相对误差

（c）不同单元体的水平最大主应力相对误差

图 5-3　保护层位力学参数非均质性对应力场模拟结果准确性的影响

地质力学模型边界上的应力往往是非均质的。对研究区边界相同层位沉积单元进行力学参数反演，模拟施加在模型的边界应力条件，并将模拟得到的应力边界条件通过 APDL 语言编程施加在模型边界的节点上[图 5-4（a）]，进而求得研究区的精细应力场[图 5-4（b）]，结合井眼轨迹，可以获得单井精细的应力分布[图 5-4（c）]。

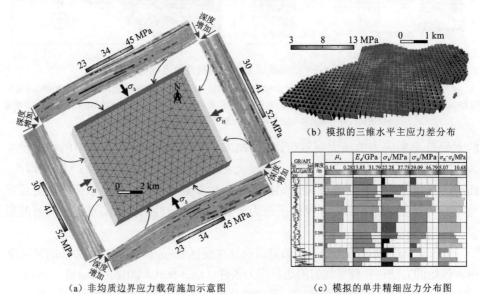

（a）非均质边界应力载荷施加示意图

（b）模拟的三维水平主应力差分布

（c）模拟的单井精细应力分布图

图 5-4　非均质边界条件及应力场三维模拟结果

（4）岩石破裂的非均质性。利用三维应力场分布，结合不同单元体之间破裂强度参数（抗拉强度、抗压强度及抗剪强度），计算每个单元体中累积的应变能，在应力场转换过程中，每个单元体中累积、释放的应变能大小也同样不同，因此，对于不同的单元体，采用不同的岩石破裂预测模型，分别计算每个单元体中裂缝的密度。

5.2　古应力场数值模拟

5.2.1　地质力学非均质模型

ANSYS 软件建模的数据来源于 Petrel 软件构建的地质模型，将模型的构造形态及小层划分方案导入 ANSYS 软件中［图 5-2（c）］。在地质力学模型中，垂向上将目的层位划分为 21 个层，其中长 6_3^1 层细分为 9 个层，长 6_3^2 层细分为 6 个层，长 6_3^3 层细分为 6 个层，具体小层划分方案如表 5-1 所示。在目的层位顶部、底部建立相应的保护模型，结合邻区周围的沉积单元力学参数分布，获取非均质边界应力条件［图 5-4（a）］，同时在工区外围建立长方体外框，以便施加非均质的边界应力条件。

表 5-1　地质力学建模中长 6 层组划分方案

层组	砂层组	小层	厚度	代码	单砂体	标志层	备注
	长 6_1	—	—	$C6_1$	—	—	—
	长 6_2	—	6.0 m	$C6_2$	—	K_3	保护层
长 6	长 6_3	长 6_3^1	6.0～13.2 m	$C6_3^1$	长 6_3^{1-1}	—	细分为 3 层
			6.3～15.0 m		长 6_3^{1-2}	—	细分为 3 层
			6.1～15.3 m		长 6_3^{1-3}	—	细分为 3 层
		长 6_3^2	4.7～13.1 m	$C6_3^2$	长 6_3^{2-1}	—	细分为 2 层
			5.1～13.9 m		长 6_3^{2-2}	—	细分为 2 层
			6.1～10.9 m		长 6_3^{2-3}	—	细分为 2 层

续表

油层组	砂层组	小层	厚度	代码	单砂体	标志层	备注
长 6	长 6_3	长 6_3^3	5.0～12.6 m	$C6_3^3$	长 6_3^{3-1}	—	细分为 2 层
			4.1～9.5 m		长 6_3^{3-2}	—	细分为 2 层
			1.9～7.3 m		长 6_3^{3-3}	K_2	细分为 2 层
长 7			6.0 m				保护层

本书采用 ANSYS 软件中的 SOLID 45 单元进行网格划分；SOLID 45 单元适用于层状结构的应力场模拟。采用八节点、六面体的网格单元划分方案[图 5-2（d）]，设定网格单元的边长为 28 m，对于目的层位，不同地质历史时期模型划分的单元体及节点的数目不一，但差异不大，例如现今目的层位模型中共划分 812 232 个节点，767 786 个单元；总模型中（目的层位+保护层位+外框）共划分 856 192 个节点，1 272 549 个单元。采用定向网格划分技术，将图 4-18 中不同时期的力学参数赋予对应层位和位置的单元体，建立地质力学非均质模型[图 5-2（e）]。

5.2.2　古应力方向与大小

1. 古应力方向

在印支期，受阿拉善地块东移的影响，鄂尔多斯盆地北段主要受东南方向的挤压。受北祁连褶皱带北东向挤压的影响，南段则处于北东向挤压环境中，北段最大主压应力方向为北西向，南段为北东向。在燕山期，受太平洋板块北北西方向挤压与欧亚板块向南挤压的影响，北部所处构造应力方向与印支期相似。在喜马拉雅期，印度板块向北俯冲，鄂尔多斯盆地西南部受北东方向的挤压；盆地北段主要受北北西方向的拉张应力；南段最大主压应力方向为北北东方向。依据第 3 章储层非均质对裂缝发育方位的影响因素分析，结合第 2 章所述区域古应力场信息，近东西走向的裂缝主要在燕山期形成，北东方向的裂缝主要在喜马拉雅期形成（图 5-5）。结合第 4 章岩石内摩擦角测量结果，确定燕山期水平最大主应力方向为南东东向 109°，水平最小主应力方向为北北东向 19°，中间主应力为垂直方向；喜马拉雅期水平最大主应力为北北东向 29°，水平最小主应力方向为南东东向 119°，中间主应力为垂直方向[图 5-5（a）]。

2. 古应力大小

岩石声发射实验是目前测量古应力最常用的方法（王连捷 等，2005；Holcomb，

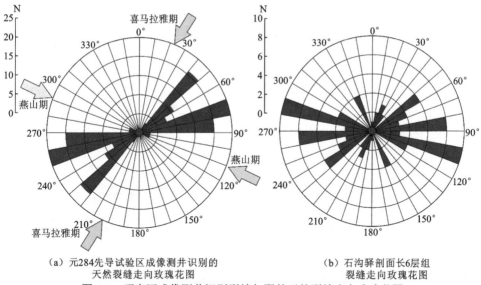

（a）元284先导试验区成像测井识别的
天然裂缝走向玫瑰花图

（b）石沟驿剖面长6层组
裂缝走向玫瑰花图

图 5-5 研究区成像测井识别裂缝与野外天然裂缝走向玫瑰花图

1993），目前用该技术直接测量古应力大小是十分困难的，还不能将其看作完全独立且可靠的储层应力确定技术（Zang and Stephansson，2010），原因如下。

（1）岩石声发射实验确定的是微裂缝产生时对应的古应力大小，对于像岩心观测的裂缝、小断层等大尺度破裂，岩石声发射实验测定的古应力数值往往偏小。

（2）构造应力作用是一个漫长的过程，实验室模拟加载是一个瞬时的过程。

（3）由于地质历史时期的化学效应及加热作用，岩石会产生阿尔茨海默现象（应力记忆丧失），这会影响古应力测量的精确性（Barr and Hunt，1999）。

在本书中，古应力场主要用于储层裂缝参数的定量预测，因此结合裂缝参数与古应力之间的数学关系，反演得到的古应力大小，称之为等效古应力（王珂 等，2014），利用模拟得到的应力、应变及应变能大小，结合岩石破裂条件、裂缝参数与应力、应变的关系，以模拟得到的裂缝密度、产状等静态数据与裂缝观测数据最优吻合为约束，确定燕山期水平最小主应力为 41.29 MPa，水平最大主应力为 160.58 MPa，模型的总厚度为 4 500 m，保护层距离模型顶面的高度为 1 990 m[图 5-6（a）]。喜马拉雅期水平最小主应力为 33.18 MPa，水平最大主应力为 108.54 MPa，模型的总厚度为 4 500 m，保护层距离模型顶面的高度为 2 150 m[图 5-6（b）]，通过确定区域应力条件，结合研究区相同层位沉积单元力学参数反演，确定模型的非均质边界应力条件。

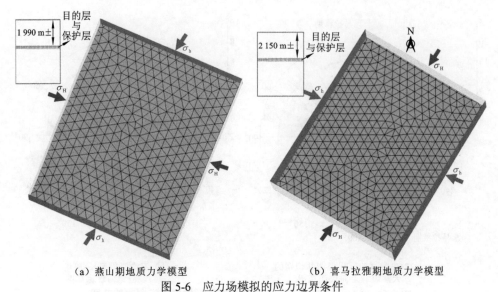

（a）燕山期地质力学模型　　　　　　（b）喜马拉雅期地质力学模型

图 5-6　应力场模拟的应力边界条件

5.2.3　燕山期应力场数值模拟

燕山期应力场数值模拟结果表明，燕山期应力场垂向分层特别显著（图 5-7），这可能是现今裂缝垂向分层的主要原因。水平最小主应力、最大主应力的分布与砂体的分布密切相关，在长 6_3^{1-2-2} 层、长 6_3^{2-2-1} 层，水平最大主应力为高值区，并且高值区连片分布；但与长 6_3^{2-2-1} 层相比，长 6_3^{1-2-2} 层的水平最小主应力更小，低值区主要介于 17～26 MPa。长 6_3^{3-2-2} 层受砂体展布的控制，水平应力的高值区分布更为局限，主要分布在庆平 15 井区、元 433 井区附近，其他地区为低值。

5.2.4　喜马拉雅期应力场数值模拟

喜马拉雅期应力场数值模拟结果表明，该时期主应力的大小在垂向的分层现象同样特别显著（图 5-8），说明喜马拉雅期形成的裂缝同样具有分层性。水平最小主应力、水平最大主应力的分布与砂体的展布密切相关，如图 5-8 所示，在长 6_3^{1-3-3} 层、长 6_2^{2-3-2} 层，水平最大主应力高值区连片分布，在长 6_3^{2-3-2} 层的庆平 15 井区附近，水平最大主应力为高值，数值介于 132～140 MPa；元 312-51 井附近水平最小主应力为低值，为 26～32 MPa；在长 6_3^{3-3-2} 层，水平最小主应力、最大主应力在研究区中部为高值，南部、北部为低值；受砂体展布的控制作用，应力的高值区分布更为局限。

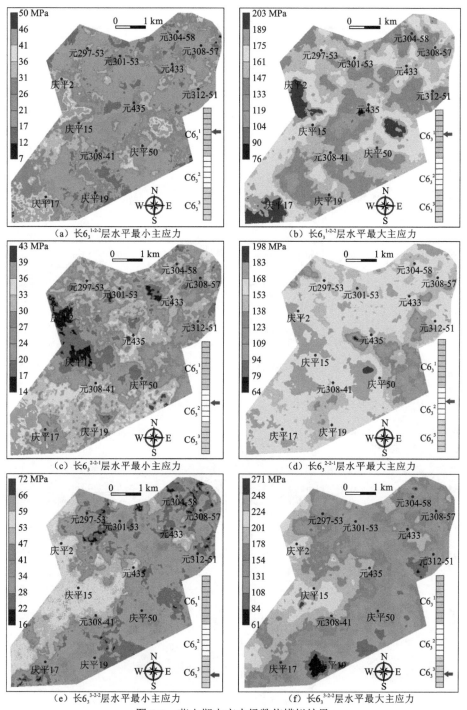

图 5-7　燕山期古应力场数值模拟结果

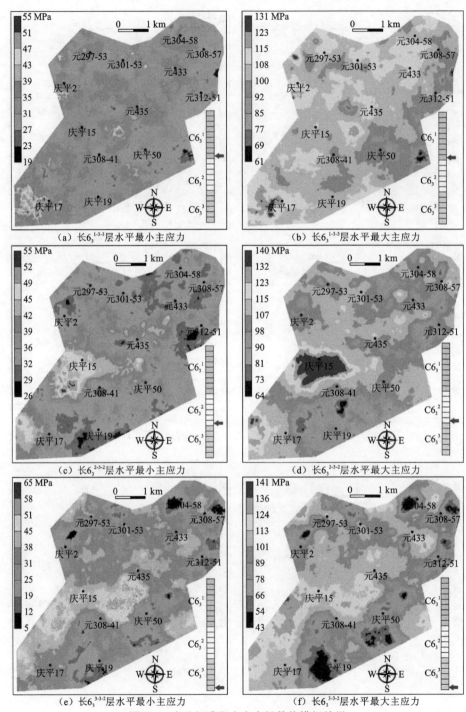

（a）长6₃¹⁻³⁻³层水平最小主应力   （b）长6₃¹⁻³⁻³层水平最大主应力

（c）长6₃²⁻³⁻²层水平最小主应力   （d）长6₃²⁻³⁻²层水平最大主应力

（e）长6₃³⁻³⁻²层水平最小主应力   （f）长6₃³⁻³⁻²层水平最大主应力

图5-8　喜马拉雅期古应力场数值模拟结果

5.3　现今应力场数值模拟

5.3.1　井中微地震监测资料采集

真实、可靠的地层速度模型对微地震事件反演至关重要，例如，在庆平 49 井区，为研究元 284 先导试验区南部超低渗透油藏转变注水开发方式的压裂裂缝扩展规律，对庆平 49 井开展水平井重复压裂，利用目前储层压裂中最精准、最及时、信息最丰富的微地震监测手段，对压裂的范围、裂缝发育的方向、大小进行了追踪、定位，并对低渗透储层的压裂效果进行了有效评价。长庆油田分公司第十采油厂优选元 310-41 井和元 314-39 井两口井为庆平 49 井的监测井，开展微地震裂缝监测的资料采集、处理及解释工作。压裂段的监测井为元 314-39 井，使用该井完井声波时差数据建立基于声源弹校正的速度模型。如图 5-9 所示，利用长庆油田分公司生产测井中心的微地震处理方法，通过调整每个层的纵波传播速度（V_P）和纵横波速度比（V_P/V_S），使声源弹信号反演定位的微地震事件和声源弹位置误差最小。利用声源弹信号能量强、信噪比高、事件同相轴连续的资料对事件进行定位，校正初始的速度模型。

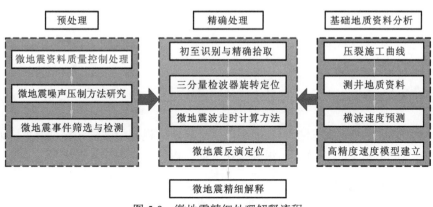

图 5-9　微地震精细处理解释流程

1. 监测资料采集

庆平 49 井第一喷点位置为 2 700 m、2 710 m，声源弹深度为 2 090 m，采用庆平 49 井声源弹地震记录进行检波器定向（声源弹深度为 2 090 m）。图 5-10 是声源弹激发时监测井中检波器接收到的原始记录。从图中可以看出，在监测的地震记录中获得了较好的声源弹事件，声源弹信号能量较强，P 波事件比较明显，S

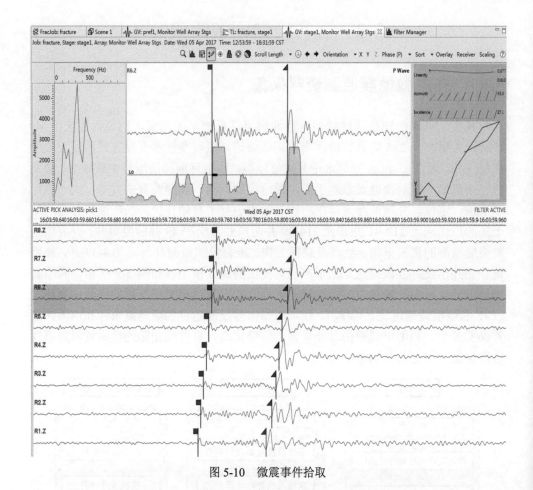

图 5-10　微震事件拾取

波事件较弱，各个检波器接收到的事件信号稳定，说明检波器稳定性良好。对声源弹信号的 P 波做偏振分析，得到极化方向，以此确定每个检波器的方向。

2. 速度模型建立

在微地震定位反演中，影响定位精度有很多原因，其中速度是影响定位精度的关键性因素，因此，建立可靠的、最接近真实地层的速度模型是至关重要的。研究区微地震监测工区范围较小，使用压裂井和监测井附近的速度分布特征代替全工区的速度分布特征，依据压裂井和监测井的声波测井资料建立层状均匀介质模型，考虑工区范围内界面的倾角不大（两井之间同一层速度的连线与水平面的夹角较小），设层界面为水平均匀界面。根据对工区的地面地震资料和地质资料分析结果，压裂目的层在压裂井和监测井之间无断层和过于复杂的地质构造，可认为是连续层位。因此可以认为层速度是均匀的。

压裂段的监测井为元 314-39 井，用该井完井声波时差数据建立基于声源弹校正的速度模型。调整每个层的纵波传播速度（V_P）和纵横波速度比（V_P/V_S），使声源弹信号反演定位的微地震事件和声源弹位置误差最小。用声源弹资料的微地震事件进行定位反演，从而达到对初始速度模型校正的目的，X 方向误差为 1.20 m，Y 方向误差为-1.44 m，Z 方向误差为-0.02 m，整体误差为 1.88 m，速度模型建立可靠。

3. 井中微地震事件的识别和波至时间的拾取

井中微地震事件的识别主要依据如下原则。

（1）利用声源弹激发时的地震记录形态指导压裂中微地震事件的拾取。

（2）根据理论合成记录识别微地震信号。

（3）结合其他的约束条件进行分析辨别。

在识别井中微地震事件的基础上，对微地震数据进行滤波，消除部分噪声影响，用长短时窗能量比值法识别事件，赤池信息量准则（Akaike information criterion，AIC）法自动拾取事件，手工方法检查、修改事件。

图 5-10 为微震事件拾取示意图，图中压裂段微震事件波形特征明显，纵横波到达时间差异明显，信噪比较高，事件多，共拾取有效微震事件 133 个。

4. 井中微地震反演定位

研究区井中微地震事件信噪比主要在 1.0～2.0，其中微地震事件 P 波的信噪比在 1.0～2.0，S 波事件在 1.0～2.0，P 波和 S 波事件信噪比相当。微地震震级分布主要在-3.0～-2.0。走时算法设为均匀介质射线追踪 Isotropic（Shooting），定位算法选择 Modified Geiger。反演的微地震事件通过置信度质控，调整事件后再重新定位。经过对微地震事件进行质量筛选，共选择 133 个微地震事件，质控指数均在 0.6 以上，事件质量较可靠。图 5-11 中破裂点的大小代表反演出的破裂点的可信度，点越小，反演的可信度越高；点越大，反演的可信度越低。裂缝解释时去除可信度相对较低的数据，保留高可信度数据，使整体裂缝形态比较明确。

通常情况下，b 值代表斜率，一般 b 值在 2 左右时表示裂缝为人工缝，在 1 左右时表示裂缝为天然缝或裂缝二次破裂，本次压裂裂缝 b 值为 3.08，所以压裂裂缝推测为人工裂缝。

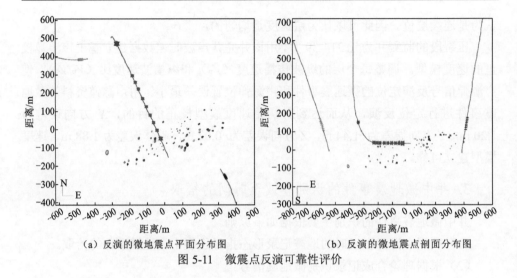

（a）反演的微地震点平面分布图　　　　　（b）反演的微地震点剖面分布图

图 5-11　微震点反演可靠性评价

5.3.2　现今水平主应力的方向和大小

1. 现今水平主应力方向

通过微地震事件解释，去除可信度相对较低的数据，保留高可信度的数据，使得整体裂缝形态比较明确，进而确定压裂裂缝的方位（图 5-12）。庆平 49 井区长 6 层压裂产生的主要裂缝带延伸方向基本一致，其中第 1～6 压裂段裂缝在压裂段两翼基本一致，第 7～9 压裂段裂缝向西南方向延伸，压裂裂缝扩展方位集中在北东向 54°～北东东向 62°。

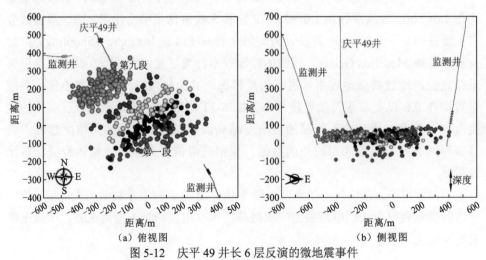

（a）俯视图　　　　　　　　　　　（b）侧视图

图 5-12　庆平 49 井长 6 层反演的微地震事件

　　如图 5-13（a）所示，白 399-44 井长 6 层阵列声波测井结果显示，在 2 120～
2 160 m 处的岩石波速有较强的各向异性显示，快横波方位角稳定，并且井眼相
对规则，综合分析认为该段地层各向异性主要由水平地应力的差异引起，方位为
72° 左右，反映地层水平最大主应力方向为北东东—南西西向。如图 5-13（a）和
（c）所示，研究区钻井诱导缝主要呈"雁列式"分布，指示现今水平最大主应力
方向为北东东向 60°。

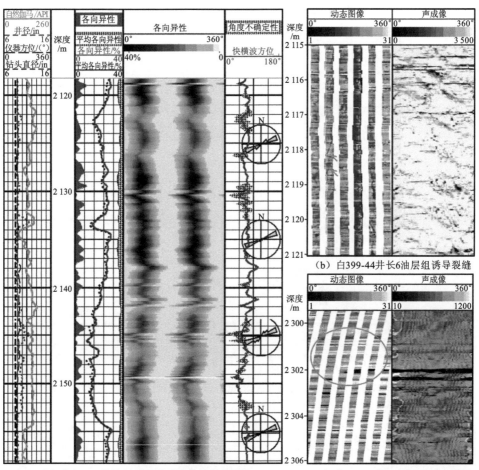

（a）白399-44井长6油层组阵列声波解释成果图　　　（c）白403-35井长6油层组诱导裂缝

图 5-13　测井资料确定现今地应力方向

　　综合考虑不同尺度、不同地区及不同方法确定的现今水平主应力方位，如
图 5-14、图 5-15 及表 5-2 所示，各种方法确定的水平最大主应力基本一致，主要
集中在北东东向 55°～80°，利用 Heidbach 等（2010）提出的地应力质量等级评

价体系，分别评价不同方法确定的水平主应力方向的质量等级（表5-2），使测量的地应力方向与世界地应力数据库等级标准相匹配。依据 Rajabi 等（2017b）及 Heidbach 等（2010）在处理世界地应力测量数据时所采用的方法，选取质量等级为 A、B 及 C 的地应力测量结果，综合确定研究区现今水平最大主应力的方位。最终，综合确定元 284 先导试验区水平最大主应力方向为北东东向 64.55°，水平最小主应力方向为北北西向 334.55°。

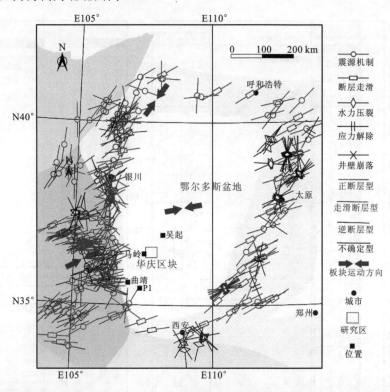

图 5-14　鄂尔多斯盆地现今地应力状态［据中国地震局地壳应力研究所（2018）］

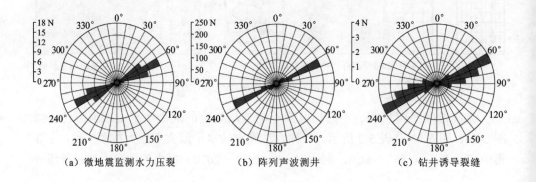

（a）微地震监测水力压裂　　　（b）阵列声波测井　　　（c）钻井诱导裂缝

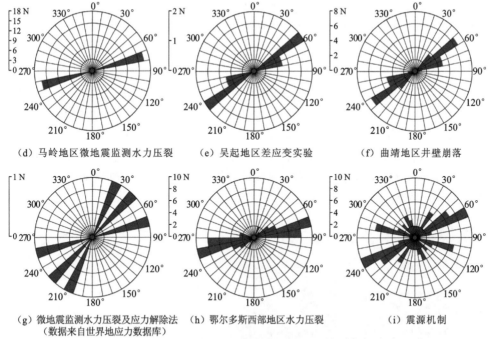

(d) 马岭地区微地震监测水力压裂　　　(e) 吴起地区差应变实验　　　　　(f) 曲靖地区井壁崩落

(g) 微地震监测水力压裂及应力解除法　　(h) 鄂尔多斯西部地区水力压裂　　　　(i) 震源机制
（数据来自世界地应力数据库）

图 5-15　不同方法确定的现今水平最大主应力方向

表 5-2　不同方法确定的水平最大主应力方向

数据类型	数目	质量等级	最大主应力方向	监测区域
震源机制	60	A~C	东西向 86.72°	区域
钻井诱导裂缝	12	A	北东东向 74.83°	局部
阵列声波测井	390	A	北东东向 63.94°	局部
井壁崩落（曲靖）	19	A	北东东向 62.13°	局部
断层走滑机制	29	A~C	北东东向 70.21°	局部
差应变实验（吴起）	4	A	北东东向 62.75°	局部
水力压裂（马岭）	18	A	北东东向 76.37°	局部
水力压裂（元284 先导试验区块）	28	A	北东东向 63.73°	局部
水力压裂（世界地应力数据库）	2	C	北东向 36°	区域
应力解除	1	C	东北东向 72°	区域

2. 现今水平主应力大小

岩石声发射实验方法基于岩石的凯撒效应，是一种实验室确定地应力的重要方法；声发射实验技术测量地应力方面仍然处于发展阶段，目前还不能将其看作独立且可靠的岩石应力测量方法，因此本书采用岩石声发射实验与水力压裂相结合的方法。同时，参考区域的现今地应力垂向变化的数学模型，综合确定元 284 先导试验区的现今地应力大小。

声发射实验由中国石油勘探开发研究院的油气藏地应力测试系统完成[图 5-16（a）]，该测试系统生产于美国 GCTS 公司，轴向可加载 1 500 kN 的力；加载框架刚度为 10 MN；压力室可承压 140 MPa、温度 150 ℃；围压可增至 140 MPa。如图 5-16（b）所示，在全直径的岩心上钻取一块垂直方向 Φ25 mm×50 mm 的圆柱小岩样（Z 轴），在垂直岩心轴线的平面内相隔 45° 各钻取相同大小的圆柱小岩样，共钻取 4 块。

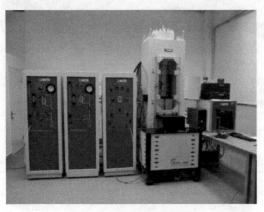
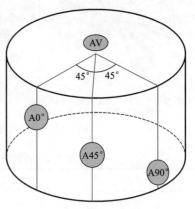

（a）油气藏地应力测试系统　　　　　　　（b）岩石声发射实验取样示意图

图 5-16　声发射测试装置及取样方案

岩石声发射实验测试结果如表 5-3 所示（详见附录 2），测量得到岩样的水平最大、水平最小及垂向主应力的大小、梯度；其中，水平最大主应力的梯度约为 0.020 MPa/m，水平最小主应力的梯度约为 0.016 MPa/m，垂向主应力的梯度约为 0.025 MPa/m，水平主应力梯度与鄂尔多斯盆地南部煤储层水平主应力梯度基本一致，研究区及其附近地应力随深度的增加均呈线性增大。岩石声发射确定的现今水平最大主应力分布范围介于 41.34～45.26 MPa，水平最小主应力分布范围介于 33.30～36.69 MPa；垂向主应力的变化主要与岩石的密度有关。研究区目前有 7 口水平井共计 60 个点的压裂施工监测点，利用 Healy 和 Zoback（1988）等提出的用水力压裂法确定水平最小主应力的计算方法，确定现今水平最小主应力分布范围在 30～42 MPa，这与岩石声发射实验测量结果基本一致（表 5-3），验证了声发射实验测量结果基本可靠。

表 5-3　岩石声发射实验确定的现今主应力大小

井号	深度/m	岩性	取心方向	测得地应力值/MPa	水平最大主应力		水平最小主应力		垂向主应力	
					大小/MPa	梯度/（MPa/m）	大小/MPa	梯度/（MPa/m）	大小/MPa	梯度/（MPa/m）
元 410	2 231.50	砂岩	AV	55.87	44.64	0.020	35.68	0.016	55.87	0.025
			A0°	44.55						
			A45°	41.03						
			A90°	35.77						
元 410	2 246.20	砂岩	AV	57.36	45.26	0.020	36.69	0.016	57.36	0.026
			A0°	45.18						
			A45°	40.13						
			A90°	36.77						
元 290	2 101.28	砂岩	AV	52.71	42.17	0.021	33.78	0.016	52.71	0.025
			A0°	41.78						
			A45°	36.21						
			A90°	34.17						
元 414	2 010.15	砂岩	AV	49.14	41.34	0.020	33.30	0.017	49.14	0.024
			A0°	40.79						
			A45°	35.29						
			A90°	33.85						

5.3.3　现今应力场数值模拟结果

ANSYS 软件建模的数据来源于 Petrel 地质模型，将现今模型的真实构造形态及小层划分方案完整导入 ANSYS 软件中。在地质力学模型中，垂向上同样将目的层位划分为 21 个层，具体小层划分如表 5-1 所示。在目的层位的顶部、底部建立相应的保护模型，施加非均质的边界应力条件（图 5-17）、水平应力差及水平主应力差系数频率分布（图 5-18），得到研究区现今应力场分布。

模拟结果表明，水平应力差与水平主应力差系数基本遵循正态分布规律（图 5-18）。水平应力差集中分布在 2～12 MPa，平均值为 8.25 MPa；水平主应力差系数介于 0.1～0.4，平均值为 0.26。将岩心孔隙度、渗透率测试结果与测井结果进行对比，建立测井解释基质孔隙度数学模型、渗透率解释模型，结合密度测

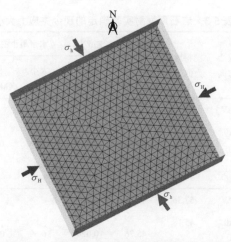

图 5-17　现今应力场数值模拟的边界条件

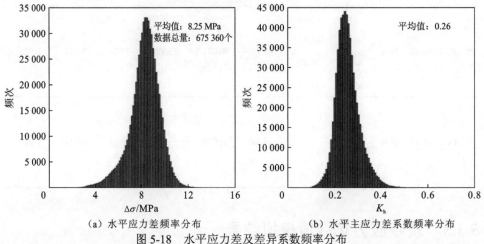

（a）水平应力差频率分布　　　　　　　（b）水平主应力差系数频率分布

图 5-18　水平应力差及差异系数频率分布

井、自然伽马测井、自然电位测井、声波测井，利用 Petrel 软件中的储层特征建模算法、流程，建立研究区基质孔隙度、渗透率、密度、泥质含量及含水饱和度分布模型，模拟得到数据总量为 675 360 个，这些数据将用以研究影响水平应力差、水平主应力差异系数的因素。

现今应力场数值模拟结果表明，现今水平最大主应力的方向变化不大，在砂泥接触处，水平最大主应力方向的最大变化不超过 11.7°；一般在砂泥接触界面，水平最大主应力的方向会发生 3°～5° 的变化；现今水平主应力差集中在 5～12.5 MPa。不同层位之间水平最大主应力与最小主应力的差异性明显，即应力具有显著的垂向分层性（图 5-19）。垂向应力主要受埋深控制，其大小在平面上变化微弱。

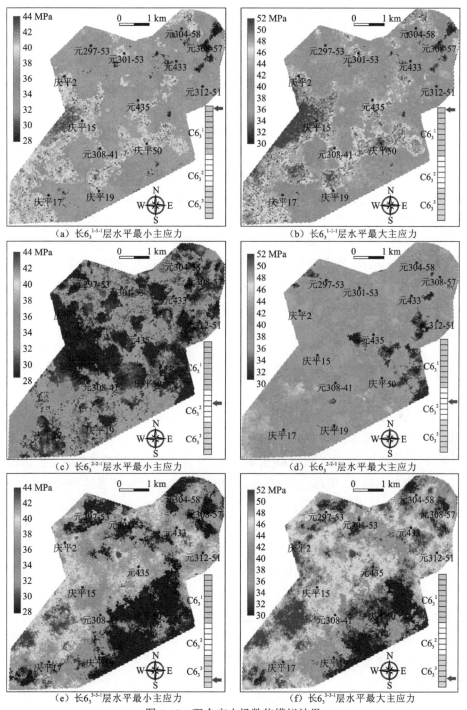

（a）长6₃^{1-1-1}层水平最小主应力　　（b）长6₃^{1-1-1}层水平最大主应力

（c）长6₃^{2-2-1}层水平最小主应力　　（d）长6₃^{2-2-1}层水平最大主应力

（e）长6₃^{3-3-1}层水平最小主应力　　（f）长6₃^{3-3-1}层水平最大主应力

图 5-19　现今应力场数值模拟结果

水平最小主应力和水平最大主应力的分布与砂体的分布密切相关,在长 6_3^{1-1-1} 层,庆平 50 井区—庆平 19 井区、庆平 15 井区是水平应力的高值区,其中,水平最小主应力大于 37 MPa,水平最大主应力大于 48 MPa;在北部的直井区,水平主应力为低值,其中水平最小主应力介于 28～32 MPa,水平最大主应力介于 30～36 MPa。在长 6_3^{2-2-1} 层,水平主应力总体为低值,高值区呈零星分布,这也与该层的岩石力学参数在垂向上的宏观变化规律密切相关;水平最小主应力多小于 36 MPa,水平最大主应力小于 46 MPa。在长 6_3^{3-3-1} 层,研究区的东南缘水平最小主应力为低值,数值小于 31 MPa,而水平最大主应力小于 36 MPa;在庆平 17 井区的北部、元 435 井区、元 312-51 井区及庆平 15 井区,水平最小主应力为高值,数值大于 39 MPa;在庆平 2 井区、庆平 15 井区及庆平 17 井区的北部,水平最大主应力为高值,数值大于 46 MPa。

如图 5-19 所示,不同层位间的应力差异性很大,这与鄂尔多斯盆地构造活动相对较弱、断层与褶皱构造几乎不发育有关,较大的应力差异性导致研究区储层非均质性对应力的影响更加突出,因此可以认为鄂尔多斯盆地华庆地区地应力是储层或者沉积控制型。

5.3.4　数值模拟结果可靠性分析

将水力压裂计算得到的水平最小主应力与模拟得到的最小主应力进行对比,结果(图 5-20～图 5-21)表明,岩石力学参数对最小主应力的影响并非是一成不变的,例如在庆平 18 井、庆平 48 井及庆平 50 井,岩石杨氏模量越大,模拟的水平最小主应力也越大;但在庆平 19 井、庆平 47 井及 49 井,两者的相关性不明显;而在庆平 20 井,两者呈负相关。

如图 5-22 所示,水平最小主应力数值模拟结果与实测结果对比表明,两者的相关系数达到 0.707 2,表明现今地应力数值模拟结果准确可靠。此外,在垂向上,应力的变化与岩石力学参数、储层物性具有明显的相关性,说明鄂尔多斯盆地应力具有明显的分层性,这也说明,本书中所提的方法能准确地刻画研究区长 6_3 层低渗透储层现今地应力的非均质性,进而实现现今地应力场精细预测。该方法尤其适用于鄂尔多斯盆地低渗透非均质储层的应力场模拟、储层裂缝预测,三维应力场的精细刻画也为第 6 章、第 7 章裂缝动静态参数预测及压裂开发建议的量化研究奠定了基础。

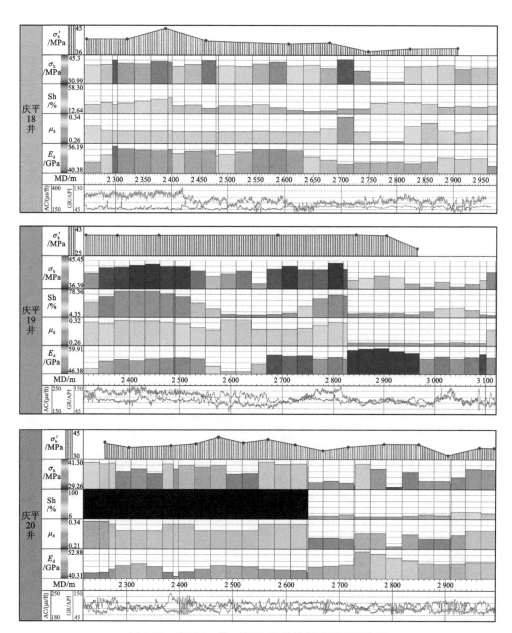

图 5-20　庆平 18 井～庆平 20 井模拟结果对比验证

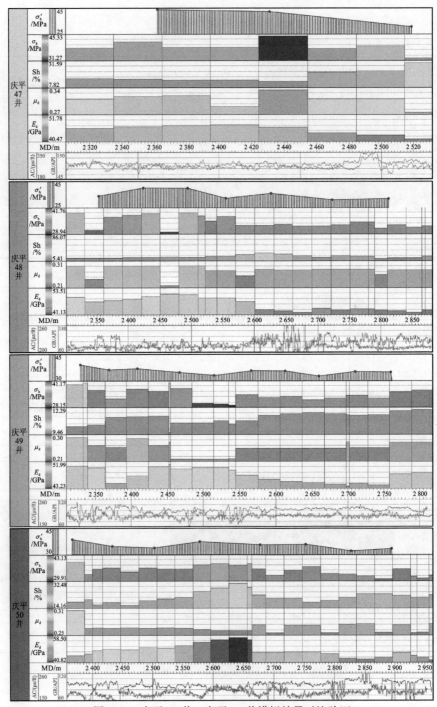

图 5-21 庆平 47 井～庆平 50 井模拟结果对比验证

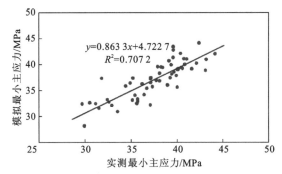

图 5-22　现今应力场数值模拟结果与压裂计算结果对比验证

5.4 现今地应力影响因素

5.4.1 储层特征

如图 5-23 所示,泥质含量与 $\Delta\sigma$、K_h 相关性分析表明两者总体呈负相关。当泥质含量小于 50% 时,泥质含量对 $\Delta\sigma$、K_h 影响较低,随着黏土含量的增加,$\Delta\sigma$、K_h 略有减小;当泥质含量大于 50% 时,黏土含量增加,$\Delta\sigma$、K_h 迅速减小,即该阶段泥质含量对 $\Delta\sigma$、K_h 控制作用更大。

如图 5-23(b)所示,岩石密度对 $\Delta\sigma$、K_h 影响较低,因为 $\Delta\sigma$、K_h 基本在平均值附近变化。总体而言,岩石密度与 $\Delta\sigma$、K_h 呈两段式变化,岩石密度小于 2.28 时,岩石密度与 $\Delta\sigma$、K_h 呈负相关;岩石密度大于 2.35 时,岩石密度与 $\Delta\sigma$、K_h 呈正相关。

如图 5-23(c)和(d)所示,基质孔隙度、基质渗透率对 $\Delta\sigma$、K_h 影响较低,变化无规律。流体的性质会对地应力产生一定的影响,当含水饱和度小于 60% 时,含水饱和度与 $\Delta\sigma$、K_h 基本无相关性,大于 60% 时,含水饱和度与 $\Delta\sigma$、K_h 呈负相关[图 5-23(e)]。测井自然电位一定程度反映岩性,与 $\Delta\sigma$、K_h 总体呈正相关[图 5-23(f)]。

5.4.2 岩石声速

如图 5-24(a)所示,岩石声速对 $\Delta\sigma$、K_h 的影响很大,但纵波速度和横波速度对 $\Delta\sigma$、K_h 的影响不同。纵波对 $\Delta\sigma$、K_h 的影响总体呈两段式变化;纵波速度小

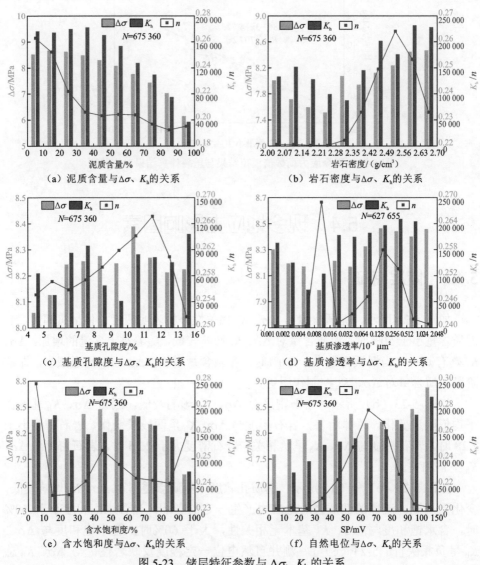

（a）泥质含量与Δσ、K_h的关系　　　　　（b）岩石密度与Δσ、K_h的关系

（c）基质孔隙度与Δσ、K_h的关系　　　　（d）基质渗透率与Δσ、K_h的关系

（e）含水饱和度与Δσ、K_h的关系　　　　（f）自然电位与Δσ、K_h的关系

图 5-23　储层特征参数与 Δσ、K_h 的关系

于 4 500 m/s 时，随着纵波速度增加，Δσ、K_h 迅速增加；纵波速度大于 4 500 m/s 时，随着纵波速度增加，Δσ略有增加，而 K_h 略有减小。如图 5-24（b）所示，岩石横波声速与 Δσ、K_h 相关性最为显著，两者呈正相关。岩石声速本质上是通过影响岩石力学参数间接影响地应力的大小，从而造成岩石声速与地应力之间复杂的统计关系。

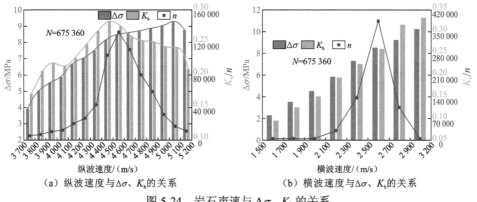

（a）纵波速度与 $\Delta\sigma$、K_h 的关系 （b）横波速度与 $\Delta\sigma$、K_h 的关系

图 5-24 岩石声速与 $\Delta\sigma$、K_h 的关系

5.4.3 岩石力学参数

如图 5-25（a）所示，岩石杨氏模量与 $\Delta\sigma$、K_h 呈显著正相关；泊松比与 $\Delta\sigma$ 控制作用较弱，两者无相关性；泊松比与 K_h 呈显著负相关。Liu 等（2017b）研究发现岩石力学参数的分布影响应力类型转换，在杨氏模量大的层，主要发育 Ia 应力类型，杨氏模量小的层位包含 III 型应力；此外断层也会影响应力类型的变化。

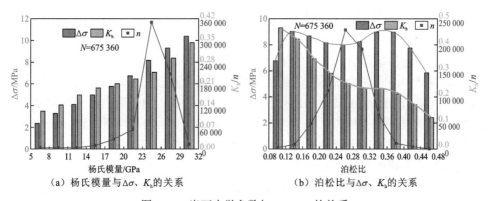

（a）杨氏模量与 $\Delta\sigma$、K_h 的关系 （b）泊松比与 $\Delta\sigma$、K_h 的关系

图 5-25 岩石力学参数与 $\Delta\sigma$、K_h 的关系

第 6 章　储层裂缝静态参数评价

　　储层裂缝地质力学预测方法是将应力场模拟与岩石破裂准则相结合的裂缝正演预测技术，其破裂模型可分为三类。一是二元与破裂率模型，该方法依据破裂值和能量值的相对关系定量预测裂缝的发育规律，其中破裂值代表裂缝发育的可能性，能量值代表裂缝发育能力的大小。二是裂缝多参数预测模型，方法基于应变能与能量守恒原理，建立古今应力场与裂缝参数间的数学关系，定量预测裂缝密度、孔渗分布（Feng et al.，2021；Liu et al.，2017；戴俊生 等，2011）。三是岩石非均质破裂预测模型，该方法核心要素包括目的层位、顶底板及边界载荷条件的非均质性，通过构建岩石力学测试数据库模型，实现岩石破裂非均质化定量预测（Liu et al.，2023a，2021；Feng et al.，2021）。

6.1　裂缝密度与产状评价方法

　　基于构造裂缝原位状态下的受力分析，本章针对不同的裂缝类型采用不同的岩石破裂准则，考虑岩石是否达到破裂极限，最后通过计算岩石破裂率来约束裂缝的空间展布（Feng et al.，2018；丁文龙 等，2011a）。由于致密砂岩储层受力后同时产生剪破裂和张破裂，综合考虑莫尔-库仑强度准则及格里菲斯（Griffith）破裂准则，通过计算张应力或剪应力值、统计张裂缝与剪裂缝的占比权重，定量表征岩石的破裂情况，建立出岩石张破裂率、剪破裂率及综合破裂率的计算公式，从而定量预测裂缝的空间分布（苏皓等，2017；丁文龙 等，2015a，b；曾联波 等，2008a；Handin，1969）。　受控于裂缝空间分布的复杂非均质性，综合考虑能量守恒、岩石应变能及裂缝表面能理论，针对不同岩石破裂准则，建立裂缝密度与应变能密度间的定量表征关系（王珂 等，2016；丁文龙 等，2015a，b；Kravchenko et al.，2014）。　从储层地质力学的角度出发，建立用于表示储层中应力、应力状态及裂缝的表征单元体，并结合胡克定律和弹性力学理论，以及古今应力场的数值模拟，定量求取重要的裂缝参数（线密度、开度、孔隙度、渗透率等），预测三维裂缝的空间展布（Feng et al.，2018；戴俊生 等，2007；Barton and Choubey，1977）。

6.1.1　裂缝密度与产状理论预测模型

1. 裂缝密度计算模型

采用格里菲斯准则和莫尔-库仑强度准则进行岩石破裂规律模拟分析（Handin，1969；Griffith，1921）。对于脆性低渗透砂岩的破裂，在压缩条件下，可采用莫尔-库仑强度准则，在拉伸条件下，可采用格里菲斯准则模拟岩石的破裂（戴俊生 等，2007）。具体破裂的条件描述如下。

（1）当 $\sigma_3 > 0$，适用于莫尔-库仑强度准则，三维状态下岩石的破裂条件表示为

$$\frac{\sigma_1 - \sigma_3}{2} \geqslant C_o \cos\varphi + \frac{\sigma_1 + \sigma_3}{2}\sin\varphi \tag{6-1}$$

$$\theta = 45° - \frac{\varphi}{2} \tag{6-2}$$

式中：C_o 为岩石的黏聚力，C_o 可以通过三轴力学实验测定；φ 为岩石的内摩擦角；θ 为岩石的破裂角。

（2）当 $(\sigma_1 - 3\sigma_3) \geqslant 0$ 且 $\sigma_3 < 0$，适用于格里菲斯准则，三维空间下岩石的破裂条件表示为

$$(\sigma_1 - \sigma_2)^2 + (\sigma_2 - \sigma_3)^2 + (\sigma_3 - \sigma_1)^2 \geqslant 24\sigma_T(\sigma_1 + \sigma_2 + \sigma_3) \tag{6-3}$$

$$\theta = \frac{\arccos[(\sigma_1 - \sigma_3)/2(\sigma_1 + \sigma_3)]}{2} \tag{6-4}$$

依据弹性力学理论及胡克定律（Kravchenko et al.，2014），岩石应变能密度表示为

$$\varpi = \frac{1}{2E}[\sigma_1^2 + \sigma_2^2 + \sigma_3^2 - 2\mu(\sigma_1\sigma_2 + \sigma_2\sigma_3 + \sigma_1\sigma_3)] \tag{6-5}$$

当岩石发生破裂时，产生的裂缝数量与单元体内脆性材料累积的弹性应变有关。理论和实践均表明，低渗透粉砂岩表现出强烈的脆性破裂特征（戴俊生 等，2007）。在该类型砂岩中，三维应力条件下，应力超过岩石的拉伸、剪切或抗压强度时，岩石将发生断裂并释放应变能[图 6-1（a）]。一部分能量抵消了新裂缝的表面能，一部分能量形成了弹性波，还有一部分能量残余在岩石中。然而，与新裂缝的表面能、残余能量相比，释放的弹性波很弱，可以忽略不计。因此，基于能量守恒定律，提出裂缝体密度计算公式[图 6-1（a）和（b）]：

$$D_{vf} = \frac{S_f}{V} = \frac{\varpi_f}{J} = \frac{\varpi - \varpi_e - \varpi_r}{J} \tag{6-6}$$

式中：D_{vf} 为单元体裂缝的体密度，m^2/m^3；V 为表征单元体的体积，m^3；S_f 为新产生的裂缝面积，m^2；J 为产生单位面积的裂缝所需要的能量，可以通过三轴压缩实验确定，J/m^2（冯建伟 等，2011）；ϖ 为单元体累积的弹性应变能密度，J/m^3；ϖ_f 为产生新裂缝所需的应变能密度，J/m^3；ϖ_e 为产生裂缝必须克服的应变能密度，J/m^3；ϖ_r 为残余的应变能密度，J/m^3，通过选取不同构造时期应力累积、释放过程中稳定状态的应力计算得到。本书参考了现今应力状态计算残余应变能密度（Liu et al.，2018a）。

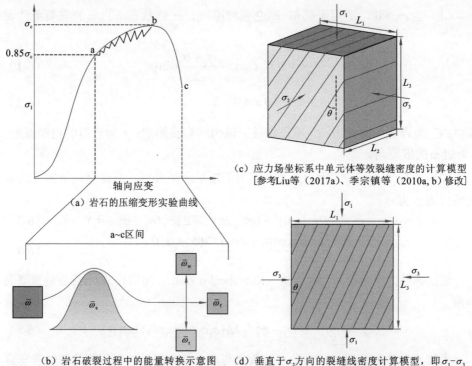

（a）岩石的压缩变形实验曲线

（b）岩石破裂过程中的能量转换示意图

（c）应力场坐标系中单元体等效裂缝密度的计算模型
[参考Liu等（2017a）、季宗镇等（2010a, b）修改]

（d）垂直于 σ_2 方向的裂缝线密度计算模型，即 σ_1-σ_3 平面。图中，L_1、L_2 和 L_3 分别为单元体在 σ_3、σ_2 及 σ_1 方向上的长度，m；θ 为裂缝的走向与 σ_1 的夹角，（°）

图 6-1 表征单元体中裂缝密度与应力、应变、应变能的关系

如图 6-1（c）和（d）所示，利用建立的裂缝密度计算模型，在垂直于 σ_2 方向的平面中，当模拟的单元体足够小时（研究区模拟单元体的平均边长设置为 28 m），忽略单元体内裂缝间距的变化，即假设单元体中的裂缝等间隔分布。通过确定单元体内裂缝的总长度可以计算裂缝的总表面积，因此，裂缝的线密度（D_{lf}）可以表示为

$$\begin{cases} D_{\mathrm{lf}} = \dfrac{2D_{\mathrm{vf}}L_1L_3\sin\theta\cos\theta - L_1\sin\theta - L_3\cos\theta}{L_1^2\sin^2\theta + L_3^2\cos^2\theta}, & \theta \neq 0 \\[4mm] D_{\mathrm{lf}} = D_{\mathrm{vf}}, & \theta = 0 \end{cases} \tag{6-7}$$

2. 裂缝产状计算模型

裂缝产状模型涉及大地坐标系和应力场模拟所用的坐标系，分别定义裂缝面的单位法向量在应力场坐标系中的三个分量为 m_x'、m_y'、m_z'，设裂缝的倾角为 ω，裂缝的倾向为 ξ，岩石的破裂角为 θ。结合岩石的破裂准则与内摩擦角的大小，裂缝产状可表示如下。

最大主应力与三个坐标轴的夹角表示为：β_{11}、β_{12}、β_{13}；

中间主应力与三个坐标轴的夹角表示为：β_{21}、β_{22}、β_{23}；

最小主应力与三个坐标轴的夹角表示为：β_{31}、β_{32}、β_{33}。

在岩石剪切破裂中，m_x'、m_y'、m_z' 表示为

$$\begin{cases} m_x' = \sin\theta \\ m_y' = 0 \\ m_z' = \pm\cos\theta \end{cases} \tag{6-8}$$

应力场坐标系与大地坐标系中变量 m_x'、m_y'、m_z' 的转换数学模型表示为

$$\begin{bmatrix} m_x \\ m_y \\ m_z \end{bmatrix} = \begin{bmatrix} \cos\beta_{11} & \cos\beta_{21} & \cos\beta_{31} \\ \cos\beta_{12} & \cos\beta_{22} & \cos\beta_{32} \\ \cos\beta_{13} & \cos\beta_{23} & \cos\beta_{33} \end{bmatrix} \begin{bmatrix} m_x' \\ m_y' \\ m_z' \end{bmatrix} \tag{6-9}$$

利用式（6-8）～式（6-9），可将裂缝倾角 ω 与倾向 ξ 分别表示为

$$\begin{cases} \tan\omega = \dfrac{\sqrt{m_x^2 + m_y^2}}{m_z} \\[4mm] \tan\xi = \dfrac{m_x}{m_y} \end{cases} \tag{6-10}$$

由式（6-10）可得到裂缝倾角 ω：

$$\omega = \arctan\left(\frac{\sqrt{m_x^2 + m_y^2}}{m_z}\right) \tag{6-11}$$

由式（6-10）得到的裂缝倾向 ξ 需分区间进行讨论。

（1）$m_x \geqslant 0$ 且 $m_y > 0$ 时，裂缝的倾向可表示为

$$\xi = \arctan\left(\frac{m_x}{m_y}\right) \tag{6-12}$$

（2） $m_x \geqslant 0$ 且 $m_y < 0$ 时，裂缝的倾向可表示为

$$\xi = \arctan\left(\frac{m_x}{m_y}\right) + 2\pi \tag{6-13}$$

（3） $m_x \leqslant 0$ 时，裂缝的倾向可表示为

$$\xi = \arctan\left(\frac{m_x}{m_y}\right) + \pi \tag{6-14}$$

6.1.2 裂缝密度分布规律

利用式（6-1）~式（6-7），结合燕山期、喜马拉雅期及现今模拟的应力、应变，计算得到不同时期裂缝的线密度、体密度。燕山期裂缝线密度介于 0~4.4 条/m，集中分布在 0.8~3.2 条/m；裂缝体密度介于 0~4.0 m²/m³，集中分布在 0.5~3.5 m²/m³。喜马拉雅期裂缝线密度介于 0~1.5 条/m，集中分布在 0.2~1.2 条/m；裂缝的体密度介于 0~1.0 m²/m³，集中分布在 0.12~0.75 m²/m³。与岩心观测结果相比，裂缝线密度预测结果偏高，而成像测井计算的裂缝平均体密度在 2 m²/m³ 左右，同样略低于模拟的裂缝体密度，导致该现象的原因在于：一方面，由于岩心观测的主要是大尺度的裂缝，而数值模拟预测结果综合考虑了不同尺度的裂缝密度值，包含了不同时期产生的微裂缝；另一方面，计算模型中产生的裂缝没有区分其尺度大小，其岩石破裂结果与实际情况存在一定的差异，这可能是导致预测的裂缝密度偏低的另一个原因。

如图 6-2（a）~（c）所示，不同层位的裂缝线密度差异很大，这与古应力场的垂向分层性密切相关。在长 $6_3^{1\text{-}1\text{-}1}$ 层，裂缝发育区主要分布在庆平 15 井区、庆平 50 井区及庆平 19 井区，水平井区的裂缝线密度为高值，数值大于 4 条/m；在北部及南部的直井区，裂缝的线密度为低值，数值小于 1 条/m。在长 $6_3^{1\text{-}2\text{-}1}$ 层，裂缝在庆平 15 井区、庆平 17 井区及庆平 50 井区的裂缝线密度为高值，数值大于 3.8 条/m；在北部及中部的直井区的裂缝线密度为低值，数值小于 1 条/m。在长 $6_3^{1\text{-}3\text{-}1}$ 层，裂缝线密度变化的幅度小，在庆平 15 井区东部裂缝的线密度为低值。

如图 6-2（d）~（f）所示，在长 $6_3^{2\text{-}1\text{-}1}$ 层，裂缝线密度在北部的直井区及庆平 17 井区为高值，数值大于 3.7 条/m；在庆平 50 井区裂缝的线密度为低值，数值小于 1 条/m。在长 $6_3^{2\text{-}2\text{-}1}$ 层庆平 50 井区的东部，裂缝线密度为低值，数值小于 1.3 条/m，其他地区裂缝发育程度变化不大。在长 $6_3^{2\text{-}3\text{-}1}$ 层的庆平 19 井区、庆平 15 井区北部，裂缝线密度为高值，数值大于 3.6 条/m；在庆平 50 井区及东北部的直井区裂缝线密度为低值。

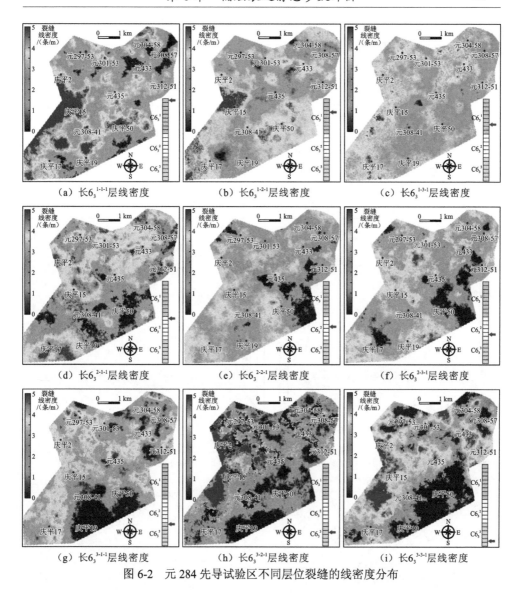

（a）长 6_3^{1-1-1} 层线密度　　　（b）长 6_3^{1-2-1} 层线密度　　　（c）长 6_3^{1-3-1} 层线密度

（d）长 6_3^{2-1-1} 层线密度　　　（e）长 6_3^{2-2-1} 层线密度　　　（f）长 6_3^{2-3-1} 层线密度

（g）长 6_3^{3-1-1} 层线密度　　　（h）长 6_3^{3-2-1} 层线密度　　　（i）长 6_3^{3-3-1} 层线密度

图 6-2　元 284 先导试验区不同层位裂缝的线密度分布

　　如图 6-2（g）～（i）所示，在长 6_3^{3-1-1} 层，元 284 先导试验区的东南部是裂缝的不发育区，庆平 17 井附近裂缝发育，其他地区裂缝呈条带状分布。在长 6_3^{3-2-1} 层，裂缝发育程度较低，裂缝呈条带状分布，元 284 先导试验区的东南部裂缝不发育。在长 6_3^{3-3-1} 层，元 284 先导试验区的西南部裂缝线密度为高值，数值大于 3.7 条/m；研究区东南部裂缝不发育。

6.1.3　裂缝产状分布规律

利用式（6-7）～式（6-14），结合燕山期及喜马拉雅期的古应力场模拟结果，可以确定不同时期裂缝的产状。模拟结果表明，裂缝的倾角以高角度裂缝（>80°）为主，模拟的燕山期裂缝的方向以近东西向为主，集中分布在北东东向 80°～90°，北东东向 70°～80°、南东东向 100°～110° 的裂缝少量发育；模拟的喜马拉雅期裂缝的方向以近北东—南西向为主，集中分布在北东向 40°～北东东向 60°，预测的裂缝走向与岩心观测结果基本一致（图 6-3）。

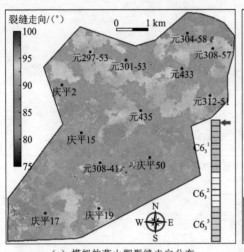

（a）模拟的燕山期裂缝走向分布

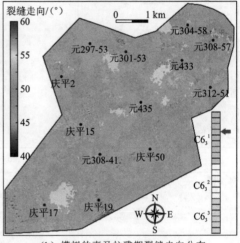

（b）模拟的喜马拉雅期裂缝走向分布

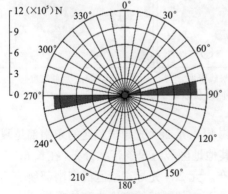

（c）模拟的燕山期裂缝走向玫瑰花图

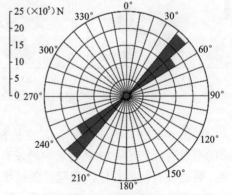

（d）模拟的喜马拉雅期裂缝走向玫瑰花图

图 6-3　不同时期裂缝产状预测结果及其与实测结果对比验证

6.2　油藏裂缝开度评价

6.2.1　裂缝开度研究的重要性

受多期构造运动影响，盆地内部储层中广泛发育有不同尺度的构造裂缝，这些裂缝决定了致密砂岩储层的渗流能力，并影响油藏开发方案部署；在储层裂缝表征参数中，开度对裂缝渗透率的贡献最为显著，是裂缝有效性评价的关键参数，开度的微小变化往往决定着裂缝是作为流体流动裂缝渗流能力大小的通道还是瓶颈。目前，地下裂缝开度是储层裂缝表征、建模中不确定性的主要来源，也是裂缝表征中的一个技术难点，这是由准确量化地下裂缝开度的困难及对裂缝开度主控因素、力学变形过程有限的理解造成的。因此，地下裂缝开度主控因素及定量预测模型研究是致密砂岩储层裂缝表征、建模的核心问题之一，也是测井计算、数值模拟及物理实验方法评价裂缝开度的理论基础，在储层裂缝表征参数选择、裂缝有效性评价、裂缝开度双孔双渗建模及致密砂岩储层"地质甜点"与"工程甜点"评价等方面具有理论与现实意义。

影响油藏裂缝开度的原因有很多，可以分为内因与外因两大类。外因主要为裂缝所处的应力状态，内因包括裂缝面属性参数、岩石力学参数、裂缝产状及裂缝面充填特征等。裂缝面属性参数包括裂缝面的粗糙度、裂缝面剪切刚度系数及法向刚度系数等。本节综合考虑影响油藏裂缝开度的多个因素，提出油藏裂缝开度数值模拟方法：基于裂缝面三维激光扫描技术，在考虑裂缝粗糙度的情况下，建立考虑真实裂缝面三维起伏的有限元模型，确定符合地下真实情况的应力边界条件、位移约束条件，模拟得到裂缝面附近的应力、应变信息，提取节点的位移属性，计算得到裂缝的开度与闭合率，其中，裂缝的闭合率定义为裂缝面闭合的面积占裂缝面总面积的百分比。本节中，裂缝开度数值模拟结果为研究区储层双孔双渗建模、裂缝动态参数预测提供相关的计算模型，也为其他方法评价油藏裂缝开度提供一个多因素约束的理论模型，避免计算或预测的裂缝开度产生数量级的误差。

目前地下裂缝开度的主控因素不清、力学变形机制不明，导致有关裂缝开度预测模型欠缺。因此，在裂缝性致密砂岩储层勘探开发过程中面临"裂缝开度主控因素及定量预测"的实际问题，这不仅是测井计算、数值模拟、物理实验等方法评价裂缝开度的理论基础，也是裂缝有效性评价、注采井网优化、注水开发方案设计及致密砂岩储层"甜点"评价的关键参数。本节以鄂尔多斯盆地致密砂岩为例，提出一套基于"地质分析—裂缝面测量—裂缝充填模拟—细观宏观弹塑性力学实验—地质力学建模"的储层裂缝开度评价方法。通过粗糙离散裂缝几何建模，还原地下裂缝真实几何形态，重建裂缝变形过程，精细、全面地分析不同因素对裂缝开度的影响，建立裂缝开度与其主控因素之间的定量关系，实现裂缝开度三维确定性建模，最后利用动静态资料验证模型的可靠性，并构建裂缝开度定量预测模型。

本书通过建立多尺度粗糙离散裂缝几何模型，模拟裂缝充填过程，还原地下裂缝真实几何形态。利用变孔压、变围压力学实验揭示岩石、裂缝面力学参数与应力、孔隙压力的关系；采用细观力学实验确定充填物力学性质，建立裂缝开度多因素解析地质力学模型，重建地下裂缝变形过程，查明裂缝开度主控因素，揭示裂缝开度与其主控因素的定量关系。采用弹塑性有限元法，模拟地下裂缝原位应力分布；通过多源数据-模型融合，建立裂缝开度三维确定性模型，并采用动静态资料综合验证模型可靠性，构建致密砂岩裂缝开度预测模型，为该类储层裂缝有效性表征及油藏高效开发提供科学依据。

6.2.2　裂缝开度评价方法研究进展

目前，裂缝开度研究方法可概括为测井计算法、数值模拟法和物理实验法三大类。数值模拟法可分为理论公式模拟法（Liu et al.，2018d，e；王珂 等，2016；戴俊生 等，2014）和几何模拟法（Bisdom et al.，2017，2016c）。测井计算法是基于裂缝测井响应模型预测裂缝开度的方法，常用的解释模型包括成像测井、双侧向测井和双感应测井（孙致学 等，2020；邓虎成和周文，2016；Lyu et al.，2016；Ponziani et al.，2015；童亨茂，2006），采用工业计算机断层扫描成像结合成像测井同样是裂缝开度与孔隙度定量表征的有效手段（Lai et al.，2017）。目前，基于双侧向测井的裂缝开度预测模型应用最为广泛，主要包括 Sibbit 开度模型、罗贞耀（1990）建立的任意视倾角裂缝开度模型及两者的改进模型，但在目前的裂缝开度测井计算模型中，鲜有模型考虑岩石内部应力、应变对测井参数的影响及储层力学参数（Kamali-Asl et al.，2019；Ponziani et al.，2015）、裂缝面附近应力、应变的非均质性，因此评价结果远高于地下裂缝的真实开度（Maeso et al.，2015）。

数值模拟法通常采用单一因素开度模型预测裂缝开度大小，很少考虑裂缝面几何与力学特征、裂缝尺度及多种因素对开度的复合影响。在物理实验法测量裂缝开度中，高分辨率 X 射线显微 CT 的研究中允许直接研究单向或双向加载条件下的裂缝开度（Kling et al.，2016；Cai et al.，2014），相关进展包括裂缝切割工具改进（Deng et al.，2016；Voorn et al.，2013）、裂缝开度量化方法（van Stappen et al.，2018；Huo et al.，2016；Cai et al.，2014）、模拟设备改进（Frash et al.，2019；

Deng et al.，2017；Bultreys et al.，2016）及间接评价参数优选（Yu et al.，2019）4 个方面。2018 年，李晓成功打开岩石力学试验的黑箱，研发了高能加速器 CT 多场耦合岩石力学试验系统，可对岩石进行 CT 实时扫描和三维成像，这使得未来直接反映原位应力条件下裂缝的变形过程与开度成为可能。总体而言，目前物理实验法侧重研究围压与裂缝开度的关系，缺少真三维应力条件、真实裂缝组合样式、多种因素影响下的裂缝开度物理模拟分析。

如图 6-4 所示，不同方法评价的地下裂缝开度统计结果表明，在相近埋深或围压条件下，评价、预测的裂缝开度存在数量级的差异（几微米至几千微米），一方面说明裂缝开度影响因素的多样性，因此在国际主流裂缝建模软件（FracMan、FracaFlow、Petrel 及 ReFract）中，地下裂缝开度建模仍以随机建模为主；另一方面说明不同方法评价的裂缝开度误差大，准确地评价地下裂缝开度，需要建立一个多因素约束的地下裂缝开度理论评价模型，方可避免评价的裂缝开度产生几倍、几十倍甚至上百倍的误差。

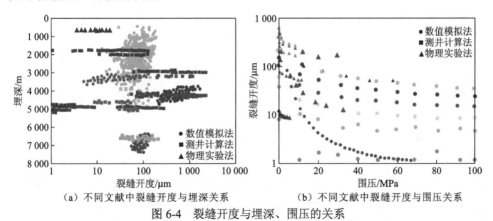

（a）不同文献中裂缝开度与埋深关系　　　（b）不同文献中裂缝开度与围压关系

图 6-4　裂缝开度与埋深、围压的关系

▲碳酸盐岩和碎屑岩（曾联波和张建英，2001）　▲花岗岩（Kulatilake et al., 2008）　●●●砂岩（Baghbanan and Jing, 2008）　■碳酸盐岩（李毓, 2009）
■火山岩（王春燕和高涛，2009）　●砂岩（冯建伟 等，2011）　●碳酸盐岩（商琳 等，2013）　●砂岩（段昕婷 等, 2016）▲中细砂岩（van Stappen et al., 2018）
■粉砂岩（邓虎成和周文，2016）　●粉砂岩（王珂 等，2016）　■砂岩（南泽宇 等，2017）　●粉砂岩（Liu et al., 2018a）　▲碳酸盐岩（Yang et al., 2017）
■致密砂岩（Lai et al., 2017）　●砂岩（Liu et al., 2021）　▲花岗岩（Lin et al., 2019）　▲煤岩（Du et al., 2019）　▲砂岩（Cheng and Milsch, 2020）

6.2.3　裂缝开度影响因素研究进展

依据裂缝开度的影响机制，将裂缝开度影响因素分为内因与外因两大类。外因指裂缝所处的应力环境；内因包括岩石力学参数、裂缝面几何与力学参数、裂缝组合样式及产状等。曾联波和赵向原（2019）、周新桂等（2013，2012）研究发现致密砂岩裂缝开度与埋深、产状及现今地应力大小、方向等因素密切相关，其中走向与水平最大主应力方向相近的裂缝开度最大，并且裂缝开度与走向呈正弦式关系（Al-Fahmi and Cartwright，2019；Shang et al.，2005），但两参数间的相关性取决于裂缝初始闭合程度（Laubach et al.，2004）；剪应力对裂缝开度的影响可达几十至上百微米，同样能显著改善储层渗透性（Lei et al.，2014），但两者间存在一个临界剪切位移值，到达此值之前裂缝开度基本上不受影响（Wenning et al.，2019）；在雁列式裂缝中，剪应力对裂缝渗透率的影响微弱，仅能改善裂缝的储集能力（Frash et al.，2019），说明裂缝组合样式（不同组系裂缝的几何形态）同样能显著地影响裂缝开度。

在沉积因素方面，鄂尔多斯盆地延长组碎屑岩矿物颗粒接触情形满足 Hertz 接触的基本假设，即颗粒粒径越小，接触点的应力越大，裂缝越发育（赵文韬 等，2015），而岩层厚度越小，裂缝尖端的应力越集中（赵文韬 等，2015；董有浦 等，2013；曾联波，2008；Nelson，2001），这些因素均可能影响裂缝开度。裂缝面粗糙度与吻合度不仅影响裂缝开度大小，而且控制裂缝开度各向异性（Zhang et al.，2019）；溶蚀与胶结作用通过改变裂缝面几何形态或充填特征直接影响裂缝开度，而岩石密度、孔隙度、岩性、电性、矿物成分及声波速度特征通过改变岩石、裂缝面力学参数或岩体应力、应变分布间接影响裂缝开度（Rod et al.，2020；Asadollahpour et al.，2019；Detwiler，2008；Olson et al.，2007），因此，在裂缝开度影响因素分类方案中不考虑储层物性、矿物组成和其他岩石物理性质对裂缝开度的影响。

目前，国内外学者普遍采用单因素实验法探讨有效应力、围压或裂缝产状与裂缝开度的理论关系，但实验条件、岩样与地下裂缝真实几何样式及力学变形过程千差万别，虽然偶有学者探讨了裂缝开度与尺度的关系，但多是在地表条件下进行宏观、微观尺度的统计分析，缺少地下裂缝开度与不同因素之间的理论关系研究，例如，地下裂缝开度与间距是否具有理论相关性；岩石与裂缝面力学参数如何影响地下裂缝开度，两者之间的相关性是否与地应力类型有关等。

6.2.4　油藏裂缝开度有限元模拟

岩石断裂表面的粗糙形态表现出良好的自相似性，即从不同的尺度观测它，均可以观测到相似的粗糙不平的特征，因此，研究很小的岩石断裂面便可以反映宏观裂缝的力学行为（孙洪泉，2011）。图 6-5 所示为油藏裂缝开度数值模拟技术路线。首先利用三维激光扫描设备获取裂缝面的三维数据，拾取裂缝面关键点的坐标，分别计算裂缝面的吻合度（Zhao，1997）、粗糙度及开度分布频率，然后，采用裂缝面三维数据处理软件得到上、下裂缝面数据的三维坐标。三维激光扫描

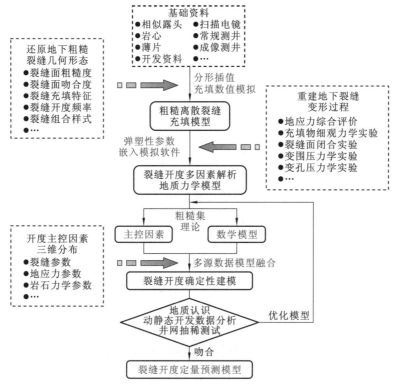

图 6-5　油藏裂缝开度数值模拟技术路线

实验由河南理工大学采矿实验中心的 OKIO-H 型三维激光扫描仪测试完成，该仪器由清华大学与北京天远三维科技有限公司联合研制，采用进口高精密工业 131 万像素的电荷耦合器件（charge-coupled device，CCD）传感器，拍摄距离 200～700 mm。

1. 地下裂缝开度研究思路

通过分析露头与地下裂缝可类比性，测量野外、岩心、薄片及扫描电镜样品中地表裂缝开度，揭示地表裂缝开度频率分布模型与裂缝尺度间的关系。对不同岩性、不同厚度岩层中发育的裂缝面进行三维激光扫描，以地表开度频率分布模型为约束，采用分形内、外插值法构建不同尺度且具有自放射性的粗糙离散裂缝面模型，并利用功率粗糙度指数法计算裂缝面粗糙度、吻合度。通过野外观察确定不同组系裂缝间距的频率分布，查明裂缝密度与尺度之间的关系，定量评价裂缝组合样式，建立不同尺度、不同组合样式的粗糙离散裂缝几何模型。明确裂缝充填物类型、堆积方式和充填样式，编制计算机程序模拟不同类型、不同样式的裂缝充填物充填过程，并采用游程检验法进行裂缝随机充填检查，真实还原地下粗糙裂缝几何形态，构建不同尺度、不同充填样式的粗糙离散裂缝充填模型。

采用岩石变围压、变孔压力学实验查明岩石弹塑性力学参数，建立孔隙压力与岩石力学参数之间的数学模型；通过裂缝面力学闭合实验，确定裂缝面法向、切向刚度系数与正应力间的本构模型；采用细观力学试验系统，查明不同堆积方式、不同类型的充填物力学强度，并将岩石、裂缝面、充填物的弹塑性参数及相关本构模型嵌入离散元模拟程序中。综合地应力测试、井壁崩落方位、微地震监测等资料查明现今地应力大小、方向，确定模型边界条件，编制相应的计算机程序，建立地下裂缝开度多因素解析地质力学模型，重构地下裂缝的变形过程，构建裂缝开度模拟结果与各种因素之间的数据库。基于粗糙集理论简化裂缝开度影响因素，计算裂缝各影响因素权重，查明裂缝开度主控因素，并建立裂缝开度与其主控因素之间的数学模型。

基于弹塑性有限元法，建立储层地质力学非均质模型，模拟裂缝形成时的古应力场和现今裂缝所处的原位应力状态，并预测裂缝密度与产状三维分布；结合裂缝开度主控因素三维分布、裂缝开度与主控因素间的数学模型，通过多源数据-模型融合，实现裂缝开度三维确定性建模。从地质认识、井网抽稀评价、动静态开发数据分析三个方面校验开度建模结果的准确性，控制裂缝开度建模误差，优选裂缝开度预测模型中的变量及其权重，创建裂缝开度定量预测模型。

2. 地下裂缝开度多因素解析地质力学建模

从不同岩性、不同深度（2 100～2 250 m）的岩样中钻取 12 组完整样品，分 3 组进行变围压力学实验（20 MPa、30 MPa、40 MPa），模拟原位应力下的岩石静态弹塑性力学参数；从不同岩性的含裂缝岩心中钻取 12 组岩样，分 3 组进行变孔压力学实验（15 MPa、20 MPa、25 MPa），建立孔隙压力与岩石泊松比、杨氏模量之间的定量关系，为解译孔隙压力对裂缝开度的影响奠定基础。选取不同岩性、不同组系的 15 个裂缝样品进行室内力学闭合实验 [图 6-6（d）]，确定裂缝面法向应力与位移量的关系，建立裂缝面法向、切向刚度系数与正应力之间的数学模型，查明裂缝面的几何参数、力学参数与岩石力学参数间的关系，为储层裂缝开度三维确定性建模奠定基础。采用 Fish 语言将裂缝面、岩石的弹塑性参数与正应力、孔隙压力之间的数学模型（图 6-6）嵌入离散元数值模拟程序中，实现岩石从弹性到弹塑性再到塑性的连续全过程模拟，重构裂缝面、岩体的变形过程。

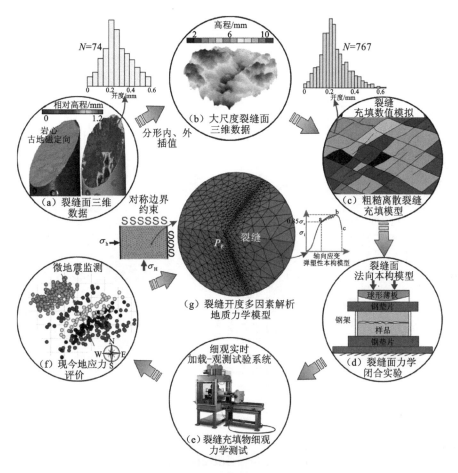

图 6-6　地下裂缝开度多因素解析地质力学建模流程

　　受有限元模拟精度的限制，得到的裂缝面数据不能直接进行有限元建模，对裂缝面数据直接粗化处理，无法与裂缝面的吻合度及统计的开度频率分布保持一致，同时也不符合裂缝面的自仿射性特征（孙洪泉，2011）。本书中，在裂缝开度频率的约束下[图 6-7（a）]，利用孙洪泉（2011）提出的裂缝面三维分形插值算法，构建有限元几何模型，通过调整纵向压缩比，保证裂缝的开度分布频率与统计的裂缝开度频率及裂缝面的吻合度一致[图 6-7（b）和（c）]，进而获取另外一个裂缝面的三维数据[图 6-7（d）]。

　　裂缝表面粗糙起伏，在不同尺度上显示出具有统计意义的自相似性/自仿射性，即局部是整体的缩小复制品，因此可以利用局部（几十平方厘米）裂缝面形貌反演微观（几平方毫米）与宏观（几千平方米）裂缝面几何形态。采用三维分

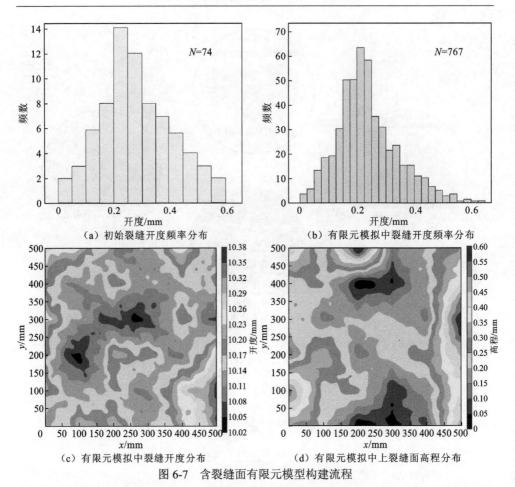

（a）初始裂缝开度频率分布
（b）有限元模拟中裂缝开度频率分布
（c）有限元模拟中裂缝开度分布
（d）有限元模拟中上裂缝面高程分布

图 6-7　含裂缝面有限元模型构建流程

形内、外插值法构建不同尺度且具有自仿射性特征的粗糙裂缝面；依据不同尺度的裂缝开度频率分布,拟采用地表裂缝开度、吻合度"等频率转换方法"[图 6-6（a）～（c）],约束三维分形插值算法中的纵横向压缩系数 $s_{n,m}$,建立上下裂缝面的三维形貌。"等频率转换方法"是使统计的裂缝开度分布频率与模型中裂缝开度分布频率一致的方法;该方法既能保证分形插值后的裂缝面几何形态最大程度地逼近三维激光扫描结果,又能保证地质力学建模中裂缝开度与统计的不同尺度的地表裂缝开度频率一致,得到适用于地质力学建模并符合岩石破裂自仿射性的不同尺度粗糙裂缝面模型[图 6-6（b）],这为在不同尺度上（长度几毫米至几百米、开度几微米至几厘米）开展裂缝开度预测模型研究奠定了基础,不同尺度裂缝面构建算法如下（孙洪泉,2011）。

对于数据集 $\{(x_i, y_i, z_{i,j}) \mid i = 0, 1, \cdots, N; j = 0, 1, \cdots, M\}$，将其进行网格划分为

$$\begin{cases} a = x_0 < x_1 < \cdots < x_n = b \\ c = y_0 < y_1 < \cdots < y_n = b \end{cases} \tag{6-15}$$

式中：a、b、c 为是中间变量。

对 x 轴的插值算法为

$$\phi_n(x) = a_n x + b_n \tag{6-16}$$

对 y 轴的插值算法为

$$\psi_n(y) = c_m y + d_m \tag{6-17}$$

其中，a_n、b_n、c_m 及 d_m 表示为

$$\begin{cases} a_n = (x_n - x_{n-1}) / (x_N - x_0) \\ b_n = (x_{n-1} x_N - x_n x_0) / (x_N - x_0) \\ c_m = (y_m - y_{m-1}) / (y_M - y_0) \\ d_m = (y_{m-1} y_M - y_m y_0) / (y_M - y_0) \end{cases} \tag{6-18}$$

对 z 轴的插值算法为

$$F_{n,m}(x, y, z) = e_{n,m} x + f_{n,m} y + g_{n,m} xy + s_{n,m} z + k_{n,m} \tag{6-19}$$

式中：$g_{n,m}$、$e_{n,m}$、$f_{n,m}$ 及 $k_{n,m}$ 表示为

$$\begin{cases} g_{n,m} = \dfrac{z_{n-1,m-1} - z_{n-1,m} - z_{n,m-1} + z_{n,m} - s_{n,m}(z_{0,0} - z_{N,0} - z_{0,M} + z_{N,M})}{x_0 y_0 - x_N y_0 - x_0 y_M + x_N y_M} \\[2ex] e_{n,m} = \dfrac{z_{n-1,m-1} - z_{n,m-1} - s_{n,m}(z_{0,0} - z_{N,0}) - g_{n,m}(x_0 y_0 - x_N y_0)}{x_0 - x_N} \\[2ex] f_{n,m} = \dfrac{z_{n-1,m-1} - z_{n-1,m} - s_{n,m}(z_{0,0} - z_{0,M}) - g_{n,m}(x_0 y_0 - x_0 y_M)}{y_0 - y_M} \\[2ex] k_{n,m} = z_{n,m} - e_{n,m} x_N - f_{n,m} y_M - s_{n,m} z_{N,M} - g_{n,m} x_N y_M \end{cases} \tag{6-20}$$

式中：$s_{n,m}$ 为纵向压缩比，人为给定，本书通过该参数约束裂缝的开度分布频率。

在有限元软件 ANSYS 中建立上、下两个裂缝面的三维分布数据点[图 6-7（c）和（d）]，建立裂缝面几何模型[图 6-8（a）和（b）]。通过测定岩体力学参数、裂缝面力学参数，并进行三维有限元网格自由剖分[图 6-8（c）]，在确定孔隙压力及三维边界应力的基础上，建立有限元地质力学模型，得到单元体的应力、应变及位移信息[图 6-8（d）]及裂缝面的节点应力、应变（图 6-9），通过编制相应的计算机程序，求得裂缝的开度及闭合率。

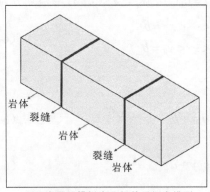

（a）有限元模拟中几何单元概念模型

（b）三维有限元几何模型

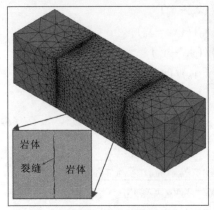

（c）三维有限元网格划分

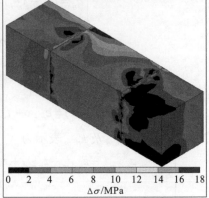

（d）模拟的水平主应力差分布

图 6-8　含裂缝面精细有限元模型构建流程与应力场模拟结果

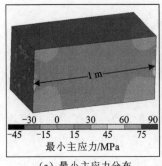

（a）最小主应力分布

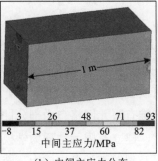

（b）中间主应力分布

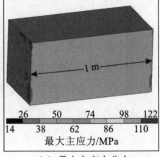

（c）最大主应力分布

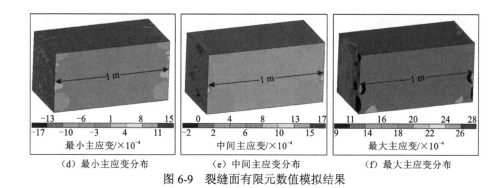

<table>
<tr><td>（d）最小主应变分布</td><td>（e）中间主应变分布</td><td>（f）最大主应变分布</td></tr>
</table>

图 6-9　裂缝面有限元数值模拟结果

6.2.5　裂缝面功率粗糙度指数

　　Barton 和 Choubey（1977）对 136 个岩石试件（板岩、片麻岩、花岗岩、角页岩、滑石）进行了剪切实验研究，给出了 10 条典型裂缝轮廓线，用来评估裂缝粗糙度（JRC）（表 6-1）。1978 年国际岩石力学学会将该方法作为评估裂缝粗糙度的标准方法。为系统研究有限元模型中裂缝面的粗糙度对裂缝开度的影响，本小节提出与 10 条国际标准裂缝轮廓线相对应的粗糙度评价方法，即功率粗糙度指数（power roughness index，PRI）法，利用该方法定量评价有限元建模中裂缝面的粗糙度。

表 6-1　评估裂缝粗糙度的标准裂缝轮廓线

序号	岩性	标准节理轮廓线	JRC 值	JRC 权值
1	板岩		0~2	0.4
2	半花岗岩		2~4	2.8
3	片麻岩		4~6	5.8
4	花岗岩		6~8	6.7
5	花岗岩		8~10	9.5
6	角页岩		10~12	10.8
7	半花岗岩		12~14	12.8
8	半花岗岩		14~16	14.5
9	角页岩		16~18	16.7
10	滑石		18~20	18.7

　　采用功率粗糙度指数法评价裂缝的粗糙度时，首先要对裂缝面进行整体倾斜校正；在确定粗糙度评价的尺度（步长）后，利用前后高程的变化，确定每个尺

度、每一步对应的功率角 $\theta_{i,j}$，通过定义不同尺度的平均功率角度描述功率角 $\overline{\theta_i}$ 的分布特点，将参数 $\overline{\theta_i}$ 定义为

$$\overline{\theta_i} = \frac{1}{m_i}\sum_{j=1}^{m_i}\theta_{i,j}$$ （6-21）

式中：$i(i=1,2,3,\cdots,n)$ 为功率波动指数评价中的尺度参数；j 为 i 个尺度参数下的第 j 个功率角。

如图 6-10 所示，裂缝的粗糙度具有尺度性，对于同一条裂缝面，当采用不同的尺度（步长）评价时，每次做功的功率总和不同；为消除功率粗糙度指数的尺度效应，借鉴分形理论，通过定义功率角及分形维数评价裂缝面的粗糙度，以表 6-1 中的粗糙度曲线为依据，以粗糙度曲线中 0.5 mm 处为起始点，间距叠加增量为 0.5 mm，终止步长为 10 mm，计算 19 个尺度的 PRI，即 $b_1,b_2,b_3,\cdots,b_{19}$ 依次取值为 0.489 mm，0.489×2 mm，0.489×3 mm，…，0.489×19 mm。借鉴断裂容量维（刘敬寿 等，2015b；付晓飞 等，2007）的定义，将 b_i 对数化，并进行曲线拟合，得到两个参数分别记为 C、PRI（图 6-11、表 6-2）。

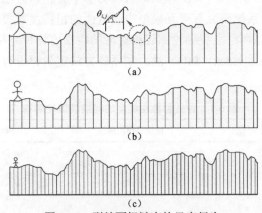

图 6-10　裂缝面粗糙度的尺度行为

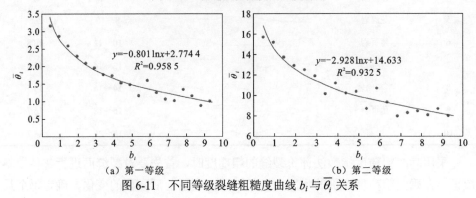

（a）第一等级　　　　　　　　（b）第二等级

图 6-11　不同等级裂缝粗糙度曲线 b_i 与 $\overline{\theta_i}$ 关系

表 6-2　标准裂缝粗糙度曲线评价参数

参数	标准裂缝粗糙度曲线									
	1	2	3	4	5	6	7	8	9	10
C	−0.801	−1.236	−1.364	−2.135	−1.715	−1.089	−1.644	−0.188	−2.423	−2.928
PRI	2.774	3.992	5.454	7.083	7.302	9.130	10.256	11.745	12.552	14.633
R^2	0.959	0.937	0.943	0.928	0.949	0.906	0.803	0.751	0.773	0.933

如图 6-12、表 6-2 所示，裂缝粗糙度参数 PRI 与 JRC 具有较好的相关性，说明 PRI 可以用来描述裂缝的三维形貌。由于裂缝面是呈三维形态的结构面，可将该指数推广到三维空间，采用该三维指标描述有限元模型中裂缝面的形貌特征，刻画不同尺度裂缝的粗糙度。

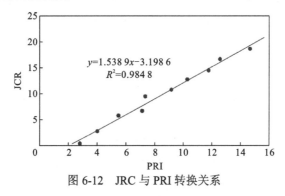

图 6-12　JRC 与 PRI 转换关系

采用不同尺度的模型对标准裂缝粗糙度曲线进行评价，得到每条裂缝面曲线 PRI，建立 PRI 与 JRC 的关系，从而建立适用于有限元模拟的裂缝面粗糙度评价数学模型，为后期模拟裂缝粗糙度对开度的影响奠定基础。

6.2.6　油藏裂缝开度多因素数值模拟

为系统建立油藏裂缝开度多因素约束的理论模型，并为后期裂缝性储层双孔双渗建模、裂缝动态参数预测提供理论基础，本小节将系统进行油藏裂缝开度多因素数值模拟，如图 6-13 所示，模拟的因素分为 6 个大类、16 个小类。

图 6-13 中，裂缝组合样式是指不同组系裂缝几何形态的总和；裂缝充填样式是指充填物的几何形态与分布规则，可分为随机充填、团簇充填、分层充填及分段充填等样式；充填物堆积方式是指充填矿物的排列结构，包括顺层充填、垂直充填等方式。

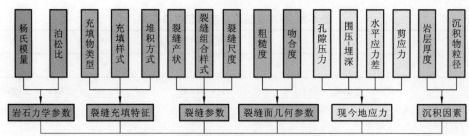

图 6-13　油藏裂缝开度多因素数值模拟方案

1. 岩石力学参数

在岩石力学参数研究中，主要考虑岩石的杨氏模量、泊松比对裂缝开度、闭合率的影响。其中，在岩石杨氏模量的模拟方案中，参考研究区低渗透储层的力学参数的分布范围，设定泊松比为 0.25、摩擦系数为 0.2，模拟的杨氏模量变化范围为 9～42 GPa；相邻两条裂缝的间距设置为 1 m。依据研究区现今地应力的大小，在有限元模型中施加垂直裂缝面的水平最大有效应力 35.53 MPa，施加平行裂缝走向的水平最小有效应力 27.04 MPa，垂向有效应力 45.95 MPa。为降低应力的边界效应，在水平主应力的对立面（A1 和 A2 面）施加对称约束条件，在底面施加 Z 方向的约束（图 6-14）。在应力加载过程中，通过编制计算机程序，设置在每次模拟中分 100 步调整不同正应力条件下对应的裂缝面的力学参数，实现裂缝面法向刚度和剪切刚度数值的自动调整。如图 6-15（a）所示，随着岩石杨氏模量的增大，裂缝平均开度增大，裂缝闭合率减少。在岩石泊松比的模拟方案中，依据长 6_3 层泊松比变化范围设定模拟的泊松比变化范围为 0.1～0.4，岩石杨氏模量为 27 GPa，摩擦系数为 0.2 不变，如图 6-15（b）所示，随着泊松比的增大，裂缝的平均开度减少，裂缝的闭合率呈线性增大。

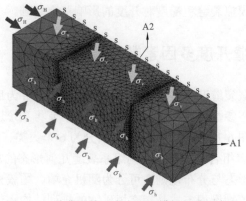

图 6-14　油藏裂缝开度有限元模拟的边界条件

符号 "S" 代表对称边界约束条件

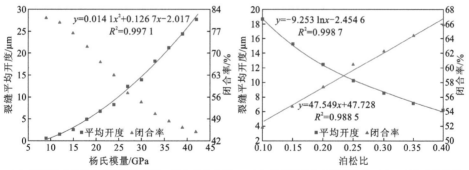

（a）岩石杨氏模量与裂缝平均开度、闭合率的关系　　（b）岩石泊松比与裂缝平均开度、闭合率的关系

图 6-15　岩石力学参数与裂缝平均开度、闭合率的关系

2. 现今地应力

结合表 5-3 所示的鄂尔多斯盆地南部地应力梯度大小，在垂向上每隔 100 m 模拟对应的裂缝开度、闭合率，边界条件与图 6-14 中条件相同，模拟过程中保持泊松比 0.25、杨氏模量 27 GPa 及摩擦系数 0.2 不变。如图 6-16 所示，模拟得到理论上不同深度的储层裂缝平均开度、闭合率；随着埋深的增大，裂缝的开度减小，裂缝的闭合率增大。元 284 先导试验区长 6_3 层的埋深大于 2 000 m，因此认为研究区目的层位裂缝的开度普遍小于 20 µm。

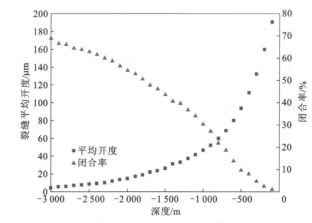

图 6-16　裂缝的开度与闭合率随深度的变化规律

在地应力差模拟方案中，初始边界条件同样与图 6-14 设置相同，模拟过程中保持泊松比 0.25、杨氏模量 27 GPa 及摩擦系数 0.2 不变，依据研究区现今水平主应力差的分布范围（见 5.3 节），设置模拟的应力差变化范围为 1~16 MPa，通过改变水平最大主应力的大小，进而改变水平主应力差的数值，模拟得到不同水平主应力差对应的储层裂缝的平均开度、闭合率。如图 6-17 所示，随着水平主

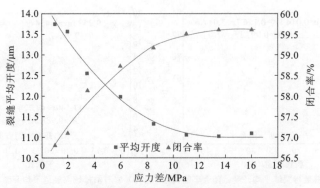

图 6-17　裂缝的开度、闭合率与地应力差的变化规律

应力差的增大，裂缝的开度减小，裂缝的闭合率增大；当地应力差大于 10 MPa 时，地应力差对裂缝平均开度、闭合率的影响逐渐减小。

3. 裂缝充填特征

通过野外及岩心裂缝观测，确定裂缝充填物的样式主要为三种类型。受计算机软件和硬件条件的限制，裂缝填充后需大幅度提高网格划分精度以反映当前裂缝开度分布频率，而当前计算机的运算能力仅能对小于 300 万个单元体的有限元模型实现快速计算。因此，将初始裂缝平均开度[图 6-7（b）]调整为 1.238 mm。由于充填物的力学参数难以通过实验直接确定，模拟中采用的岩石力学参数参考了叶金汉（1991）的测试结果（表 6-3）。通过模拟不同充填样式、充填物及充填率下裂缝的有效平均开度，来确定最有利于地下流体渗流的裂缝充填样式及充填率。模拟过程中应力边界条件与图 6-14 中条件相同，模拟过程中同样保持泊松比 0.25、杨氏模量 27 GPa 及摩擦系数 0.2 不变。

表 6-3　充填物力学参数赋值表

充填物	杨氏模量/GPa	泊松比	密度/（kg/m³）
钙质充填物	14.0	0.25	2 700
硅质充填物	41.0	0.20	2 658
泥质充填物	7.5	0.28	2 627

如图 6-18 所示，裂缝内的充填样式对裂缝平均开度的影响较大，其他条件相同的情况下，均匀型充填地下裂缝的平均有效开度最大。在均匀型充填样式中，当裂缝充填率为 12%～14%时，裂缝的平均有效开度最大；在条带型充填中，裂缝的充填率在 36%左右时，裂缝的平均有效开度最大；在团簇型充填中，裂缝的充填率在 26%左右时，裂缝的平均有效开度最大。在其他条件相同的情况下，不

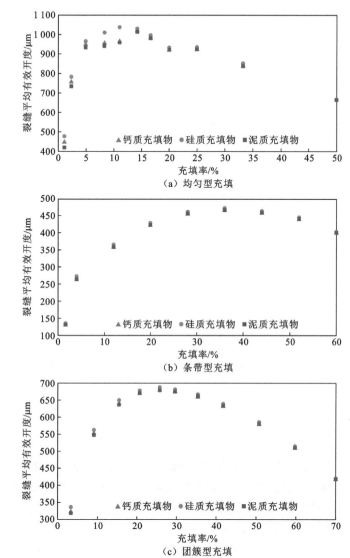

图 6-18　不同充填样式、充填物及充填率下裂缝的平均有效开度

同的充填物中硅质充填物的裂缝平均有效开度最大，其次为钙质充填物，而泥质充填物的裂缝平均有效开度最小。

4. 裂缝面特征

在裂缝面特征研究中，主要研究裂缝面摩擦系数、粗糙度对裂缝开度的影响。设定模拟过程中应力边界条件与图 6-14 中条件相同，泊松比为 0.25、杨氏模量为 27 GPa、摩擦系数为 0.2，裂缝间距为 1 m，如图 6-19 所示，相对于其他因素，裂缝面摩擦系数对裂缝开度的影响较小，当摩擦系数小于 0.15 时，随着摩擦系数的增大，裂缝开度略有增大，闭合率减小。当摩擦系数介于 0.15～0.25 时，裂缝的开度及闭合率基本不受摩擦系数的影响。当摩擦系数大于 0.25 时，随着摩擦系数的增大，裂缝开度略有增大，闭合率减小。在保持裂缝开度分布频率基本不变的条件下，将图 6-19 所示的开度平均值放大 2.5 倍，模拟裂缝面粗糙度对裂缝开度的影响。结果表明，随裂缝粗糙度的增大，裂缝的闭合率减少；而裂缝的平均开度呈两段式变化，当 JRC 小于 20 时，裂缝的开度基本保持不变，当 JRC 大于 20 时，裂缝的平均开度随裂缝面粗糙度的增大而增大。

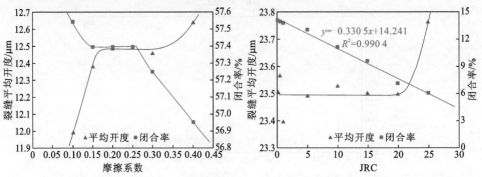

（a）裂缝面摩擦系数与裂缝开度、闭合率的关系　（b）裂缝面粗糙度与裂缝开度、闭合率的关系

图 6-19　裂缝面参数与裂缝开度、闭合率的关系

5. 裂缝初始开度与间距

裂缝的初始开度是指未充填的裂缝在不受正应力的条件下，裂缝面两壁机械开度的大小。设定岩石泊松比为 0.25、杨氏模量为 27 GPa、摩擦系数为 0.2，裂缝间距为 1 m，研究裂缝初始开度对油藏裂缝开度的影响。如图 6-20 所示，裂缝的初始开度对裂缝平均开度有较大影响，裂缝的初始开度越大，油藏裂缝平均开度越大，并且裂缝开度增加的幅度（斜率）随之增大。随着初始开度增大，裂缝的闭合率急剧减小；当裂缝的初始开度大于 1 200 μm 时，裂缝的闭合率降低的幅度逐渐减小，即裂缝的初始开度对油藏裂缝开度的影响逐渐减小。

通过对裂缝间距与裂缝开度的相关性分析，可以认识到选择适合的参数来表征裂缝发育程度的重要性，仅依赖单纯的裂缝密度来表征裂缝发育程度存在一定的局限性。

如图 6-21 所示，为系统研究裂缝间距对油藏裂缝开度的影响，设置模拟过程中应力边界条件与图 6-14 中条件相同，设定岩石泊松比 0.25、杨氏模量 27 GPa、摩擦系数 0.2 保持不变，通过改变裂缝间距，模拟裂缝密度对开度的影响，在不同裂缝间距的有限元模型中，单元体与节点的数目如表 6-4 所示。

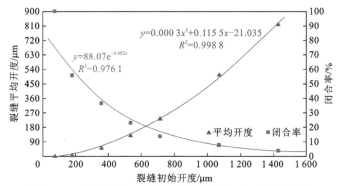

图 6-20　裂缝初始开度与裂缝平均开度、闭合率的关系

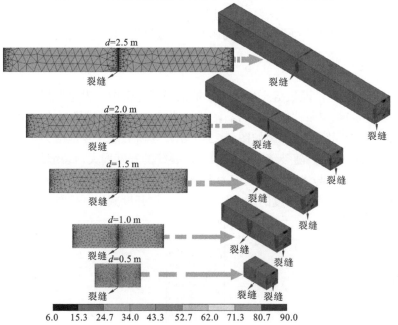

图 6-21　裂缝间距对裂缝开度影响的数值模拟方案

表 6-4　不同裂缝间距的有限元模型中单元体与节点的数目

项目	裂缝间距/m								
	0.50	0.80	1.00	1.25	1.50	1.75	2.00	2.25	2.50
单元体数目	2 158 432	1 022 961	855 828	811 445	792 260	795 197	819 266	878 320	1 461 090
节点数目	394 553	204 855	176 457	168 851	165 651	166 234	170 581	180 692	277 759

　　模拟结果显示（图 6-22），当其他因素不变，裂缝的间距小于 2.0 m 时，随着裂缝间距的增大，裂缝的开度增大，而裂缝的闭合率减小，即该阶段裂缝的开度与密

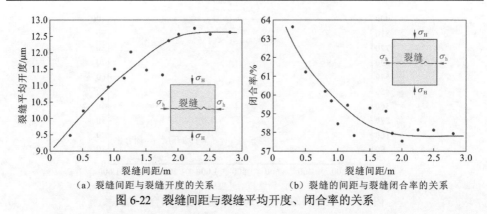

（a）裂缝间距与裂缝开度的关系　　　　　　（b）裂缝的间距与裂缝闭合率的关系

图 6-22　裂缝间距与裂缝平均开度、闭合率的关系

度呈负相关。基于研究区实际资料模拟发现，当裂缝的间距大于 2.0 m 时，地下裂缝的开度、闭合率基本不受裂缝间距的影响，即该阶段裂缝线密度与开度无相关性。

6. 裂缝产状

在裂缝产状对油藏裂缝平均开度影响的模拟方案中，设定模拟过程中应力边界条件与图 6-14 中条件相同，岩石泊松比为 0.25、杨氏模量为 27 GPa、摩擦系数为 0.2，裂缝间距为 1 m。如图 6-23 所示，在研究区现今地应力类型下（最大主应力为垂直方向），随裂缝倾角的增大，裂缝的开度增大，裂缝的闭合率减小。通过改变裂缝走向与水平最大主应力方向的夹角 β，研究裂缝走向对油藏裂缝平均开度的影响，随着 β 角度的增大，裂缝的平均开度减小，裂缝的闭合率增大。

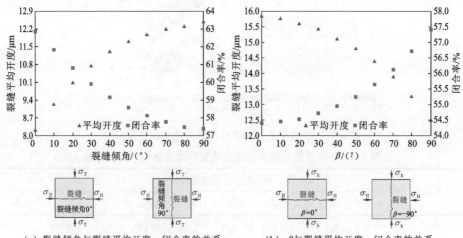

（a）裂缝倾角与裂缝平均开度、闭合率的关系　　　（b）β 与裂缝平均开度、闭合率的关系

图 6-23　裂缝倾角、β 与裂缝平均开度、闭合率的关系

裂缝产状对裂缝平均开度的影响，本质上可以看作是应力与裂缝之间夹角对开度的影响。岩石中广泛发育有各类型裂缝，它们是基底流体和相关热质运输的首选通道。

裂缝的开度评价在地质工程的各个方面都有着至关重要的应用，像二氧化碳封存、裂隙岩石中溶解污染物的分散、油气的勘探开发、地下水渗流等。成功的注水试验表明，裂缝渗透性对这些岩石中流体流动有显著影响，对注入能力和储集能力有积极影响。这包括与裂缝相关的次生孔隙和微裂缝增强的岩石基质内的连通性。岩石裂缝的一个重要性质是其孔径分布，它直接影响流体的流动和通过裂缝的输运特性。

6.2.7　裂缝开度分布预测

基于岩石破裂自相似性理论，在考虑裂缝面三维形貌的基础上，建立裂缝面有限元地质力学模型，提出现今地应力、岩石力学参数、裂缝产状、裂缝尺度、裂缝充填特征及裂缝面特征等多因素约束下的油藏裂缝开度理论计算模型，用于地下裂缝开度确定性建模。

结合地应力场数值模拟结果，利用模拟不同应力、应变状态下对应的油藏裂缝开度，结合岩石力学参数、裂缝密度、产状等参数与裂缝开度的关系，建立油藏裂缝开度的多因素预测理论数学模型，实现不同时期的油藏裂缝开度预测。如图 6-24 所示，燕山期与喜马拉雅期裂缝开度分布规律类似，但喜马拉雅期裂缝的开度普遍大于燕山期裂缝的开度，一方面与研究区现今地应力的方向有关，现今水平最大主应力方向与燕山期裂缝走向的夹角小于与喜马拉雅期裂缝走向的夹角；另一方面，燕山期裂缝密度普遍大于喜马拉雅期，而裂缝的间距与油藏裂缝开度呈负相关（<2.0 条/m）或无相关性（>2.0 条/m）（图 6-22）。对于不同层位，裂缝的开度低值区（小于 10 μm）主要分布在裂缝不发育区周围（图 6-24 中灰色区域），燕山期裂缝的开度集中分布在 10.0~12.5 μm，而喜马拉雅期裂缝的开度集中分布在 12.0~15.5 μm。在长 $6_3^{1\text{-}1\text{-}1}$ 层，庆平 15 井区、庆平 50 井区裂缝的

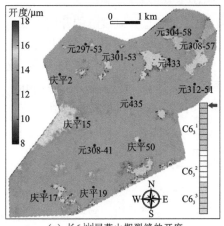
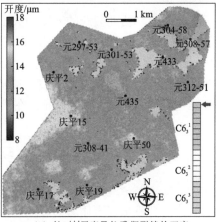

（a）长$6_3^{1\text{-}1\text{-}1}$层燕山期裂缝的开度　　　　　　（b）长$6_3^{1\text{-}1\text{-}1}$层喜马拉雅期裂缝的开度

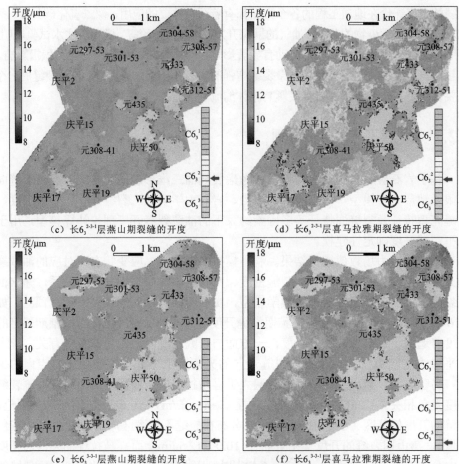

（c）长6₃²⁻³⁻¹层燕山期裂缝的开度　　　　　　　（d）长6₃²⁻³⁻¹层喜马拉雅期裂缝的开度

（e）长6₃³⁻³⁻¹层燕山期裂缝的开度　　　　　　　（f）长6₃³⁻³⁻¹层喜马拉雅期裂缝的开度

图6-24　不同时期、不同层位裂缝开度分布规律

开度为高值，两期裂缝的开度均大于 14 μm；北部直井区裂缝的开度为低值。在长 6_3^{2-3-1} 层，庆平 15 井区、庆平 19 井区的裂缝开度为高值，两期开度普遍大于 12 μm；在研究区东部，裂缝的开度为低值。在长 6_3^{3-3-1} 层，庆平 15 井区、元 435 井区及元 435 井区的裂缝开度为高值，燕山期裂缝的开度普遍大于 11 μm，喜马拉雅期裂缝的开度大于 13 μm；在研究区东南部，裂缝的开度为低值。

6.3　裂缝尺度评价

天然裂缝是致密储层的有效储集空间和主要渗流通道，致密储层中不同规模的裂缝间距及其所起的作用也不尽相同。但是，地下天然裂缝的开度或高度通常难以通过地震资料或者成像测井资料直接确定，这制约了储层裂缝表征、建模及成因机制分析。岩石力学层厚度与性质的变化使得天然裂缝呈现出不同的规模，即不同的裂缝可能具有不同的高度、开度和模式（Liu et al.，2022a；Samsu et al.，2020；Dashti et al.，2018；Healy et al.，2017；Laubach et al.，2009；Zeng et al.，2008；Ortega et al.，2006；Shackleton et al.，2005）。研究不同规模天然裂缝的分布特征，对深入认识不同规模裂缝的成因机制、有效性，以及揭示裂缝对低渗透储层的控制作用至关重要（Liu et al.，2023a；Laubach et al.，2019；Ukar et al.，2019；Gong et al.，2018；Milad and Slatt，2018；Gale et al.，2014）。根据裂缝特征可将裂缝分为大尺度裂缝、中尺度裂缝和小尺度裂缝三类（Cheng et al.，2022；Lee et al.，2000）：大尺度裂缝延伸长，可以利用地震数据准确确定其规模；中尺度裂缝通常难以通过常规地震资料准确确定，但可结合成像测井、岩心资料进行分析；小尺度裂缝通常延伸长度小，肉眼无法识别，但可以通过薄片观察、扫描电镜及CT 扫描等手段识别。天然裂缝的规模不同，它们在致密砂岩储层中所起的作用也不尽相同（Liu et al.，2023a，b；Laubach et al.，2019；Gong et al.，2018；Milad and Slatt，2018）。在油气生产实践中，大尺度裂缝影响油气的保存、注水开发、储层改造；中尺度裂缝控制致密储层的渗流系统；小尺度裂缝则起到储集作用（Liu et al.，2022a；Lyu et al.，2022；Dashti et al.，2018；Laubach et al.，2009）。

目前，对于油气藏中尺度较大、延伸长度达百米级以上的断层，在地震资料覆盖区，结合钻井资料、压裂开发资料，可以较为准确地确定裂缝的高度和开度（Fang et al.，2023；Bourbiaux et al.，2002；Lee et al.，2000）。裂缝开度一定程度上可以反映地下裂缝导流能力，常用来表征裂缝的规模，但是在地下环境中，裂缝开度受应力、孔隙压力、岩石力学性质及裂缝面粗糙度等诸多因素控制，通过裂缝开度揭示地下裂缝的尺度同样面临巨大的挑战（Liu et al.，2021；Deng et al.，2018；Olson，2007，2003）。因此，对于中-小尺度裂缝，基于成像测井、岩心和地震资料往往难以确定裂缝的规模（开度或高度相对大小），并且解释结果存在一定的多解性，很难有效、精确地表征裂缝规模（Cai et al.，2022；Lyu et al.，2022；Wu et al.，2019；Jia et al.，2016；Zhong et al.，2015）。基于断层距离约束所建立的离散裂缝网络模型，往往具有很大的随机性（Rao et al.，2022；Olorode et al.，2020；Moinfar et al.，2014，2013）。通过构造主曲率法可以实现与岩层形变有关的张裂缝分布预测，是一种以定性或半定量的方式对中-小尺度裂缝的分布进行预测的方法，难以精确定量识别裂缝各类参数，并且难以预测非褶皱成因的裂缝（Cheng et al.，2022；Gao，2013；Hunt et al.，2011；Shaban et al.，2011）。因此，对于地下裂缝，目前缺少一个真实、可靠的致密砂岩储层裂缝规模预测模型，以精细描述地下裂缝的尺度，这一直制约着地下裂缝表征和预测的发展。

本节利用吸水剖面形态与常规测井数据，计算单井同位素强度与测井自然伽马的比值大小，划分吸水剖面类型，发现裂缝的规模（开度、高度）与吸水剖面的高度、吸水强度的波动性密切相关。通过计算单井岩石力学参数，结合岩石内摩擦角与裂缝走向，确定研究区喜马拉雅期古应力的大小和方向。通过建立单井地质力学模型，模拟裂缝形成时期古应力、应变三维分布，建立构造裂缝规模的数据库模型；通过相关性分析，建立吸水剖面强度、厚度预测模型，最后预测构造裂缝规模的三维分布规律，并利用动态开发资料验证预测结果的可靠性。本节的研究成果对裂缝成因机制解释、地下裂缝规模表征、储层裂缝建模等多个方面有一定参考意义。

6.3.1 吸水剖面分类方案

受储层非均质性的影响，吸水剖面峰形呈箱状、钟状、漏斗状、钟状-漏斗状及漏斗状-钟状等多种形态；另外，构造裂缝的发育，尤其是大尺度裂缝的发育，导致吸水剖面峰型呈单峰状、双峰状和多峰状（图 6-25）。岩心观测结果表明，吸水剖面峰形的变化与裂缝的垂向高度密切相关，如果将裂缝空间形态看作是椭圆面或矩形，便可以利用初次吸水剖面（调剖前），分析影响裂缝尺度的因素，并建立裂缝的尺度信息预测数学模型。

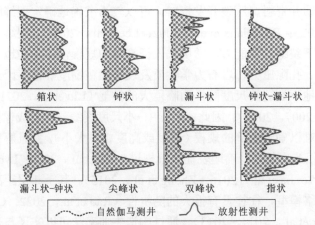

图 6-25　研究区不同吸水剖面的形态特征[据 Xiao 等（2019）修改]

图 6-26 中，放射性测井采用的同位素类型为 Ba^{131}，XXIT 为同位素强度。通过分析 XXIT/GR 与测井解释的渗透率 K 两个参数的相关性及 13 口井的取心观测资料，将吸水剖面分为三大类：小尺度裂缝吸水剖面、中尺度裂缝吸水剖面及大尺度裂缝吸水剖面（图 6-27～图 6-29）。

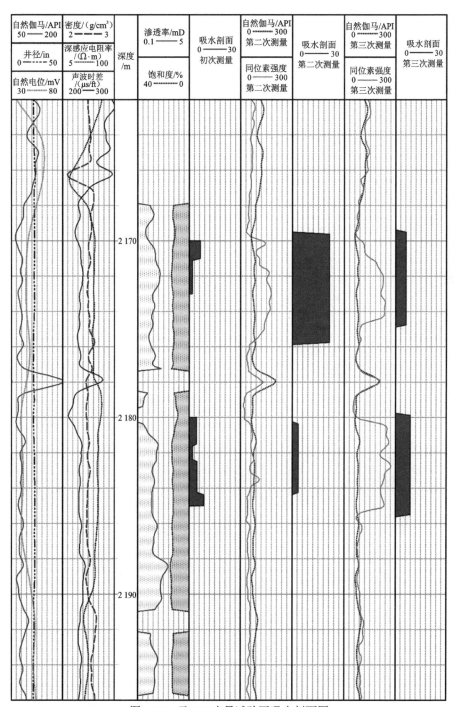

图 6-26　元 284 先导试验区吸水剖面图

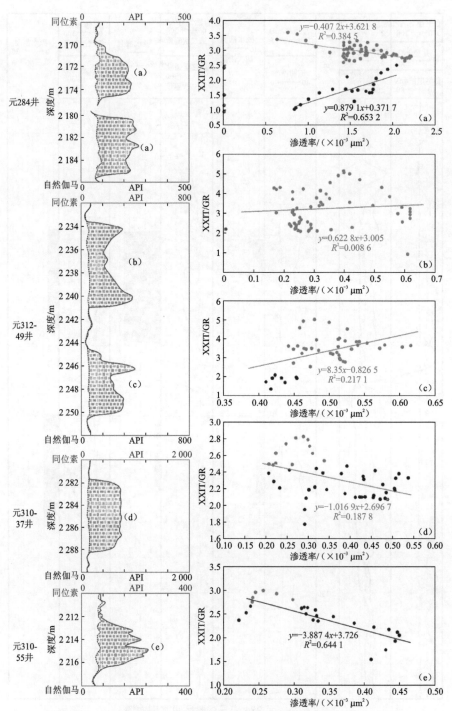

图 6-27 小尺度裂缝吸水剖面峰型、参数 XXIT/GR 与渗透率的关系

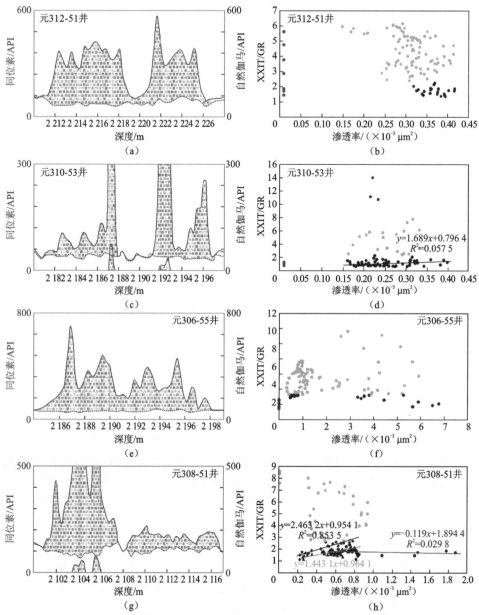

图6-28　中尺度裂缝吸水剖面峰型、参数 XXIT/GR 与渗透率 K 的关系

吸水剖面是油田开发过程中一项关键的动态监测资料，通过测量各层在注入同位素后的放射性强度，按放射性强度的比例反映各层的吸水量；采用 Ba[131] 同位素类型监测油气藏开发过程中吸水剖面的变化，通过计算单井同位素强度与测井自然伽马的比值，即 XXIT 与 GR 的比值（XXIT/GR），反映吸水剖面的强度。

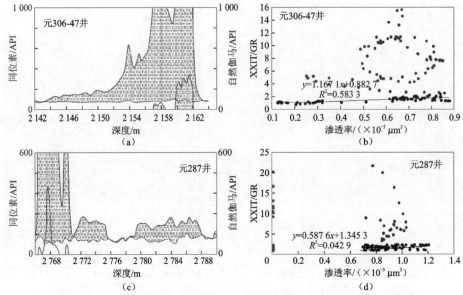

图 6-29　大尺度裂缝吸水剖面峰型、参数 XXIT/GR 与渗透率 K 的关系

如图 6-27 所示，小尺度裂缝吸水剖面中参数 XXIT/GR 小于 5，参数 XXIT/GR 与渗透率呈两段式变化[图 6-27（a）]、弱相关[图 6-27（b）]、正相关[图 6-27（c）]及负相关[图 6-27（d）、（e）]，图 6-27（a）、（d）和（e）可能与天然裂缝的发育有关。与岩心资料的对比结果表明，该类吸水剖面对应的天然裂缝高度上限为十几厘米（图 6-26）。

如图 6-28 所示，中尺度裂缝吸水剖面中，参数 XXIT/GR 小于 10；在泥岩中，存在 XXIT/GR 大于 3 的数据点。当 XXIT/GR 小于 3 时，参数 XXIT/GR 与 K 的关系与小尺度裂缝吸水剖面特征类似；当 XXIT/GR 大于 3 时，参数 XXIT/GR 与 K 基本无相关性，表明中等尺度的裂缝发育。岩心观测结果表明，裂缝在岩心的高度变化范围为 10～100 cm。

如图 6-29 所示，大尺度裂缝吸水剖面中，存在参数 XXIT/GR 大于 10 的数据点。当参数 XXIT/GR 小于 3 时，参数 XXIT/GR 与 K 的关系与小尺度裂缝吸水剖面特征相似；当参数 XXIT/GR 大于 3 时，参数 XXIT/GR 与 K 基本无相关性，表明大尺度的裂缝发育，且裂缝在岩心的高度变化范围大于 100 cm。因此可认为参数 XXIT/GR 的波动大小能反映裂缝的尺度信息。

6.3.2　裂缝尺度预测模型建立

结合裂缝形成时期的古应力场分布，以吸水剖面的峰型及参数 XXIT/GR 作为约束条件，建立裂缝尺度参数预测模型。如图 6-30 所示，利用测井力学参数解释结果，建立单井有限元几何模型[图 6-30（a）]，设置应力场模拟的垂向精度为 12.5 cm，使模拟结果与测井结果的精度相匹配。结合井周围的岩石力学参数分布[图 6-30（b）]，建立有限元地质力学非均质模型[图 6-30（c）和（d）]，通过确定边界应力场，获取单井的精细应力场信息（图 6-30）。研究区的有效裂缝主要在喜马拉雅期形成，利用式（6-6）和式（6-7）反演该时期的边界应力条件，基于有限元数值模拟方法，计算研究区应力大小。如图 6-30 所示，研究区喜马拉雅期最小主应力介于 24～44 MPa，最大主应力介于 60～130 MPa；在砂体附近应力为高值，垂向应力几乎没有变化，而水平应力差在砂体附近应力为高值，介于 85～90 MPa，泥岩处应力为低值，介于 40～55 MPa。

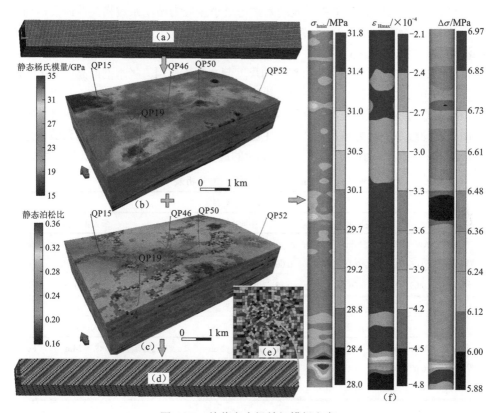

图 6-30　单井应力场精细模拟方案

利用单井应力、应变信息，结合参数 XXIT/GR 及单井岩石力学分布，进行多因素相关性分析，建立裂缝尺度预测数学模型。参数 XXIT/GR 的波动系数能够反映裂缝尺度信息，同时也能反映吸水的强度。参数的波动系数定义为

$$X_{coe} = \sum_{i=1}^{m} \left(\frac{C_i}{C_{aver}} - 1 \right)^2 \qquad (6\text{-}22)$$

式中：X_{coe} 为参数的波动系数；C_i 为该参数的第 i 个数据值；m 为该参数对应数据的数目；C_{aver} 为该参数所有数据的平均值。

结合不同井区动态开发数据、单井裂缝识别结果，分别统计每口井吸水剖面的高度、参数 XXIT/GR 的波动系数，并分析这两个参数与最小主应力、中间主应力、最大主应力、最小主应变、中间主应变、最大主应力、杨氏模量、泊松比、应变能、水平主应力差及垂向主应力差的相关性，在这 11 个一类参数中（表 6-5），获取对应参数的平均值、最小值、最大值及波动系数，提取 44 个二类参数（表 6-5）对应的数据，利用 SPSS 软件分析参数之间的相关性，结果如图 6-31、表 6-5 所示。分析结果表明，参数 XXIT/GR 的波动系数与最小主应力波动系数相关性最大，为线性正相关，拟合系数达 0.845 1[图 6-31（a）]；最小主应力的最小值与参数 XXIT/GR 的波动系数相关性次之，为线性负相关，拟合系数达 0.456 2[图 6-31（b）]，表明模拟单元最小主应力的最小值对裂缝的尺度起决定性作用。吸水剖面高度与多个参数存在弱相关性，与应变能最小值为线性正相关，拟合系数为 0.295 7；与最小主应变波动系数为线性正相关，拟合系数为 0.315 5[图 6-31（c）和（d）]；另外，吸水剖面高度与最小主应力最大值，最小主应力波动系数，中间主应变波动系数，最大主应变的最大值、最小值、平均值及应变能的最大值、平均值存在弱相关性（表 6-5）。

表 6-5　变量的相关性分析表

项目	一类参数											
	最小主应力				中间主应力				最大主应力			
二类参数	Aver	Max	Min	Fc	Aver	Max	Min	Fc	Aver	Max	Min	Fc
厚度/m	-0.06	0.55**	-0.35	0.59**	-0.06	0.02	-0.30	0.36	0.07	0.32	0	0.35
XCoe	-0.09	0.77**	0.56**	0.83**	-0.15	-0.01	-0.15	0.37	0.36	0.50*	-0.18	0.52**

项目	一类参数											
	最小主应变				中间主应变				最大主应变			
二类参数	Aver	Max	Min	Fc	Aver	Max	Min	Fc	Aver	Max	Min	Fc
厚度/m	-0.07	-0.07	-0.28	0.53**	0.08	0.18	-0.19	0.58**	0.54**	0.46*	0.57**	0.23
XCoe	0.05	0.13	-0.07	0.53**	0	0.18	-0.26	0.57**	0.14	0.09	0.18	0.30

项目	一类参数											
	杨氏模量				泊松比				应变能			
二类参数	Aver	Max	Min	Fc	Aver	Max	Min	Fc	Aver	Max	Min	Fc
厚度/m	-0.17	0.01	-0.13	0.38*	-0.46*	-0.24	-0.44*	0.36	0.50*	0.52**	0.56**	0.35
XCoe	0.17	0.24	0.12	0.37*	-0.08	0.07	-0.13	0.25	0.13	0.18	0.14	0.434*

续表

一类参数	水平主应力差				垂向主应力差			
二类参数	Aver	Max	Min	Fc	Aver	Max	Min	Fc
厚度/m	0.14	0.36	-0.14	0.46*	0.05	0.24	-0.09	0.32
XCoe	0.40*	0.60**	-0.24	0.62**	0.40*	0.38*	-0.29	0.53**

注：**表示在置信度（双侧）为 0.01 时，相关性是显著的；*表示在置信度（双侧）为 0.05 时，相关性是显著的；Aver：单井段内参数的平均值；Max：单井段内参数的最大值；Min：单井段内参数的最大值；Fc：单井段内参数的波动系数

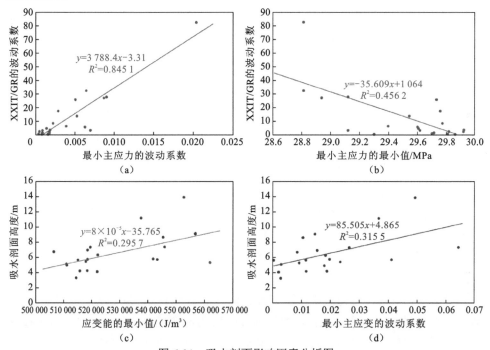

图 6-31　吸水剖面影响因素分析图

采用逐步回归的方法，建立吸水剖面的高度、裂缝尺度（参数 XXIT/GR 的波动系数、吸水强度）预测模型。在吸水剖面强度的预测模型构建中，选用 F 分布进行变量的筛选与剔除，设置变量进入模型的阈值为 0.05，剔除阈值为 0.1。在预测数学模型中，通常变量的数目越多，预测的结果越可靠，但也会导致后期平面预测工作量加大。结合变量数目与拟合系数的相关性，如图 6-32（a）所示，在吸水剖面强度预测模型中，选择 3 参数预测模型（式 6-23）；如图 6-32（b）所示，在吸水剖面厚度预测模型中，选择 8 参数预测模型（式 6-24）。

裂缝尺度预测数学模型可以表示为

$$Y_1 = 592.520 + 6\,269.236X_1 - 22.572X_2 + 3.899X_3 \tag{6-23}$$

式中：Y_1 为参数 XXIT/GR 的波动系数，该参数可以反映裂缝的尺度信息及吸水剖面强度，数值越大代表裂缝尺度越大，数值越小代表裂缝尺度越小；X_1 为最小主应力波动系数，量纲为 1；X_2 为最小主应力最大值，MPa；X_3 为杨氏模量最小值，MPa。$X_1 \sim X_3$ 的排序依据参数的逐步迭代次序排列。该式拟合系数 R^2 为 0.94。

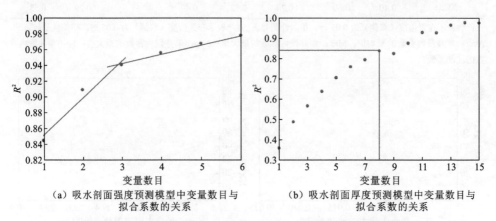

（a）吸水剖面强度预测模型中变量数目与
拟合系数的关系

（b）吸水剖面厚度预测模型中变量数目与
拟合系数的关系

图 6-32　吸水剖面强度、厚度预测模型中变量数目的确定依据

吸水剖面厚度预测数学模型可以表示为

$$Y_2 = -257.488 + 12\,688.330X_1 + 53.608X_2 + 7.937X_3 + 2.705X_4$$
$$- 20\,623.7X_5 - 3.808X_6 - 13\,684.9X_7 + 9.973 \times 10^{-5}X_8 \tag{6-24}$$

式中：Y_2 为吸水剖面的厚度，m；X_1 为最大主应变最小值，量纲为 1；X_2 为最小主应变波动系数，量纲为 1；X_3 为杨氏模量波动系数，量纲为 1；X_4 为水平主应力差最大值，MPa；X_5 为最小主应变最大值，量纲为 1；X_6 为中间主应力最小值，MPa；X_7 为最大主应变最大值，量纲为 1；X_8 为应变能最大值，J/m^3。$X_1 \sim X_8$ 的排序依据参数的逐步迭代次序排列。该式拟合系数 R^2 为 0.84。

6.3.3　裂缝尺度（吸水剖面波动系数）的分布预测

在模拟中，将三套砂体视为相对独立的渗流单元，利用吸水剖面厚度及裂缝尺度（XXIT/GR 的波动系数）预测模型，得到三套砂体的初次吸水剖面结果。如图 6-33 所示，在长 6_3^1 层，研究区的西缘、庆平 15 井区及庆平 17 井区，初次吸水剖面厚度大于 13 m，在研究区东部和北部的直井区，吸水剖面的厚度为低值，小于 11 m。在长 6_3^2 层，吸水剖面厚度变化较为均匀，在中部庆平 15 井区、元 435 井区附近，初次吸水剖面厚度大于 11 m，在东部、东南部的庆平 50 井区、元 312-51 井区，吸水剖面厚度为低值，小于 9 m。在长 6_3^3 层，吸水剖面的厚度变化

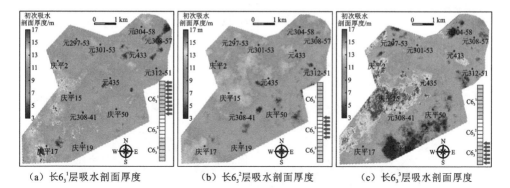

（a）长6₃¹层吸水剖面厚度　　　（b）长6₃²层吸水剖面厚度　　　（c）长6₃³层吸水剖面厚度

图 6-33　不同层位吸水剖面厚度三维分布

大，在中部西缘庆平 15 井区，初次吸水剖面厚度大于 14 m，在东南部，吸水剖面厚度为低值，小于 7 m。

如图 6-34 所示，在长 6₃³ 层，最小主应力波动系数高值区呈零星分布，不同层之间差异性显著，元 308-41 井区、庆平 2 井区、元 304-58 井区等地区为高值，数值大于 0.014；在庆平 50 井区、元 301-53 井区为低值，数值小于 0.008[图 6-34（a）]。研究区单井的最小主应力的最大值总体在中西部、元 433 井区为高值，大于31.7 MPa，在研究区的南部、东部为低值，低于 30.3 MPa[图 6-34（b）]。研究区岩石杨氏模量的最大值主要分布在庆平 15 井区、庆平 17 井区及元 435 井区，大于 23 GPa；在研究区的南部为低值，小于 21.5 GPa[图 6-34（c）]。裂缝尺度参数的高值区总体呈零星分布，在元 297-53 井区、元 308-57 井区及元 308-41 井区等区域为高值，大于 28；在庆平 15 井区附近为低值，小于 10[图 6-34（d）]。

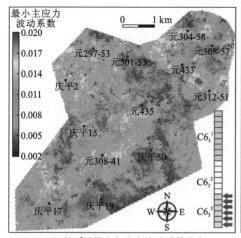

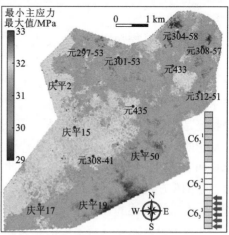

（a）长6₃³层最小主应力波动系数分布　　　　（b）长6₃³层最小主应力最大值分布

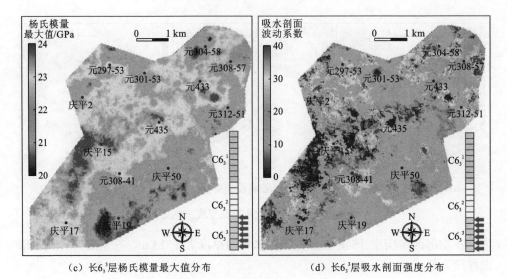

(c) 长6₃³层杨氏模量最大值分布　　　　　　(d) 长6₃³层吸水剖面强度分布

图6-34　裂缝尺度预测模型相关参数三维分布规律

　　综上所述，本节提出了一种基于地质力学模型与油藏动态数据预测地下裂缝尺度的方法。通过计算单井同位素强度与测井自然伽马的比值（**XXIT/GR**），划分吸水剖面类型，判别裂缝的尺度。通过计算单井岩石力学参数，结合岩石内摩擦角与裂缝走向，预测裂缝形成时期的古应力大小。基于裂缝开度、高度与地质力学参数的相关性分析，建立构造裂缝高度、开度预测数据库模型。

6.4　裂缝性储层双孔双渗建模

　　大量油气勘探和开发实践表明，致密低渗透砂岩储层是我国陆相沉积盆地中一种重要的油气储集层类型，广泛分布在我国陆上各主要含油气盆地中，油气资源十分丰富，是中国陆上油气增储上产的主要对象和油气勘探开发的重要领域。鄂尔多斯盆地是我国致密低渗透砂岩油气储层的重要分布区域，这类储集层的典型特征是：储层致密、低孔低渗、成岩作用和储集层非均质性强烈。受多期构造运动影响，中国盆地的内部储层中广泛发育有不同期次的构造裂缝，流体存在于基质和裂缝两个相互连接的系统中。此外，裂缝在油井周围的发育程度直接影响着油井的生产能力，是控制油气富集和产能的主要因素，也影响着油藏开发方案部署。有效地描述和预测裂缝分布，准确建立双孔双渗地质模型，对提高裂缝性油气田勘探开发水平具有重要的意义。基于裂缝开度与密度的理论关系研究表明，裂缝密度与开度呈反比例关系，单独采用密度或开度来表征裂缝发育程度都存在一定的局限性。因此，尽管裂缝孔隙度数值低，但其仍可作为裂缝发育程度的一个判别指标。

目前，有限元应力场数值模拟方法被广泛地、有效地应用在古今应力场数值模拟、储层裂缝及低序级断层预测中，该方法考虑了岩石破裂时期的应力、应变、岩石力学性质及岩石破裂条件。裂缝性致密砂岩储层的应力敏感性本质上是裂缝开度的敏感性，但并非所有的裂缝都具有应力敏感性，这与裂缝本身的几何特征有关（Laubach et al.，2004）。裂缝性储层的双孔双渗建模是一个与时间有关的动态四维建模过程。高分辨率 CT 扫描技术与有限元、离散元软件的发展形成了目前物理实验（van Stappen et al.，2018；Yang et al.，2017）与数值模拟（Liang et al.，2016）两种裂缝应力敏感性主流评价方法。国内外学者侧重于通过岩石实验分析裂缝储层的应力敏感性，对储层裂缝应力敏感性的研究侧重"点""线"层面，基于已有的开发资料，考虑开发过程中岩石力学参数的变化，而在实现储层孔渗参数四维建模方面尚未开展深入研究。

6.4.1　裂缝孔渗参数计算模型

在前期地应力场数值模拟及裂缝开度预测模型的基础上，本小节开展裂缝性致密砂岩储层双孔双渗四维建模研究。以中国鄂尔多斯盆地为例，系统阐述裂缝性致密砂岩储层双孔双渗四维建模方法。基于岩心孔渗实验，结合常规测井资料，建立储层基质孔渗预测模型，建立储层基质孔隙度、渗透率分布模型。油藏开发初期裂缝孔隙度、渗透率建模是在储层古今应力场数值模拟的基础上完成的。首先，通过古应力场模拟和岩石破裂准则预测不同时期形成的裂缝的密度；之后，通过现今应力场数值模拟，结合岩石力学特征、裂缝面力学特征及裂缝密度和产状预测不同组系裂缝的开度；结合裂缝开度、密度分布预测裂缝的孔渗参数平面分布。开发过程中，裂缝孔渗参数动态预测是在岩石变孔隙压力物理实验的基础上，明确孔隙压力与岩石力学参数变化规律，预测开发过程中地应力变化规律，进而得到油藏开发过程中裂缝开度的三维变化规律，实现裂缝性储层孔隙度、渗透率四维建模。

1. 裂缝孔隙度计算模型

依据裂缝孔隙度的定义，单组裂缝孔隙度可以表示为

$$\varphi_f = bD_{vf} \times 100\% \tag{6-25}$$

当单元体内发育多组裂缝时，裂缝孔隙度计算模型表示为

$$\varphi_{fz} = \sum_i^m b_i D_{vfi} \times 100\% \tag{6-26}$$

考虑矿物充填后，裂缝的孔隙度计算公式为

$$\varphi_{fm} = (1-C) \sum_i^m b_{mi} D_{vfi} \times 100\% \tag{6-27}$$

式中：m 为裂缝的组数；b_i 为第 i 组裂缝的开度，m；C 为裂缝的充填率；b_{mi} 为第 i 组矿物充填后的裂缝开度，m；D_{vfi} 为第 i 组裂缝的体密度，m^2/m^3；φ_f 为单组裂缝孔隙度，%；φ_{fz} 为裂缝总孔隙度，%；φ_{fm} 为矿物充填后的裂缝孔隙度，%。

2. 裂缝渗透率张量计算模型

地下每组裂缝的开度、密度及产状均不同，不同的学者提出了不同的裂缝渗透率预测模型（刘敬寿 等，2015b；冯阵东 等，2011a，b；刘月田 等，2011），但数学模型要么无法输出平面渗透率主值大小和方向，要么没有考虑裂缝三维分布的差异性。如图 6-35 所示，本书采用双动态坐标系建立三维裂缝渗透率的几何模型，通过计算机编程，实现三维裂缝渗透率张量的定量预测。

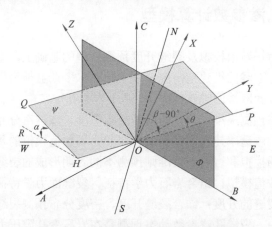

图 6-35 多组裂缝渗透率计算几何模型

设裂缝面 Φ 的倾角为 δ，倾向为 ω。在 $O\text{-}ABC$ 坐标系（动态坐标系 I）中，三个坐标轴的地质含义如下：OA 轴为裂缝面垂线方向，OB 轴为裂缝的走向线方向，OC 轴在裂缝面内，垂直于 OA 和 OC 轴。设任意渗流面 ψ 的倾角为 α，倾向为 β，其单位法向矢量为 m；以渗流面 ψ 为基准建立坐标系（$O\text{-}XYZ$，动态坐标系 II）。其中，OX 轴为渗流面 ψ 的法线方向，OY 轴、OZ 轴位于渗流面 ψ 内，OP 为渗流面 ψ 的走向线，HQ 为渗流面 ψ 的倾斜线，HR 为渗流面 ψ 倾斜线的水平投影；线 OS、ON、OE、OW、HR、OH、OP、OB 均位于水平面内，定义 θ 为渗

流面 ψ 内 OY 轴与 OP 轴的夹角，通过调整 α、β 及 θ 的大小，可以求取裂缝在不同方向上的渗透率大小。

在已知裂缝线密度、地下实际开度的基础上，单组裂缝的平行渗透率 K 可以表示为

$$K = \frac{b^3 D_{lf}}{12} \tag{6-28}$$

式中：b 为裂缝的现今地下实际开度，m；D_{lf} 为单组裂缝的线密度，条/m。

设第 i 条裂缝的渗透率张量表示为 $\boldsymbol{K}$，则其在动态坐标系 II 中的表达式可表示为

$$\boldsymbol{K} = (X, Y, Z)\boldsymbol{K}_{XYZi} \begin{bmatrix} X \\ Y \\ Z \end{bmatrix} \tag{6-29}$$

同理，渗透率张量 $\boldsymbol{K}$ 在动态坐标系 I 中的表达式可表示为

$$\boldsymbol{K} = (A, B, C)\boldsymbol{K}_{ABC} \begin{bmatrix} A \\ B \\ C \end{bmatrix} \tag{6-30}$$

OA 轴在大地坐标系中的三个分量为

$$\begin{cases} a = \sin\delta\sin\omega \\ b = \sin\delta\cos\omega \\ c = \cos\delta \end{cases} \tag{6-31}$$

OX 轴在大地坐标系中的三个分量为

$$\begin{cases} e = \sin\alpha\sin\beta \\ f = \sin\alpha\cos\beta \\ g = \cos\alpha \end{cases} \tag{6-32}$$

裂缝渗透率张量 $\boldsymbol{K}$ 在动态坐标系 I 中的表达式可表示为

$$\begin{bmatrix} A \\ B \\ C \end{bmatrix} = \begin{bmatrix} a & b & c \\ b & -a & 0 \\ -ac & -bc & \sin^2\delta \end{bmatrix} \tag{6-33}$$

同理，裂缝渗透率张量 $\boldsymbol{K}$ 在动态坐标系 II 中的表达式可表示为

$$\begin{bmatrix} X \\ Y \\ Z \end{bmatrix} = \begin{bmatrix} e & f & g \\ f\cos\theta - eg\sin\theta & -fg\sin\theta - e\cos\theta & \sin^2\alpha\sin\theta \\ -eg\cos\theta - f\sin\theta & e\sin\theta - fg\cos\theta & \sin^2\alpha\cos\theta \end{bmatrix} \tag{6-34}$$

在动态坐标系 I 中，定义单组裂缝的渗透率张量 $\boldsymbol{K}_{ABC}$ 为

$$K_{ABC} = \begin{bmatrix} 0 & 0 & 0 \\ 0 & K & 0 \\ 0 & 0 & K \end{bmatrix} \tag{6-35}$$

由式（6-33）～式（6-35）可以得到

$$K_{XYZi} = TK_{ABC}T^{T} \tag{6-36}$$

其中，动态坐标系 I 转换为动态坐标系 II 的旋转矩阵 T 可表示为

$$T = \begin{bmatrix} m_{11} & m_{12} & m_{13} \\ m_{21} & m_{22} & m_{23} \\ m_{31} & m_{32} & m_{33} \end{bmatrix} \tag{6-37}$$

式（6-37）的旋转矩阵 T 中各参数的表达式分别表示为

$$\begin{cases} m_{11} = ae + bf + cg \\ m_{12} = \dfrac{be - af}{\sin\delta} \\ m_{13} = \dfrac{-ace - bcf + g\sin^2\delta}{\sin\delta} \\ m_{21} = \dfrac{af\cos\theta - aeg\sin\theta - bfg\sin\theta - be\cos\theta + c\sin^2\alpha\sin\theta}{\sin\alpha} \\ m_{22} = \dfrac{bf\cos\theta - beg\sin\theta + afg\sin\theta + ae\cos\theta}{\sin\delta\sin\alpha} \\ m_{23} = \dfrac{-acf\cos\theta + aceg\sin\theta + befg\sin\theta + bce\cos\theta + \sin^2\delta\sin^2\alpha\sin\theta}{\sin\delta\sin\alpha} \\ m_{31} = \dfrac{-af\sin\theta - aeg\cos\theta + be\sin\theta - bfg\cos\theta + c\sin^2\alpha\cos\theta}{\sin\alpha} \\ m_{32} = \dfrac{-bf\sin\theta - beg\cos\theta - ae\sin\theta + afg\cos\theta}{\sin\delta\sin\alpha} \\ m_{33} = \dfrac{acf\sin\theta + aceg\cos\theta - bce\sin\theta + bcfg\cos\theta + \sin^2\delta\sin^2\alpha\cos\theta}{\sin\delta\sin\alpha} \end{cases} \tag{6-38}$$

在动态坐标系 II 中，单元体内每组（每条）裂缝的渗透率张量 K_{XYZi} 可表示为

$$K_{XYZi} = K \begin{bmatrix} m_{12}^2 + m_{13}^2 & m_{12}m_{22} + m_{13}m_{23} & m_{12}m_{32} + m_{13}m_{33} \\ m_{12}m_{22} + m_{13}m_{23} & m_{22}^2 + m_{23}^2 & m_{22}m_{32} + m_{23}m_{33} \\ m_{12}m_{32} + m_{13}m_{33} & m_{22}m_{32} + m_{23}m_{33} & m_{32}^2 + m_{33}^2 \end{bmatrix} \tag{6-39}$$

依据式（6-36）、式（6-37）及式（6-39），多组裂缝发育时对应的渗透率张量 K_{XYZ} 可表示为

$$K_{XYZ} = \sum_{i=1}^{k} K_{XYZi}T_i \tag{6-40}$$

式中：k 为单元体内裂缝的组数；b_i 为第 i 组裂缝的开度，m；T_i 为第 i 组裂缝在动态坐标系 I 的坐标轴分量转换为动态坐标系 II 的坐标轴分量时对应的旋转矩阵；D_{lfi} 为第 i 组裂缝的线密度，条/m。

利用式（6-27）～式（6-40）推导的数学算法，通过 Visual C++ 6.0 编制相应的计算机程序，通过循环迭代变量 α（渗流面 ψ 的倾角）、β（渗流面 ψ 的倾向）及 θ（OY 轴与 OP 轴的夹角），求取不同方向的渗透率主值。其中，α 范围为 $0° \sim 90°$，β 的范围为 $0° \sim 360°$，θ 的范围为 $0° \sim 90°$。根据计算精度需求，设置循环迭代步长 Δsp（取值 5°、2°、1°、0.5°、0.2°、0.1° 等），将 α、β、θ 逐次累加 Δsp。在本书中，Δsp 取 0.2°。利用式（6-27）～式（6-40），计算坐标系（$O\text{-}XYZ$）不同的 α、β、θ 对应的 $K_{XX\alpha\beta\theta}$（X 方向渗透率主值）、$K_{YY\alpha\beta\theta}$（Y 方向渗透率主值）、$K_{ZZ\alpha\beta\theta}$（Z 方向渗透率主值）。通过计算机编程筛选，确定水平面中最大渗透率主值的大小和方向。

6.4.2　储层双孔双渗建模结果

1. 基质孔隙度分布

目前储层裂缝参数的描述及预测主要侧重于油田开发初期裂缝的静态参数，在注水开发过程中，由于岩石基质的渗透性较差，注入流体不易在井底扩散，导致地层能量补给困难，地层压力快速下降，裂缝面受到的有效应力增大，进而导致裂缝开度、孔隙度和渗透率下降。岩心孔隙度测试结果与测井结果对比显示，密度测井曲线与孔隙度吻合结果较好。通过采用最小二乘法拟合，得到岩石密度与岩心分析的基质孔隙度的函数，将其作为本次测井解释基质孔隙度的数学模型，模型的表达式为

$$POR_D = 96.04 - 36.82 \times DEN \tag{6-41}$$

式中：POR_D 为密度孔隙度，%；DEN 为密度测井解释结果，g/cm^3；其中，拟合数据点数为 3 470，拟合系数 $R^2 = 0.945$。

在单井基质孔隙度解释的基础上，利用 Petrel 软件中的储层孔渗建模算法和流程建立研究区基质孔隙度分布模型。如图 6-36 所示，测井解释的孔隙度分布在 4%～13%，长 $6_3^{1\text{-}1\text{-}1}$ 层中，庆平 2 井区、元 312-51 井区及庆平 19 井区储层的孔隙度为高值大于 10%；在元 297-53 井区、庆平 50 井区东南部储层的孔隙度为低值，小于 7%。在长 $6_3^{1\text{-}2\text{-}1}$ 层中，储层基质的孔隙度总体为高值，普遍大于 9%，这两层也是目前主要的开发层位。

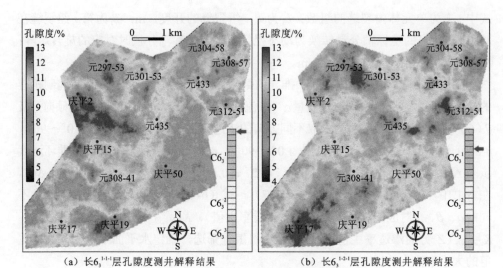

图 6-36　不同层位的储层孔隙度测井解释结果

2. 基质渗透率分布

为提高储层渗透率的计算精度，本书采用分区块模拟的方法，按照孔渗曲线的变化特征归类划分小区后，储层的孔隙度和渗透率变化幅度范围均减小，规律性极大增强，这对减少测井解释储层渗透率参数误差十分有利。细分井区后，储层孔隙度与渗透率的拟合系数 R^2 均在 74% 以上，故以此拟合函数作为各小区渗透率的计算模型。元 430 井区～元 432 井区所建的数学模型如下。

$$\text{PERM} = 0.001\,78\text{e}^{0.423\text{POR}} \tag{6-42}$$

该式拟合数据点的数目为 971，$R^2 = 0.749$。

元 292～元 416 井区的数学模型如下。

$$\text{PERM} = 0.016\,9\text{e}^{0.236\text{POR}} \tag{6-43}$$

该式拟合数据点的数目为 336，$R^2 = 0.834$。

元 433～元 435 井区的数学模型如下。

$$\text{PERM} = 0.005\,58\text{e}^{0.295\text{POR}} \tag{6-44}$$

该式拟合数据点的数目为 450，$R^2 = 0.82$。

依据上述方法，分别建立不同区块的基质渗透率预测模型，实现不同层位、不同井区渗透率预测。如图 6-37 所示，通过模拟得到不同层位的储层渗透率分布。总体而言，长 6_3^1 层渗透率高值区（$>0.2 \times 10^{-3}\ \mu\text{m}^2$）分布范围最广，其次为长 6_3^2 层，长 6_3^3 层分布范围最小，仅在研究区西南缘为高值（$>0.2 \times 10^{-3}\ \mu\text{m}^2$）。在垂向上，自上而下，储层的渗透率整体有变差的趋势。

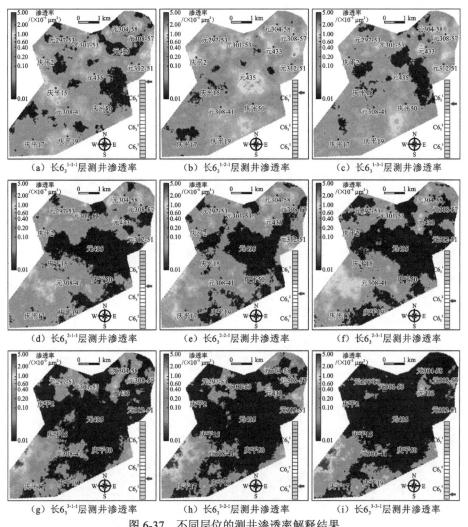

图 6-37　不同层位的测井渗透率解释结果

3. 裂缝孔隙度分布

根据式（6-25）～式（6-27）计算得到不同时期裂缝的孔隙度。如图 6-38 所示，裂缝对总孔隙度贡献很小。其中，燕山期裂缝的孔隙度明显大于喜马拉雅期，燕山期裂缝孔隙度介于 $0～5×10^{-3}\%$，喜马拉雅期裂缝孔隙度介于 $0～2×10^{-3}\%$，这可能与燕山期裂缝密度高有关。如图 6-39 所示，不同层位的裂缝总孔隙度差异很大，裂缝的总孔隙度介于 $0～8×10^{-3}\%$。在长 6_3^1 层中，长 6_3^{1-1} 层、长 6_3^{1-2} 层、长 6_3^{1-3} 层裂缝的孔隙度分布规律相似，存在长 6_3^{1-1} 层＞长 6_3^{1-2} 层＞长 6_3^{1-3} 层的规律，庆平 15 井区是裂缝孔隙度发育的高值区，孔隙度大于 $3.5×10^{-3}\%$。在长 6_3^2 层中，裂

缝的孔隙度存在长 $6_3^{2\text{-}1}$ 层>长 $6_3^{2\text{-}3}$ 层>长 $6_3^{2\text{-}2}$ 层的规律，庆平 15 井区、庆平 17 井南部是裂缝孔隙度发育的高值区。在长 6_3^3 层中，长 $6_3^{3\text{-}1}$ 层、长 $6_3^{3\text{-}2}$ 层、长 $6_3^{3\text{-}3}$ 层裂缝孔隙度分布规律存在较大差异，存在长 $6_3^{3\text{-}3}$ 层>长 $6_3^{3\text{-}1}$ 层>长 $6_3^{3\text{-}2}$ 层的规律；在庆平 2 井区~庆平 15 井及其南部，裂缝孔隙度为高值，孔隙度大于 $4\times10^{-3}\%$。

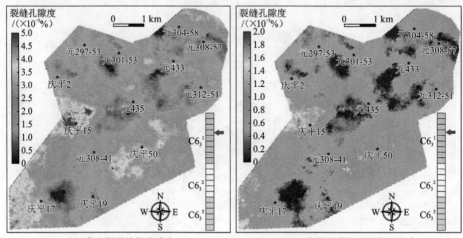

（a）燕山期裂缝的孔隙度　　　　（b）喜马拉雅期裂缝的孔隙度

图 6-38　不同组系裂缝孔隙度三维分布

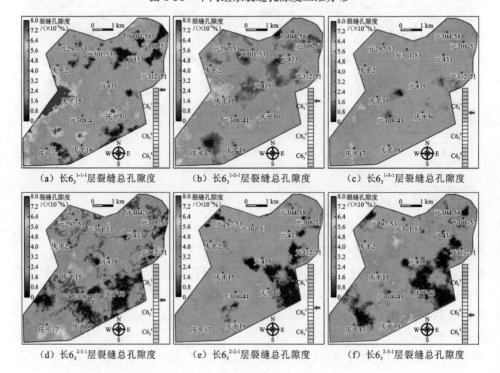

（a）长 $6_3^{1\text{-}1\text{-}1}$ 层裂缝总孔隙度　　（b）长 $6_3^{1\text{-}2\text{-}1}$ 层裂缝总孔隙度　　（c）长 $6_3^{1\text{-}3\text{-}1}$ 层裂缝总孔隙度

（d）长 $6_3^{2\text{-}1\text{-}1}$ 层裂缝总孔隙度　　（e）长 $6_3^{2\text{-}2\text{-}1}$ 层裂缝总孔隙度　　（f）长 $6_3^{2\text{-}3\text{-}1}$ 层裂缝总孔隙度

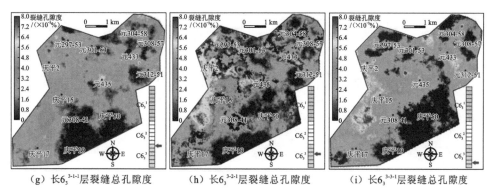

（g）长6_3^{3-1-1}层裂缝总孔隙度　　　（h）长6_3^{3-2-1}层裂缝总孔隙度　　　（i）长6_3^{3-3-1}层裂缝总孔隙度

图 6-39　不同层位裂缝的总孔隙度

4. 裂缝渗透率分布

通过式（6-28）～式（6-40）可以计算不同时期裂缝的渗透率主值及主值方向。如图 6-40 所示，裂缝的平面渗透率主值介于 $0\sim3\times10^{-3}$ μm^2。裂缝的平面渗透率主值分布规律与裂缝孔隙度相似，不同层位的裂缝渗透率主值差异很大，这也反映了裂缝参数在垂向上的分层性。

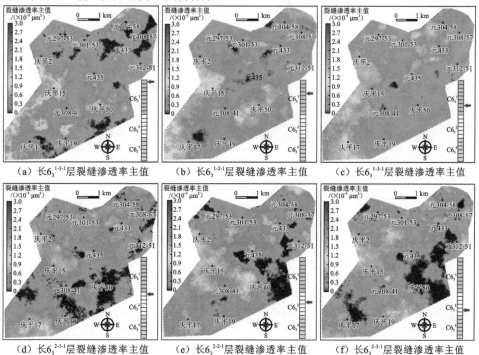

（a）长6_3^{1-1-1}层裂缝渗透率主值　　　（b）长6_3^{1-2-1}层裂缝渗透率主值　　　（c）长6_3^{1-3-1}层裂缝渗透率主值

（d）长6_3^{2-1-1}层裂缝渗透率主值　　　（e）长6_3^{2-2-1}层裂缝渗透率主值　　　（f）长6_3^{2-3-1}层裂缝渗透率主值

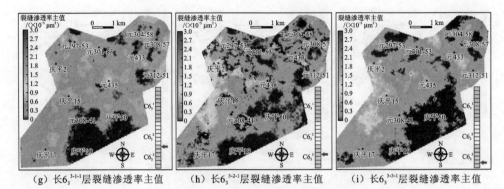

（g）长6_3^{3-1-1}层裂缝渗透率主值　　（h）长6_3^{3-2-1}层裂缝渗透率主值　　（i）长6_3^{3-3-1}层裂缝渗透率主值

图 6-40　水平面最大裂缝渗透率主值

利用式（6-28）～式（6-40）可以计算裂缝平面渗透率主值方向。如图 6-41 所示，裂缝渗透率主值方向主要介于北东东向 65°～90°。在裂缝不发育区（灰色区域）的周围，裂缝的平面最大渗透率主值方向为近东西向；远离裂缝不发育区，裂缝的渗透率主值方向集中在北东东向 65°～70°。

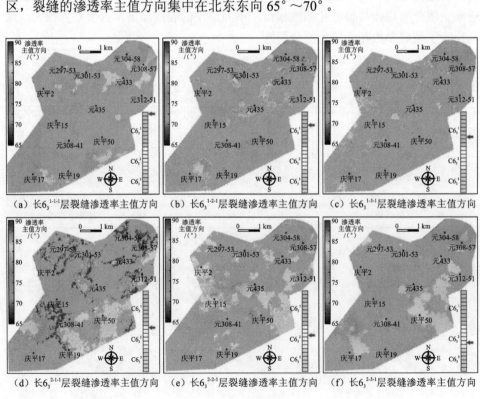

（a）长6_3^{1-1-1}层裂缝渗透率主值方向　（b）长6_3^{1-2-1}层裂缝渗透率主值方向　（c）长6_3^{1-3-1}层裂缝渗透率主值方向

（d）长6_3^{2-1-1}层裂缝渗透率主值方向　（e）长6_3^{2-2-1}层裂缝渗透率主值方向　（f）长6_3^{2-3-1}层裂缝渗透率主值方向

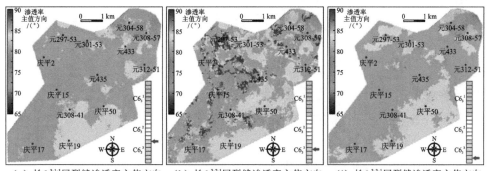

（g）长 6_3^{3-1-1} 层裂缝渗透率主值方向　（h）长 6_3^{3-2-1} 层裂缝渗透率主值方向　（i）长 6_3^{3-3-1} 层裂缝渗透率主值方向

图 6-41　水平最大裂缝渗透率主值方向

灰色区域代表裂缝的不发育区

6.5　模拟结果对比验证

6.5.1　储层物性特征与裂缝线密度关系

利用元 284 先导试验区长 6_3^1 层模拟的 675 360 个单元体的数据进行分析，结果显示模拟的裂缝线密度与孔隙度呈两段式变化［图 6-42（a）］，储层孔隙度在10%～11%时，最有利于裂缝发育。岩心孔渗测量结果表明，细砂岩孔隙度分布范围普遍大于 8%，渗透率介于 $0.000\,7\times10^{-3}$～$6\times10^{-3}\,\mu m^2$，岩石密度介于 2.2～2.65 g/cm^3；粉砂岩和泥质粉砂岩孔隙度介于 0.5%～9.5%，渗透率介于 0.003×10^{-3}～$0.15\times10^{-3}\,\mu m^2$，密度介于 2.38～2.63 g/cm^3，粉砂岩和泥质粉砂岩孔隙度上限为9.5%，渗透率上限为 $0.15\times10^{-3}\,\mu m^2$。数值模拟结果同样显示，相对于细砂岩，粉砂岩、泥质粉砂岩更容易产生裂缝，这与岩心观测结果基本一致；模拟的裂缝线密度与储层渗透率总体同样呈两段式变化［图 6-42（b）］，储层渗透率在 0.1×10^{-3}～$0.2\times10^{-3}\,\mu m^2$ 时，最有利于裂缝发育。当储层渗透率在 1×10^{-3}～$10\times10^{-3}\,\mu m^2$ 时，裂缝密度同样为高值，这可能与测井解释数据点较少、存在统计上的误差有关；另外，与测井解释的储层渗透率或多或少受天然裂缝的影响有关。通过裂缝面密度与储层物性的相关性分析，本章预测的密度结果与岩心观测结果基本一致，这也从侧面验证了模拟的裂缝线密度的可靠性。

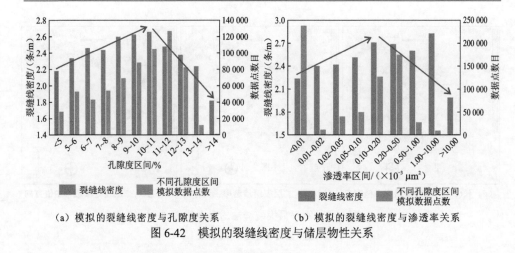

（a）模拟的裂缝线密度与孔隙度关系　　　　（b）模拟的裂缝线密度与渗透率关系

图 6-42　模拟的裂缝线密度与储层物性关系

6.5.2　泥质含量与裂缝线密度关系

模拟分析表明，模拟的裂缝线密度与泥质含量同样呈两段式变化（图 6-43），泥质含量在 10%～20%时，最有利于裂缝发育；随着泥质含量增大，裂缝的发育程度降低；并且泥质含量过低（<10%），同样不利于裂缝的发育。

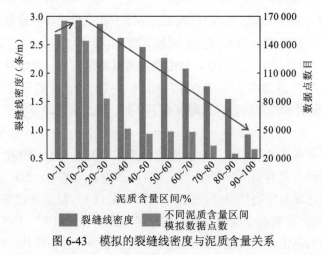

图 6-43　模拟的裂缝线密度与泥质含量关系

6.5.3　裂缝静态资料对比验证

利用第 3 章提出的轨迹寻踪法识别 177 口井中长 6_3 层裂缝的发育概率，并与应力场数值模拟的单井裂缝密度对比（图 6-44）。结果显示在裂缝发育区，测井解释裂缝较发育的井（裂缝发育概率大于 0.5）与数值模拟结果吻合性较好，但在测井解释裂缝相对不发育的井，测井解释结果与应力场预测结果误差增大（图 6-44 红色数据点）。总体而言，模拟结果的拟合系数 $R^2=0.829\ 7$，测井解释结果与裂缝模拟预测结果吻合度较高，这与储层地质力学非均质建模有关，因为在非均质建模过程中，建立的有限元模型已经充分考虑了测井信息，这也说明本书提出的储层地质力学非均质建模具有较高的适用性及准确性。

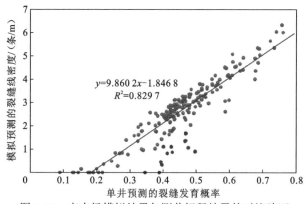

图 6-44　应力场模拟结果与测井解释结果的对比验证

通过测井解释与数值模拟，得到 21 个小层的裂缝密度，如图 6-45（a）所示，不同小层的裂缝线密度在垂向上变化较大，两种结果得到的 3 个砂层组的裂缝线密度均有如下规律：长 6_3^1 层＞长 6_3^2 层＞长 6_3^3 层。对于单个砂层组，相对于砂层组的上部、下部，砂层组的中部裂缝相对不发育；在观测野外的厚层砂岩时，同样能够观察到这种现象[图 6-45（b）和（c）]，这与天然裂缝在厚层砂岩中部的终止现象有关。测井解释结果、野外观测结果与数值模拟结果均从侧面验证了本书模拟结果的可靠性。

6.5.4　裂缝动态资料对比验证

在元 284 先导试验区西北部的直井区，目前已有比较成熟的开发数据，利用吸水剖面、注采井砂体连通情况及超前注水强度等动态资料综合判断高含水井组的见水方向（图 6-46）。依据水淹程度和面积，将水淹类型划分为 2 个类型：I 类水淹面积大，往往形成裂缝见水带；II 类水淹面积小，多为裂缝水淹井，未能形成裂缝见水带。经对比分析可得，模拟的吸水剖面强度（裂缝尺度）与水淹区域

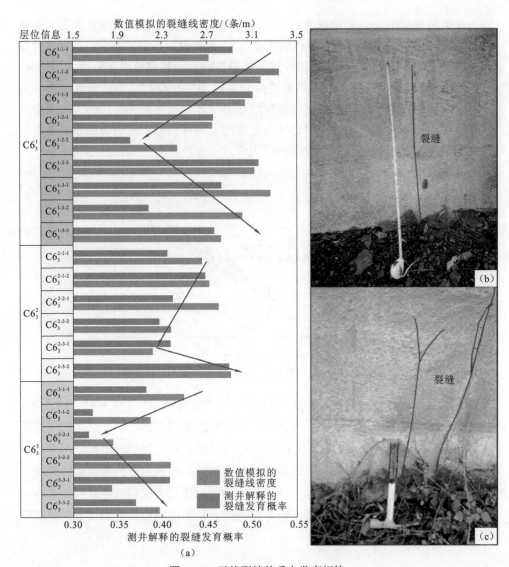

图 6-45　天然裂缝的垂向发育规律

的类型、面积吻合性较好（图 6-47），当吸水剖面强度指数大于 24 时，往往导致裂缝性水淹发生。

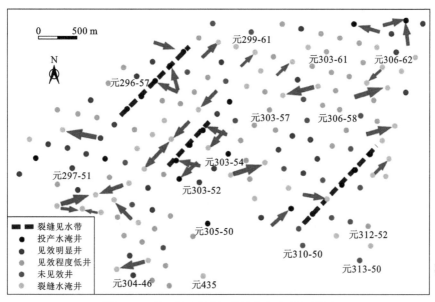

图 6-46　长 6_3^1 层砂层组裂缝水窜方向识别图

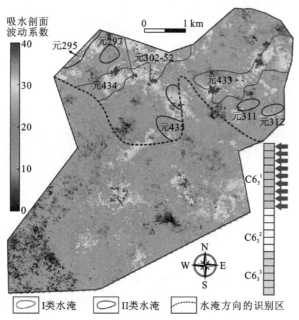

图 6-47　数值模拟预测的吸水剖面强度与水淹类型对比图

第7章 裂缝动态参数与压裂裂缝扩展规律分析

中国陆相致密砂岩储层非均质性强，鄂尔多斯盆地是这类储层的一个重要分布区。水力压裂和水平井钻井技术是目前致密砂岩储层开采的关键技术。对于压裂井，在施压前准确确定储层破裂压力的大小及其影响因素是成功进行压裂作业的关键，对致密砂岩储层压裂工艺设计，以及提高单井产量都具有重要意义。储层破裂压力的定量化研究是制定油藏压裂或合理开发方案过程中必须考虑的基础地质问题之一。因此，提出一套适用于水平井的非均质储层破裂压力准确评价方法，系统分析储层破裂压力的影响因素，而非通过单一变量分析储层破裂压力影响因素，对构建储层破裂压力约束模型，对致密砂岩储层的高效开发至关重要。本书基于206口井的钻井、测井资料，构建油藏地质模型；通过储层地质力学非均质建模，建立研究区储层力学参数、现今地应力三维分布，并利用岩石古应力、岩石力学参数分布，预测裂缝的密度、开度及裂缝孔渗参数。基于两个模型分析储层破裂压力影响因素，并建立适用于水平井破裂压力评价的模型，预测了储层破裂压裂三维分布。基于油藏地质模型和储层地质力学模型提出一种储层破裂压力预测的新方法，并分析致密砂岩储层破裂压力的主控因素，这对于加快中国陆相致密油气勘探步伐、实现增储上产、增收节支具有十分重要的意义。

7.1 开发过程中岩石力学与物理参数变化规律分析

致密砂岩储层以注水开发为主，储层基质低渗透性与裂缝高导性之间的矛盾是造成致密砂岩储层开采效果不理想的主要原因（赵向原 等，2018；曾联波 等，2016）。合理的注水压力通常不超过储层破裂压力（曾联波 等，2016；周新桂 等，2013）。储层破裂压力是指井筒内液柱所产生的压力达到足以使地层产生新破裂时的压力，它是现场压裂施工过程中必须考虑的关键参数，是水力压裂设计中挑选施工设备和控制施工排量的重要设计依据。水力压裂和水平井钻井技术是目前低渗透储层开采的关键技术之一。对压裂井而言，施压前的岩石破裂压力预测对成功进行压裂作业至关重要。地层破裂压力获取方法有以下几种：①理论模型计算法，如伊顿法、斯蒂芬法、安德森法、黄氏模型法等；②利用测井及地震资料等计算或者反演储层破裂压力；③依据现场压裂监测的相关参数计算法；④数学方法，主要包括统计分析法、灰色神经网络测井预测法及有限元模拟分析等。尽管预测方法众多，但由于模型中所需参数的缺乏或求取复杂，计算时往往存在难度或无法求准，特别是在勘探新区、缺少经验模型的情况下更是如此。随着油基钻井液条件下水平井水平段储层的地层破裂压力计算精度要求越来越高，以伊顿法、斯蒂芬法、安德森法等为主的传统地层破裂压力梯度计算方法难以适应生产需求，计算误差大的问题越来越突出，甚至出现储层压不开的现象。现场试验成本较高，而在实验室的物理模拟又无法完全还原地下储层的真实环境，致使模拟结果误差较大，模拟成本也较高；数值模拟可方便实现不同储层条件下的精细化定量模拟。前人的研究表明，储层破裂压力大小与水平主应力、岩石抗拉强度、围压及储层特征等因素有关（Liu et al.，2018c；周新桂 等，2013）。但基于各种方法计算或者预测储层破裂压力时没有考虑影响压裂的其他因素，如储层参数、流体性质、储层物理特征等因素，这些因素均会影响岩石内部应力和岩石的力学性质，可能导致不同井区的模拟结果存在多解性和不确定性。此外，采用单一因素试验或模拟的方法探讨储层破裂压力的影响因素可能是有用的，但对于储层破裂压力约束模型构建及储层三维破裂压力预测方面却十分有限，因为地下储层特征、天然裂缝及地质力学参数是相互影响的，例如高杨氏模量岩石中水平最小主应力可能为高值，储层破裂压力可能为高值；但高杨氏模量岩石更容易发育裂缝，又有可能导致储层破裂压力为低值，因此单一因素分析法可能无法真实地反演地下储层破裂压力与各种因素的理论关系。

7.1.1　实验方案

传统的三轴压缩实验仪器存在同时加载围压和孔隙压力难度大的问题，尤其是孔隙压力的加载需要对传统的实验设备进行改进。选取长 6 油层组的低渗透砂岩样品，开展岩心孔隙压力变化过程中岩体力学参数、物理参数的变化规律研究。采用的实验方案如下。

（1）将岩心根据岩性分为灰褐色油斑细砂岩、细砂岩、钙质细砂岩及钙质细砂岩（含裂缝）4 组，每组 4 块岩心，采集实验前的岩心照片。

（2）每组岩心设置围压 35 MPa，孔隙压力分别设置为 0 MPa、16 MPa、23 MPa、31 MPa，测试同种岩性的岩心在不同孔隙压力条件下的力学性质。

（3）实验前，将岩样加孔隙压力并抽真空饱和 24 h。

（4）实验时，先加围压，后加孔隙压力，孔隙压力加载完成后进行三轴破裂实验，得到应力-应变曲线，并测量岩石的声速；采集实验后的岩心照片。

7.1.2 实验结果

如图 7-1 所示，随孔隙压力增大，灰褐色油斑细砂岩的轴向极限压缩率有减小的趋势，而径向极限压缩率的变化规律不明显。从开始加载到达到最大抗压强度的过程中，岩石的变形阶段依次经历了压实阶段、弹性变形阶段、塑性变形阶段及破裂阶段。

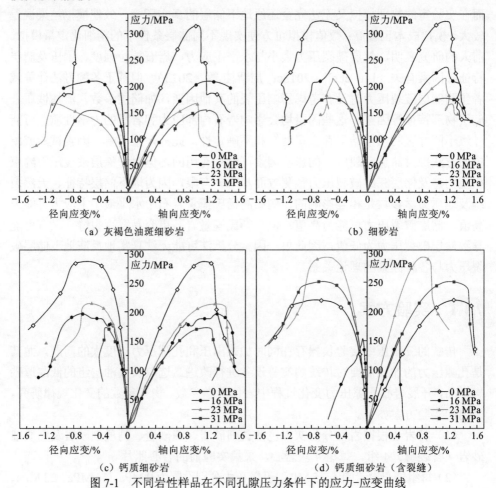

（a）灰褐色油斑细砂岩

（b）细砂岩

（c）钙质细砂岩

（d）钙质细砂岩（含裂缝）

图 7-1　不同岩性样品在不同孔隙压力条件下的应力-应变曲线

当轴向应力达到裂纹起裂应力时，岩石内部的裂纹开始形成并逐渐扩展，岩石由弹性变形阶段进入塑性阶段。对于细砂岩，随着孔隙压力增大，轴向极限压缩率随之增大，而径向极限压缩率有减小的趋势，孔隙压力分别为 0 MPa、16 MPa、23 MPa 和 31 MPa 时，轴向极限压缩率分别为 1.131%、1.137%、1.119%和 1.149%，径向极限压缩分别为 0.650%、0.465%、0.495%及 0.543%。对于钙质细砂岩，从应变的角度分析，当孔隙压力为 0 MPa 时，岩石破裂时对应的轴向压缩率最低，而径向压缩率最高；当孔隙压力增大时，岩石的极限轴向压缩率增大，径向极限压缩率减小，抗应变能力增强。对于钙质细砂岩（含裂缝），加载孔隙压力后的应变状态与其他 3 组明显不同：相同围压、不同孔隙压力条件下，岩石抗压强度明显降低，孔隙压力增大至 16 MPa 时，抗压强度的降低量接近 30%；其次，随轴向应力的增大，岩石沿着裂纹滑动，极限轴向应变减小，岩石抗应变能力差，达到峰值强度后，岩石就发生破裂，承压能力迅速降低。

7.1.3　实验数据分析

对比注水前后 4 种岩性的岩心应力-应变曲线，如图 7-2（a）所示，随孔隙压力的增大，灰褐色油斑细砂岩的抗压强度降低量最大，其次是细砂岩，强度降低量最小的是钙质细砂岩，而钙质细砂岩（含裂缝）的抗压强度略有增加。这是由于灰褐色油斑细砂岩和细砂岩的岩性致密、颗粒及孔隙小，而钙质细砂岩胶结疏松且孔隙较大，而含裂缝钙质细砂岩会沿裂缝滑动。在未施加孔隙压力的情况下，抗压强度由高到低依次为灰褐色油斑细砂岩、细砂岩、钙质细砂岩、钙质细砂岩（含裂缝）。强度最高的灰褐色油斑细砂岩和细砂岩轴向极限应变低，径向极限应变高，而强度略低的钙质细砂岩极限应变较大，抗应变性能强，塑性较强。

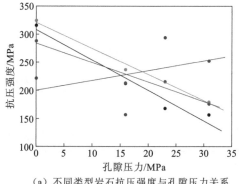

（a）不同类型岩石抗压强度与孔隙压力关系

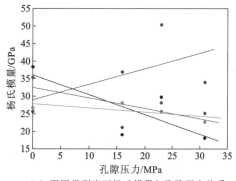

（b）不同类型岩石杨氏模量与孔隙压力关系

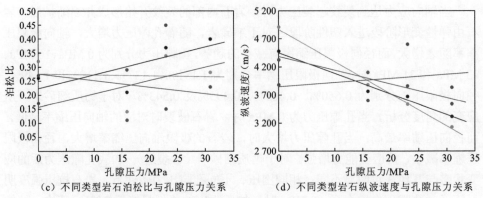

（c）不同类型岩石泊松比与孔隙压力关系　　　（d）不同类型岩石纵波速度与孔隙压力关系

—●— 灰褐色油斑细砂岩　　—●— 细砂岩　　—●— 钙质细砂岩　　—●— 钙质细砂岩（含裂缝）

图 7-2　不同类型岩石的力学参数、物理参数与孔隙压力关系图（围压：35 MPa）

　　如图 7-2（b）所示，随孔隙压力的增大，岩石杨氏模量有减小的趋势，灰褐色油斑细砂岩的杨氏模量变化较小，钙质细砂岩受孔隙压力影响变化大。由图 7-2（c）、表 7-1 可知，4 种岩性的泊松比随孔隙压力的增大无明显的变化规律，说明岩石内部结构的各向异性较大。如图 7-2（d）所示，随孔隙压力的增大，岩石的纵波速度减小，这可能与岩样内部孔缝的开度有关。而纵波速度减小的幅度与岩石骨架的强弱有明显的关系，随孔隙压力的增大，强骨架岩石的纵波速度的减小幅度明显小于弱骨架岩石减小的幅度。

表 7-1　不同类型岩石的力学参数与孔隙压力的关系

参数	岩性符号	拟合方程	相关系数	参数	岩性符号	拟合方程	相关系数
抗压强度	A	$y=-5.408\ 8x+307.65$	0.959 6	泊松比	A	$y=0.004\ 9x+0.223\ 7$	0.523 9
	B	$y=-4.646\ 8x+320.32$	0.970 9		B	$y=-0.000\ 3x+0.275\ 4$	0.002
	C	$y=-3.456\ 8x+283.49$	0.943 6		C	$y=-0.002\ 4x+0.276\ 3$	0.252 5
	D	$y=1.761\ 0x+199.93$	0.159 4		D	$y=0.004\ 7x+0.158\ 0$	0.173 1
杨氏模量	A	$y=-0.560\ 2x+36.108$	0.594 1	纵波速度	A	$y=-36.473x+4\ 450.5$	0.977 8
	B	$y=-0.119\ 2x+27.976$	0.472 8		B	$y=-57.352x+4\ 868.4$	0.994 4
	C	$y=-0.295\ 8x+32.651$	0.429 8		C	$y=-24.594x+4\ 391.1$	0.928 9
	D	$y=0.440\ 7x+29.073$	0.320 5		D	$y=7.286\ 9x+3\ 856.2$	0.049 8

注：A 为灰褐色油斑细砂岩，B 为细砂岩，C 为钙质细砂岩，D 为钙质细砂岩（含裂缝）

7.2　裂缝性储层破裂压力预测

7.2.1　储层破裂压力预测数学模型

地层破裂压力获取方法有以下几种：①理论模型计算法，主要包括伊顿法、斯蒂芬法及黄氏模型法等方法；②利用测井及地震资料等计算或反演地层破裂压力；③依据现场压裂监测参数计算法；④数学方法，主要包括统计分析法、灰色神经网络测井预测法及有限元模拟分析等。目前，储层的破裂压力计算模型大多是针对钻井或压裂过程的计算模型，模型未区分不同井型的影响，且针对水平井的储层破裂压力预测的研究较少。本节以 57 个水平井试油及射孔数据为约束，利用前期计算、模拟的地应力、岩石力学参数、储层物性及裂缝静态参数，采用逐步回归的方法优选与破裂压力密切相关的参数，建立适用于研究区水平井的储层破裂压力预测模型：

$$Y = -171.051 + 0.031X_1 + 0.183X_2 + 1.197X_3 + 2.050X_4 - 9.790X_5 - 0.298X_6 \quad (7\text{-}1)$$

式中：Y 为水平井破裂压力，X_1 为纵波波速，m/ms；X_2 为测井曲线 SP 值，mV；X_3 为岩石的孔隙度，%；X_4 为岩石杨氏模量，GPa；X_5 为裂缝的渗透率主值，$\times 10^{-3}\ \mu m^2$；X_6 为水平最大主应力，MPa。

7.2.2　不同层位的模拟结果

如图 7-3 所示，利用储层破裂压力预测模型[式（7-1）]，结合前期模拟的相关参数预测不同层位的水平井储层破裂压力。不同层位之间的破裂压力与应力分布类似，具有明显的分层性。

如图 7-3 所示，长 6_3 储层的破裂压力分布在 25～70 MPa。在长 $6_3^{1\text{-}1\text{-}1}$ 层，储层破裂压力在庆平 15 井区为异常高值，大于 60 MPa；在元 284 先导试验区北部及东南缘为低值。在长 $6_3^{1\text{-}2\text{-}1}$ 层，储层的破裂压力的分布与长 $6_3^{1\text{-}1\text{-}1}$ 层类似，但长 $6_3^{1\text{-}2\text{-}1}$ 层储层的破裂压力变化幅度低于长 $6_3^{1\text{-}1\text{-}1}$ 层。在长 $6_3^{1\text{-}3\text{-}1}$ 层，储层破裂压力在庆平 50 井区、元 435 井区及元 297-53 井区为高值，大于 53 MPa。

在长 $6_3^{2\text{-}1\text{-}1}$ 层，储层破裂压力在庆平 17 井区为异常高值，大于 60 MPa；在元 284 先导试验区东南缘为低值，储层破裂压力小于 30 MPa。在长 $6_3^{2\text{-}2\text{-}1}$ 层，储层破裂压力在元 435 井区、元 304-58 井区为高值，大于 55 MPa；在元 284 先导试验区东缘、西缘为低值，小于 40 MPa。在长 $6_3^{2\text{-}3\text{-}1}$ 层，储层破裂压力在元 435 井区、元 433 井区为高值，大于 55 MPa；在元 284 先导试验区东南缘为低值，小于 35 MPa。

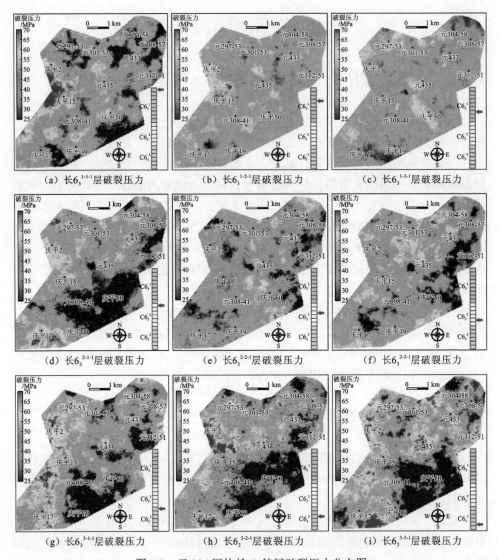

图 7-3　元 284 区块长 6_3 储层破裂压力分布图

在长 6_3^{3-1-1} 层、长 6_3^{3-2-1} 层及长 6_3^{3-3-1} 层，储层破裂压力的分布规律类似，在元 284 先导试验区的西缘及东北缘，储层破裂压力为高值，大于 55 MPa；元 284 先导试验区的东南缘储层的破裂压力为低值，小于 38 MPa。

7.2.3　模拟结果可靠性分析

元 284 先导试验区共有 57 个水平井试油及射孔数据,其中有 5 个压裂未压开的数据点。在 52 个压开的监测点中,模拟的储层破裂压力与实际监测的储层破裂压力相关性较高,拟合系数达到 0.876 6[图 7-4(a)]。其中,模拟的相对误差大于 10%的数据点有 10 个,模拟的平均误差为 5.76%[图 7-4(b)]。在未破裂的 5 个数据点中,模拟的储层破裂压力均超过了 60 MPa,并且模拟数值均高于监测的最高压力(表 7-2,附录 3),说明预测的储层破裂压力可靠性较高。本书依托两项成熟的建模技术——油藏地质建模和储层地质力学建模,提出一种储层破裂压裂三维预测的新方法,这是一种适用于直井、大斜度井及水平井的方法,可以基于有限的检测数据点,反演适用于特定区块的预测模型。

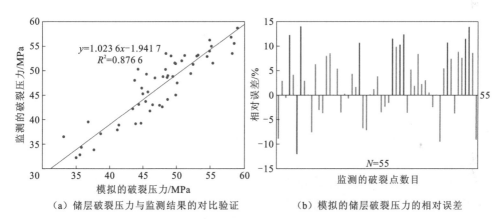

(a)储层破裂压力与监测结果的对比验证　　　　(b)模拟的储层破裂压力的相对误差

图 7-4　储层破裂压力预测结果对比验证

表 7-2　未破裂压裂点与数值模拟结果的对比验证

井号	位置	监测结果	模拟结果
庆平 19 井	2 750~2 760 m	未压开	60.7 MPa
庆平 20 井	2 846~2 850 m	尝试压裂 6 次未压开,最高压力 57.1 MPa	62.6 MPa
庆平 46 井	2 872 m	尝试压裂 7 次未压开,最高压力 64.2 MPa	67.6 MPa
	2 918~2 920 m	尝试压裂 5 次未压开,最高压力 64.6 MPa	66.2 MPa
庆平 50 井	2 631~2 633 m	最高压力 60.0 MPa	61.9 MPa

7.3 裂缝开启压力预测

7.3.1 裂缝开启压力预测模型

利用吸水量与吸水关系曲线可以判断裂缝开启状态。从华庆地区吸水指示曲线（图 7-5）可以判断，注水井井口注水压力在 10.7 MPa 左右时，注水量与压力的关系出现拐点，此点即为裂缝的开启压力。

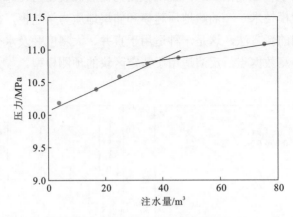

图 7-5　华庆地区注水量与压力的关系［据吴晓明（2014）］

结合裂缝性储层注水开发实践，周新桂等（2013）提出了不同方向的裂缝开启压力 P_k 的理论计算数学模型。

$$P_k = \frac{\mu}{1-\mu} D\rho_s \sin\omega + D\rho_s \cos\omega - D\rho_w + Df_{\sigma1}\sin\omega\sin\theta + Df_{\sigma3}\sin\omega\cos\theta \qquad (7\text{-}2)$$

式中：θ 为现今水平最大主应力方向与裂缝走向的夹角，（°）；μ 为岩石的泊松比；D 为裂缝的埋深，km；ω 为裂缝的倾角，（°）；ρ_s 为岩石的密度，g/cm^3；ρ_w 为地层水的密度，g/cm^3；$f_{\sigma1}$ 为现今最大主应力梯度，MPa/km；$f_{\sigma3}$ 为现今最小主应力梯度，MPa/km。

7.3.2 裂缝开启压力预测结果

华庆地区长 6_3 层的地层水密度为 1.131 8 g/cm^3（周新桂 等，2013）。结合第 4 章模拟的岩石力学参数三维演化结果及第 5 章模拟的现今地应力分布，利用式

（7-2），对元 284 先导试验区长 6 层不同走向裂缝的开启压力进行定量预测。模拟结果表明，受现今北东东向水平最大主应力的影响，喜马拉雅期的裂缝开启普遍先于燕山期；但在局部区块的某些层位[图 7-6（a）、（b），长 6_3^{1-1-1} 层庆平 15 井区]，喜马拉雅期裂缝的开启压力小于燕山期裂缝。在长 6_3^{2-2-1} 层，喜马拉雅期裂缝的开启压力分布与燕山期相似[图 7-6（c）和（d）]。

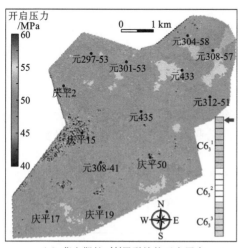

（a）燕山期长6_3^{1-1-1}层裂缝的开启压力

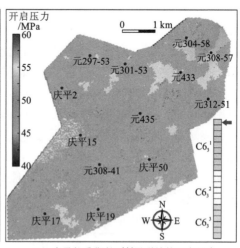

（b）喜马拉雅期长6_3^{1-1-1}层裂缝的开启压力

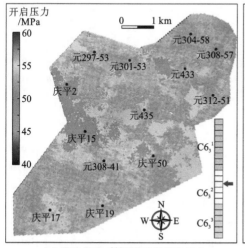

（c）燕山期长6_3^{2-2-1}层裂缝的开启压力

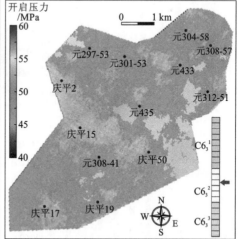

（d）喜马拉雅期长6_3^{2-2-1}层裂缝的开启压力

图 7-6　不同组系裂缝开启压力分布

7.4 储层破裂压力主控因素分析

7.4.1 储层物性特征与破裂压力相关性

储层流体性质会影响储层的破裂压力，含水饱和度与岩石破裂压力（FP）呈负相关[图 7-7（a）]。自然电位测井一定程度反映了岩石的岩性，但与岩石相关性较弱，当自然电位值小于 90 mV 时，自然电位与 FP 基本无相关性，当自然电位大于 90 mV 时，两者呈正相关，且随着自然电位的增大，储层破裂压力变大的趋势减小[图 7-7（b）]。储层的孔隙度与破裂压力总体呈正相关，当孔隙度大于 13% 时，储层破裂压力降低[图 7-7（c）]；渗透率与破裂压力呈两段式变化，渗透率小于 0.6 时，两者基本无相关性，而渗透率大于 0.6 时，两者呈正相关，且随着渗透率的增加，储层破裂压力变大的趋势越明显[图 7-7（d）]。泥质含量与储层破裂压力呈负相关[图 7-7（e）]，高黏土含量的岩石一般具有高的岩石模量，可能对应更大的水平主应力，因此可能具有更大的岩石破裂压力。岩石的密度与岩石破裂压力基本无相关性[图 7-7（f）]。

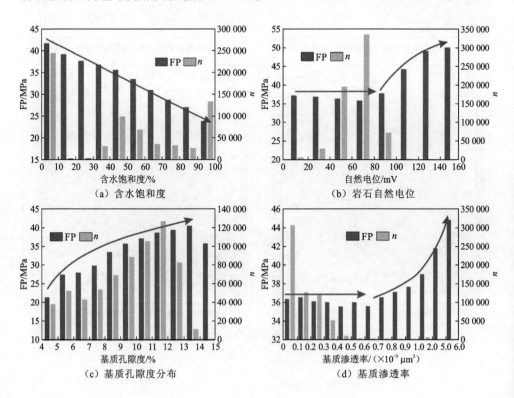

（a）含水饱和度　　　　　　　（b）岩石自然电位

（c）基质孔隙度分布　　　　　　（d）基质渗透率

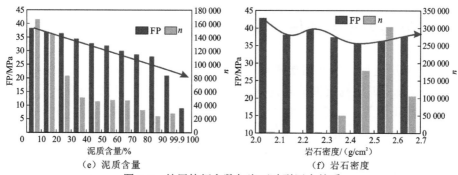

（e）泥质含量　　　　　　　　　（f）岩石密度

图 7-7　储层特征参数与岩石破裂压力关系

n 为统计单元的数目

岩石的自然伽马值（GR）与储层破裂压力总体呈两段式变化，当 GR<180 API 时，两者几乎无相关性；当 GR>180 API 时，储层破裂压力随 GR 增大而增大（图 7-8）。岩石的纵波速度与储层破裂压力相关性很强，因为在储层声速变化范围内，对应着很大的储层破裂压力变化范围（20～70 MPa）；两者呈两段式变化，当纵波速度小于 5 500 m/s 时，随着纵波速度增大，储层破裂压力增大，当纵波速度大于 5 500 m/s 时，两者呈负相关。相对于纵波速度，横波速度对储层破裂压力影响较小，对应一个较小的储层破裂压力范围（20～45 MPa），两者呈正相关（图 7-9）。

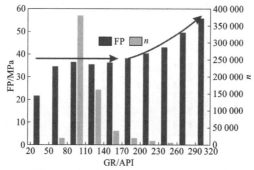

图 7-8　岩石 GR 与岩石破裂压力关系

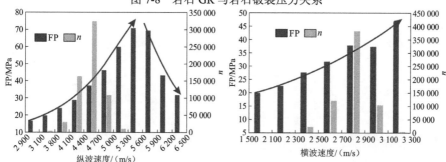

（a）岩石纵波速度与岩石破裂压力关系　　　　（b）岩石横波速度与岩石破裂压力关系

图 7-9　岩石声速与破裂压力关系

7.4.2　储层力学特征与破裂压力相关性

通过储层地质力学非均质建模，分析储层力学特征与破裂压力的关系，如图 7-10 所示。储层杨氏模量与破裂压力呈两段式变化，当杨氏模量小于 33 GPa 时，两者呈正相关；当杨氏模量大于 33 GPa 时，两者呈负相关。岩石的泊松比与破裂压力呈两段式变化，当泊松比小于 0.25 时，两者基本无相关性；当杨氏模量大于 0.25 时，两者呈正相关。这与单因素模拟分析法得出的认识不一致，因为在杨氏模量较大的岩层中，裂缝同样比较发育，而裂缝的发育可能会使岩体的等效杨氏模量降低。统计表明，岩石的破裂角与储层破裂压力呈正相关。水平最小主应力与水平最大主应力和储层破裂压力呈正相关，并且具有显著的控制作用；在研究区水平主应力变化范围内，储层破裂压力变化范围基于 15～70 MPa。水平应力差与破裂压力呈两段式变化，应力差较小时，应力差对水平对破裂压力影响较弱，破裂压力可能与其他因素有关，因此在统计上两者呈负相关。当水平应力差大于 4 MPa 时，应力差与破裂压力影响呈正相关，应力差对破裂压力影响显著（变化范围为 20～60 MPa）。

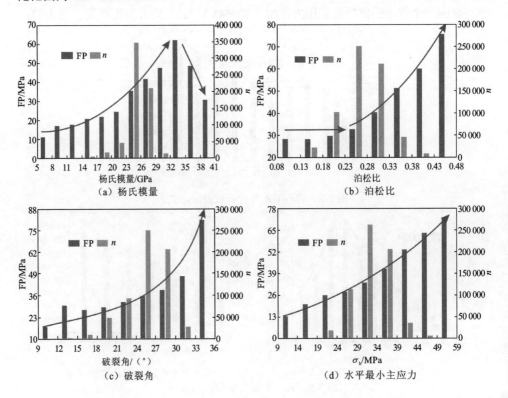

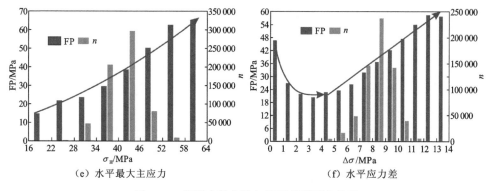

（e）水平最大主应力　　　　　　　　（f）水平应力差

图 7-10　岩石力学参数与岩石破裂压力关系

7.4.3　裂缝参数与破裂压力相关性

岩石力学参数会影响裂缝的发育，同样裂缝的发育也会影响岩石的等效力学参数，因此裂缝参数会影响储层的破裂压力。鄂尔多斯盆地华庆地区延长组储层中主要发育北东向和东西向（南东东向）两组裂缝，分别形成于喜马拉雅期和燕山期。如图 7-11 所示，裂缝储层的杨氏模量与破裂压力呈两段式变化；当裂缝密度小于 6.5 条/m 时，两者呈正相关；当裂缝线密度大于 6.5 条/m 时，两者呈负相关。燕山期与喜马拉雅期形成的裂缝开度与储层破裂压力变化规律基本一致，当裂缝开度大于 21 μm 时，随着裂缝开度的增大，储层破裂压力迅速减小。当裂缝开度小于 21 μm 时，随着裂缝开度与储层破裂压力总体呈正相关，但两者的相关性较弱，随着裂缝开度的增大，储层破裂压力呈阶梯状上升。裂缝孔隙度、渗透率与岩石破裂压力呈两段式变化，与裂缝密度变化规律基本一致。

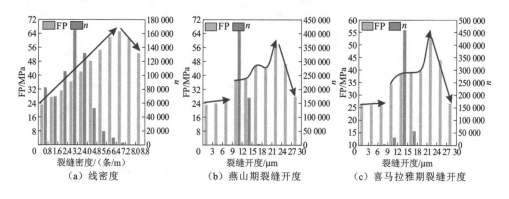

（a）线密度　　　　　　　（b）燕山期裂缝开度　　　　　　（c）喜马拉雅期裂缝开度

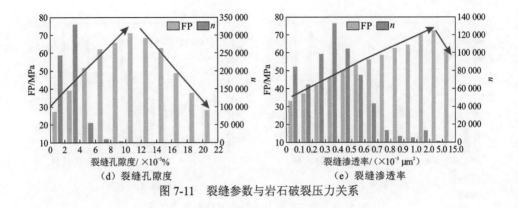

（d）裂缝孔隙度　　　　　　　　　　　　（e）裂缝渗透率

图 7-11　裂缝参数与岩石破裂压力关系

7.5　开发过程中裂缝参数预测

7.5.1　开发过程中有效应力变化特征

伴随着油藏的开发，当地层中能量未能得到充分补充时，作用于裂缝面的有效应力会随之增加。对于低渗透储层，水平主应力的变化大小与孔隙压力密切相关，伴随着孔隙压力的变化，岩石的力学参数、Biot 系数均随孔隙压力变化而变化（卜向前 等，2015）。依据式（7-3）可知，当孔隙压力下降时，三个有效主应力均有所增加。在相应的地质力学模型中，改变非均质应力载荷边界条件，通过有限元求解，得到水平有效应力随孔隙压力变化的平面分布图（图 7-12～图 7-13）。

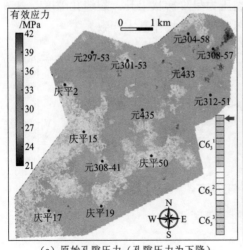

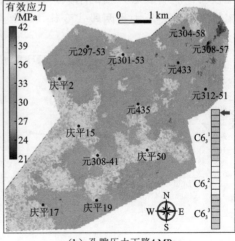

（a）原始孔隙压力（孔隙压力为下降）　　　　（b）孔隙压力下降4 MPa

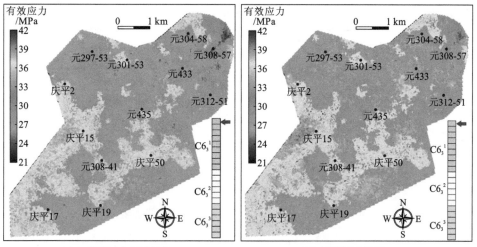

（c）孔隙压力下降8 MPa　　　　　　　（d）孔隙压力下降12 MPa

图 7-12　开发过程中水平最小有效主应力变化

$$\begin{cases} \sigma_{E3} = \sigma_3 - \alpha p_p \\ \sigma_{E2} = \sigma_2 - \alpha p_p \\ \sigma_{E1} = \sigma_1 - \alpha p_p \end{cases} \qquad (7\text{-}3)$$

式中：σ_{E3}、σ_{E2}、σ_{E1} 分别为不同孔隙压力对应的现今最小有效主应力、中间有效主应力及最大有效主应力，MPa；α 为 Biot 系数；p_p 为孔隙压力，MPa。

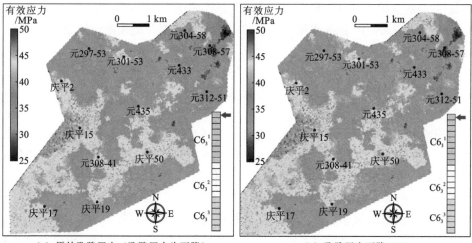

（a）原始孔隙压力（孔隙压力为下降）　　　　　　（b）孔隙压力下降4 MPa

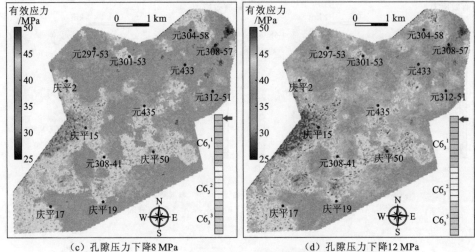

(c) 孔隙压力下降8 MPa　　　　　(d) 孔隙压力下降12 MPa

图 7-13　开发过程中水平最大有效主应力变化

利用模拟得到现今地应力，根据有效应力的变化特征，得到水平有效应力的分布。利用卜向前等（2015）在鄂尔多斯盆地安塞油田长 6 层组建立的 Boit 系数与孔隙压力的数学模型，求得孔隙压力下降时有效应力的平面变化特征。在模拟方案中，分别模拟孔隙压力下降 0 MPa、2 MPa、4 MPa、6 MPa、8 MPa、10 MPa 及 12 MPa 时，三个主应力方向的有效应力变化。如图 7-12、图 7-13 所示，在元 284 先导试验区，水平最大有效主应力、水平最小有效主应力均随孔隙压力的下降而增大，并且两者并非简单的线性关系，这与孔隙压力下降引起岩石力学参数、Boit 系数的变化有关（卜向前 等，2015）。孔隙压力下降时，岩石的杨氏模量减小，泊松比增大，而 Boit 系数减小，这些因素均影响裂缝面附近的应力、应变，进而影响裂缝开度、孔渗参数。

7.5.2　开发过程中裂缝动态参数预测

影响开发过程中裂缝开度变化的因素主要包括有效应力的变化和岩石力学参数的变化。有效应力的变化如图 7-14、图 7-15 所示，杨氏模量与泊松比的变化采用图 7-2 所示的数学模型（公式系数取平均值）。利用第 6 章中提出的裂缝参数计算模型，分别计算不同孔隙压力（有效应力）条件下对应的裂缝孔渗参数（图 7-16、图 7-17）。模拟结果表明，随着孔隙压力的变化，裂缝孔隙度、渗透率的分布规律仍然相似，但裂缝孔隙度、渗透率均随孔隙压力的降低而减小；相对于裂缝的孔隙度，裂缝的渗透率的变化幅度更大。

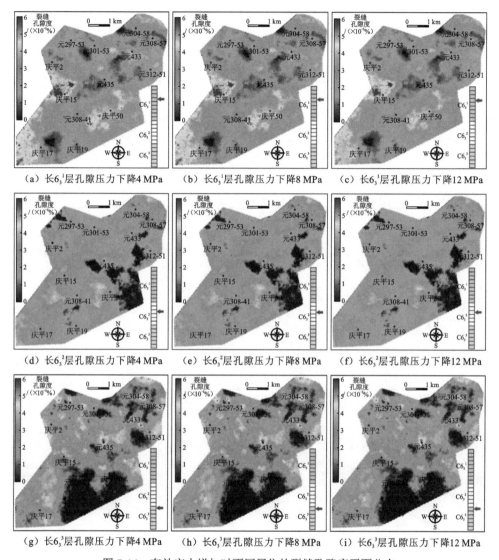

（a）长6_3^1层孔隙压力下降4 MPa　（b）长6_3^1层孔隙压力下降8 MPa　（c）长6_3^1层孔隙压力下降12 MPa

（d）长6_3^2层孔隙压力下降4 MPa　（e）长6_3^2层孔隙压力下降8 MPa　（f）长6_3^2层孔隙压力下降12 MPa

（g）长6_3^3层孔隙压力下降4 MPa　（h）长6_3^3层孔隙压力下降8 MPa　（i）长6_3^3层孔隙压力下降12 MPa

图 7-14　有效应力增加时不同层位的裂缝孔隙度平面分布

7.5.3　裂缝性储层应力敏感性

为定量描述裂缝孔隙度与渗透率变化幅度的大小，选取庆平 15 井、元 301-53 井及元 297-53 井的数据进行应力敏感性分析。如图 7-16 所示，裂缝孔隙度和渗透率均随着有效应力的增加而减小；在相同的有效应力变化区间内，裂缝渗透率变化幅度大于裂缝孔隙度。以庆平 15 井为例，在原始孔隙压力下，裂缝孔隙度为

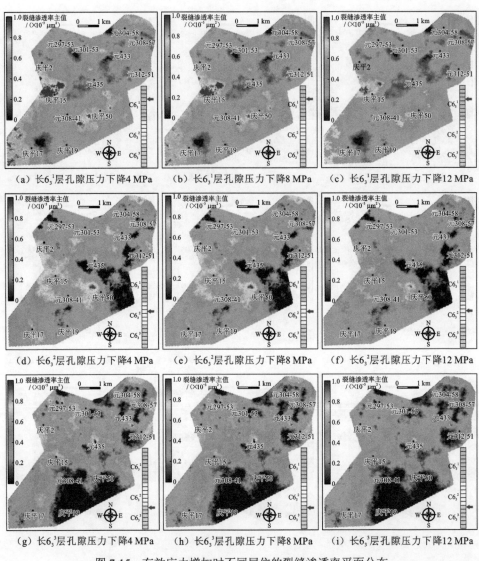

图 7-15　有效应力增加时不同层位的裂缝渗透率平面分布

$8.54\times10^{-3}\%$，裂缝渗透率为 1.84×10^{-3} μm^{2}；有效应力增加 10 MPa 时，裂缝孔隙度降为 $5.13\times10^{-3}\%$，裂缝渗透率降为 0.40×10^{-3} μm^{2}，裂缝孔隙度降低 39.97%，裂缝孔隙度降低 78.03%。三口井的裂缝孔渗参数与有效应力值的输出结果，表明参数间呈指数函数关系，拟合的相关系数 R^{2} 均在 0.997 以上，拟合公式为

$$\psi = \eta e^{-\tau\Delta p_{e}} \tag{7-4}$$

式中：ψ 代表裂缝孔隙度或者渗透率；η 和 τ 为拟合系数；Δp_{e} 为有效应力增量，MPa。

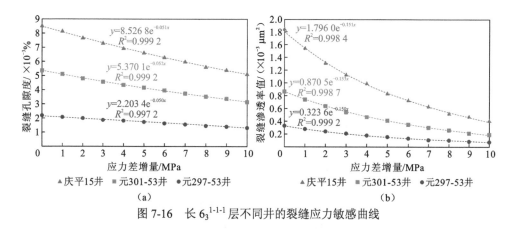

图 7-16　长 $6_3^{1\text{-}1\text{-}1}$ 层不同井的裂缝应力敏感曲线

王珂等（2014）在研究克深气田时发现，拟合系数 η 和 τ 作为独立的指标时无法全面反映裂缝参数的应力敏感性，不能准确表征不同物性储层实际的应力敏感性，因此定义应力敏感性指数 I_{ssi} 为

$$I_{ssi} = \eta\tau \tag{7-5}$$

如图 7-17 所示，裂缝孔隙度应力敏感性指数主要分布在 0～0.2，裂缝渗透率应力敏感性指数主要分布在 0～0.4，裂缝孔隙度的应力敏感性低于裂缝渗透率的应力敏感性，并且裂缝孔隙度、渗透率应力敏感性指数的低值区主要在裂缝不发育区的周围。不同层位间的应力敏感性存在显著的差异，对于目前的主要开发层位长 $6_3^{1\text{-}1\text{-}1}$ 层，庆平 15 井区、庆平 50 井区及庆平 19 井区裂缝渗透率的应力敏感性指数为高值。其中，裂缝孔隙度应力敏感性指数大于 0.15，裂缝渗透率应力敏感性指数大于 0.3。在长 $6_3^{1\text{-}2\text{-}1}$ 层庆平 15 井区、庆平 50 井区及庆

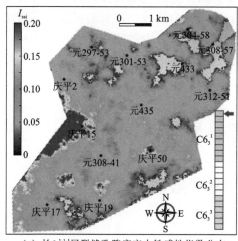

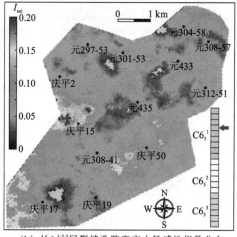

（a）长$6_3^{1\text{-}1\text{-}1}$层裂缝孔隙度应力敏感性指数分布　　（b）长$6_3^{1\text{-}2\text{-}1}$层裂缝孔隙度应力敏感性指数分布

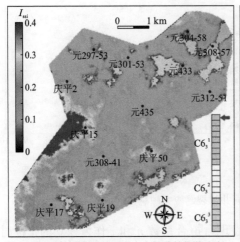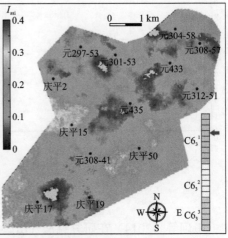

（c）长6₃¹⁻¹⁻¹层裂缝渗透率应力敏感性指数分布　　　（d）长6₃¹⁻²⁻¹层裂缝渗透率应力敏感性指数分布

图 7-17　裂缝孔隙度与渗透率应力敏感性指数分布

灰色区域代表裂缝的不发育区

平 17 井区东部，裂缝孔隙度、渗透率的应力敏感性指数为高值，裂缝孔隙度应力敏感性指数大于 0.12，裂缝渗透率应力敏感性指数介于 0.25～0.35。在确定储层的应力敏感性后，可以依据稳态渗流产能计算模型来建立油藏产能的预测模型（李传亮，2008）。

　　裂缝性致密砂岩储层是一种典型的双孔双渗储层，伴随着油藏的开发，裂缝孔渗参数也随之发生变化。本书采用油藏地质建模与储层地质力学建模的方法，在古今应力场数值模拟的基础上，基于裂缝开度理论预测模型，预测裂缝的密度、产状及开度分布，评价油藏开发初期裂缝的孔渗参数。通过物理实验建立孔隙压力与力学参数的关系发现，随孔隙压力的减小，岩石杨氏模量有增大的趋势，而岩石的泊松比几乎无变化。通过模拟开发过程中地应力的变化，分析开发过程中裂缝参数的变化规律，这是裂缝性致密砂岩储层双孔双渗四维建模的有效方法。

7.6　裂缝应力敏感性影响因素分析

7.6.1　裂缝应力敏感性与岩石力学参数的关系

　　通过对模拟的裂缝应力敏感性与计算的岩石力学参数、基质孔隙度、渗透率、其他储层物理参数、现今地应力的大小进行相关性分析，分别统计不同区间内影响因素的模拟单元数目及平均值,明确裂缝应力敏感性的主控因素,为直接由储层参数、岩石力学参数及地应力参数评价裂缝应力敏感性提供参考。如图 7-18(a)所示,岩石静态力学参数与裂缝应力敏感性相关性分析结果表明,岩石杨氏模量与裂缝应力敏感性呈正相关,并且随着杨氏模量的增大而增大。在高杨氏模量区间(>42 GPa),相对于裂缝渗透率敏感性,杨氏模量对裂缝孔隙度敏感性控制作用更大,因为在高杨氏模量区间中,裂缝孔隙度应力敏感性与杨氏模量的斜率更大。而在低杨氏模量区间(<42 GPa),岩石杨氏模量对裂缝渗透率敏感性的控制作用更大。岩石泊松比对裂缝孔隙度应力敏感性几乎没有影响[图 7-18(b)],泊松比大于 0.295 时,岩石泊松比对裂缝应力敏感性呈两段式变化。

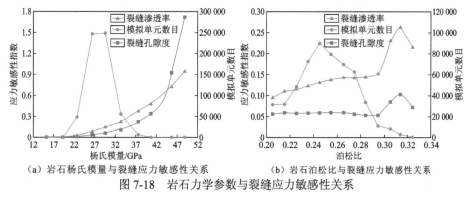

（a）岩石杨氏模量与裂缝应力敏感性关系　　　（b）岩石泊松比与裂缝应力敏感性关系

图 7-18　岩石力学参数与裂缝应力敏感性关系

7.6.2　裂缝应力敏感性与储层物理参数的关系

裂缝性储层油气藏在世界油气资源中占有相当突出的比例。在成岩作用下,岩石变得致密,在后期构造作用下,容易形成构造裂缝。这些构造裂缝是致密砂岩储层的主要渗流通道,也是决定致密砂岩储层能否获得油气高产稳产的重要因素,同时影响着低渗透油藏开发方案的部署和开发效果。受多期构造运动的影响,鄂尔多斯盆地储层中裂缝十分发育,在注水开发过程中,由于地层能量补给困难,导致裂缝面受到的有效应力增大,裂缝开度、孔隙度和渗透率也随之变化。因此,裂缝性储层双孔双渗建模是一个与时间有关的动态四维建模过程。

如图 7-19(a)所示,声波时差对裂缝的应力敏感性有显著的控制作用,两者呈负相关,这与岩石声波时差在一定程度上反映岩石的骨架连通性有关。因此,在一定程度上声波时差能够反映岩石受力后的变形特征,低声波时差可能有更高的杨氏模量,因此相同情况下可能对应高应力敏感性。岩石密度和含水饱和度对裂缝应力几乎没有影响,相对于裂缝孔隙度应力敏感性,裂缝渗透率应力敏感性有更大的波动性[图 7-19(b)和(c)]。泥质含量对裂缝应力敏感性影响较弱,两者呈负相关[图 7-19（d）]。一般而言，低泥质含量的岩石通常具有较高的弹性，因此在相同应力变化幅度下，岩石具有更大的变形幅度，从而具有更高的应力敏感性。

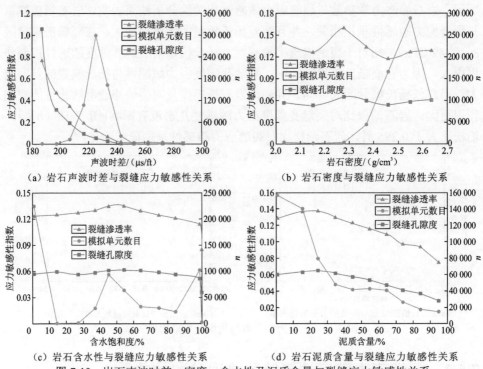

（a）岩石声波时差与裂缝应力敏感性关系　（b）岩石密度与裂缝应力敏感性关系

（c）岩石含水性与裂缝应力敏感性关系　（d）岩石泥质含量与裂缝应力敏感性关系

图 7-19　岩石声波时差、密度、含水性及泥质含量与裂缝应力敏感性关系

如图 7-20 所示，基质孔隙度、渗透率对裂缝的应力敏感性影响较弱，随着基质孔隙度的增大，裂缝应力敏感性略有减小；基质孔隙度在 15%左右时，裂缝应力敏感性骤增，这可能与统计的模拟单元数目较少出现的异常有关。基质渗透率对裂缝应力敏感性影响较弱或者说两者几乎没有相关性。

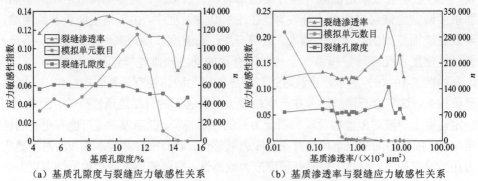

（a）基质孔隙度与裂缝应力敏感性关系　　（b）基质渗透率与裂缝应力敏感性关系

图 7-20　基质孔隙度、渗透率与裂缝应力敏感性关系

7.6.3　裂缝应力敏感性与地应力的关系

如图 7-21 所示，水平最大主应力、最小主应力对裂缝的应力敏感性影响是相似的，高水平主应力对应更大的裂缝应力敏感性，而水平应力差对裂缝应力敏感性的影响呈两段式变化（图 7-22）。当水平应力差小于 6 MPa 时，两者呈负相关；水平应力差大于 6 MPa 时，两者呈负相关；这可能与高水平应力差往往对应更大的水平主应力有关，因此高水平应力场对应较高的裂缝应力敏感性；而水平应力差过小时，开发过程中两个水平主应力相近，压降增大，裂缝面所受的正应力骤增，这可能是导致裂缝应力敏感性变化的主要原因。

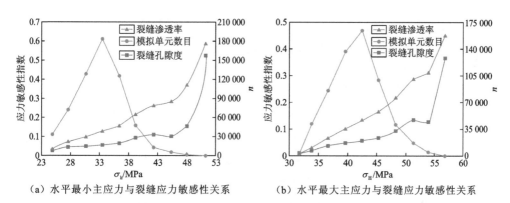

（a）水平最小主应力与裂缝应力敏感性关系　　（b）水平最大主应力与裂缝应力敏感性关系

图 7-21　最大、最小主应力与裂缝应力敏感性关系

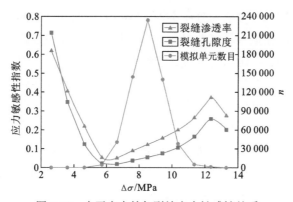

图 7-22　水平应力差与裂缝应力敏感性关系

7.7 压裂裂缝扩展规律分析

水力压裂技术在北美相对成熟，但在复杂地质条件下，尤其是中国，技术应用仍面临很大的挑战。目前国内外对水力压裂缝的数值模拟技术总体以半缝长预测为主，无法表征我国陆相低渗透砂岩储层的非均质性及其形成的非对称压裂缝的展布情况。水力压裂缝的非对称传播机制对我国陆相储层提高采收率至关重要。本书基于储层地质力学三维非均质建模技术预测三维现今地应力，利用微地震监测方法，解释水力压裂缝三维形态；通过多源数据耦合，发现在水平应力差和天然裂缝控制下，水力压裂缝扩展方向会发生不同的变化，水平应力差越小，压裂裂缝扩展方向的离散性越大。研究发现，压裂裂缝两翼不等长的扩展规律与地应力差的分布频率有关，当水平主应力差频率趋近于正态分布时，压裂裂缝两翼基本等长；而水平主应力差越偏离正态分布，压裂裂缝两翼的长度之差越大。研究结果为剩余油挖潜提供了新的依据。

低渗透砂岩储层的天然渗透率较低，无法形成高效渗流通道，因此自然产能较小。在油田开发前期，主要以大规模体积压裂为主，中外学者针对水力压裂缝的研究大多侧重于压裂缝方位、规模（REV）的角度，研究尺度多局限于半缝长（左右对称的裂缝），其结果适用于海相均质储层。然而，中国陆相非均质储层砂体侧向延伸范围小，纵向物性差异大，且储层压裂缝呈现严重的非对称性，包括井筒两侧不对称分布的缝长、缝高、缝宽、产状等。因此，在纵向上、平面上水驱效果存在很大差别，剩余油分布不均。Dahi Taleghani（2009）讨论了天然裂缝对压裂缝的影响，模拟分析了非对称裂缝两翼的发展及裂缝路径沿天然裂缝的转移；此外，主应力、孔隙压力梯度及应变分布控制着非对称裂缝的扩展规律。因此，前人研究成果中对储层压裂后产能评估与实际产能存在较大差异。水力压裂缝的精细预测对油田开发增产意义重大，水力压裂缝动态非对称延伸特征剖析是剩余油挖潜的重要方向。

本书采用储层地质力学三维非均质建模技术，精细预测现今地应力三维分布；利用微地震监测方法，解释水力压裂缝三维形态。通过多源数据融合，确定不同压裂段对应的水平应力差频率分布，阐明水平应力差控制下的压裂裂缝扩展机理，解释压裂裂缝非对称扩展机制，为陆相非均质储层的水力压裂缝扩展规律与特征进行准确精细的表征提供参考，并为低渗透储层提高采收率研究提供新的依据。

7.7.1　压裂裂缝扩展方向

压裂裂缝的扩展模式与现今水平主应力的方向、水平主应力差及天然裂缝的方位与发育程度密切相关。目前，研究区进入水平井整体压裂转采阶段。在压裂过程中，压裂裂缝的扩展规律需要进一步明确。例如，在庆平 50 井区的十个压裂段（图 7-23），压裂裂缝的扩展方向发生不同程度的偏转，从南向北压裂裂缝扩展方向由南东东向转为北东向[图 7-23（a）]。在对微地震监测点拾取后，与现今地应力场数值模拟结果进行空间位置耦合，等概率拾取微地震事件对应的水平主应力差分布，得到十个压裂段地应力差的频率分布（图 7-24）。

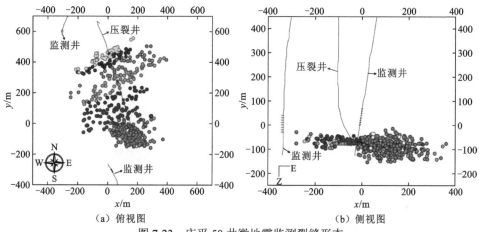

（a）俯视图　　　　　　　　　（b）侧视图

图 7-23　庆平 50 井微地震监测裂缝形态

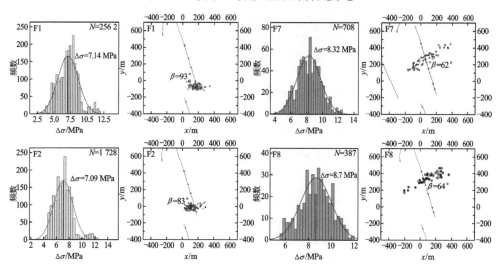

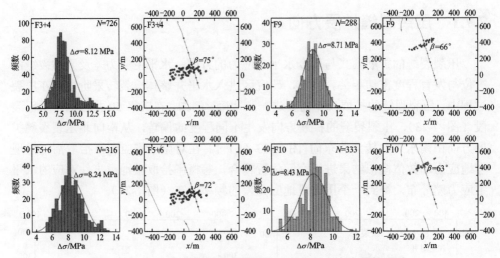

图 7-24　庆平 50 井微地震监测数据点与水平主应力差的关系

N 为拾取的应力场模拟点数目

通过对研究区 5 口水平井及 2 口直井微地震监测结果进行统计分析，得到研究区压裂裂缝扩展方向与水平主应力差的关系，每个压裂段水平主应力差的大小由正态分布的中位数确定，如图 7-25 所示，将研究区压裂裂缝的扩展方向分为三个阶段。

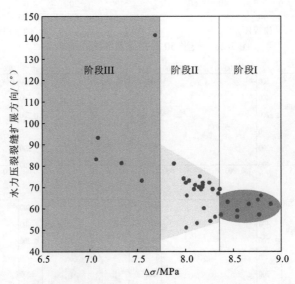

图 7-25　元 284 先导试验区压裂裂缝扩展方向与水平主应力差的关系

阶段 I：独控阶段，水平主应力差大于 8.30 MPa，压裂裂缝沿水平最大主应力方向扩展，压裂裂缝扩展方向在北东东向 57°～64°。

阶段 II：双控阶段，水平主应力差介于 7.75～8.30 MPa 时，压裂裂缝扩展方向受天然裂缝（发育程度与方位）、现今地应力（大小与方向）双重因素影响，压裂裂缝扩展方向的离散性进一步增大，范围介于北东向 50°～北东东向 80°。

阶段 III：多控阶段，水平主应力差小于 7.75 MPa 时，压裂裂缝受天然裂缝方向、发育程度、力学薄弱面及现今地应力等多个因素的影响，压裂裂缝扩展方向的离散性进一步增大，范围介于北东向 40°～南东向 145°。

7.7.2　压裂改造效果影响因素分析

为系统分析压裂改造的效果，并为下一步压裂位置优选提供理论依据，利用微地震监测事件的数目及压裂裂缝带的长度、宽度及高度，结合模拟的裂缝动静态参数、地应力参数，利用相关性分析确定压裂改造效果的影响因素。其中，定义天然裂缝成网指数 ω_{f} 为

$$\omega_{\mathrm{f}} = \frac{1}{n} \sum_{i=1}^{n} | \theta_{zxi} - \overline{\theta}_{zx} | \tag{7-6}$$

式中：n 为单元体内裂缝的条数；θ_{zxi} 为第 i 条裂缝的走向，（°）；$\overline{\theta}_{zx}$ 为单元体内裂缝走向的平均值，（°）。

1. 微地震事件数目

如图 7-26（a）、表 7-3 所示，微地震事件数目主要受水平主应力差控制，其他因素对其影响较小，并且微地震事件数目与压裂裂缝带长度、宽度及高度之间存在弱相关性；微地震事件数目与水平主应力差呈线性负相关，相关系数 R^2 为 0.699 5。

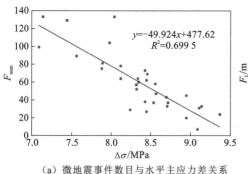

（a）微地震事件数目与水平主应力差关系

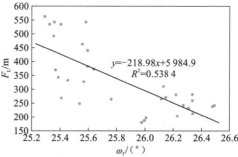

（b）压裂裂缝带长度与天然裂缝成网指数关系

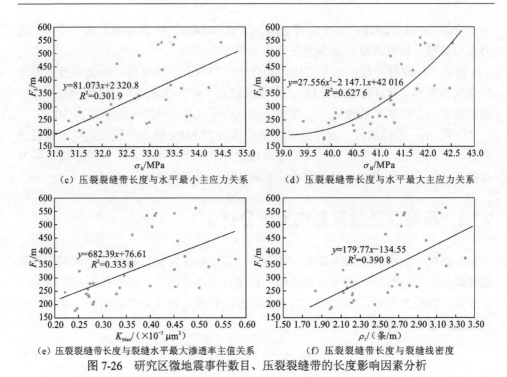

（c）压裂裂缝带长度与水平最小主应力关系　　（d）压裂裂缝带长度与水平最大主应力关系

（e）压裂裂缝带长度与裂缝水平最大渗透率主值关系　　（f）压裂裂缝带长度与裂缝线密度

图 7-26　研究区微地震事件数目、压裂裂缝带的长度影响因素分析

表 7-3　压裂裂缝参数影响因素相关性分析

参数	F_{num}	F_L	F_W	F_H	$\Delta\sigma$	ω_f	σ_h	σ_H	K_{Max}	ρ_l
F_{num}	1.00	−0.08	0.07	0.16	−0.83**	−0.25	0.17*	−0.35*	−0.11	−0.14
F_L	−0.08	1.00	−0.62**	−0.71**	0.12	−0.71**	0.44*	0.64**	0.67**	0.68**
F_W	0.07	−0.62**	1.00	0.44*	0.01	0.46**	−0.50*	−0.51**	−0.51**	−0.44*
F_H	0.16	−0.71**	0.44*	1.00	−0.23	0.57**	−0.22	−045**	−0.66**	−0.65**
$\Delta\sigma$	−0.83**	0.12	0.01	−0.23	1.00	0.11	−0.38*	0.23	0.00	0.04
ω_f	−0.25	−0.71**	0.46**	0.57**	0.11	1.00	−0.41*	−0.42*	−0.56**	−0.53**
σ_h	0.17*	0.44*	−0.50**	−0.22	−0.38*	−0.41*	1.00	0.77**	0.64**	0.64**
σ_H	−0.35*	0.64**	−0.51**	−0.45**	0.23	−0.42*	0.77**	1.00	0.68**	0.72**
K_{Max}	−0.11	0.67**	−0.51**	−0.66**	0.00	−0.56**	0.64**	0.68**	1.00	0.97**
ρ_l	−0.14	0.68**	−0.44*	−0.65**	0.04	−0.53**	0.64**	0.72**	0.97**	1.00

注：F_{num} 为微地震事件数目；F_L 为压裂裂缝带的长度，m；F_W 为压裂裂缝带的宽度，m；F_H 为压裂裂缝带的高度，m；$\Delta\sigma$ 为水平主应力差的大小，MPa；ω_f 为天然裂缝成网指数，（°）；K_{Max} 为裂缝水平最大渗透率主值，μm^2；ρ_l 为裂缝线密度，条/m；**表示在置信度（双侧）为 0.01 时，相关性是显著的；*表示在置信度（双侧）为 0.05 时，相关性是显著的。

2. 压裂裂缝带长度

压裂裂缝带的长度与天然裂缝成网指数、水平最小主应力、水平最大主应力、水平最大渗透率主值及裂缝线密度大小相关性较强（表 7-3）。在这 5 个参数中，压裂裂缝带的长度与天然裂缝成网指数呈负相关，拟合系数达 0.538 4，即天然裂缝越容易形成网状缝，压裂裂缝带的长度越小[图 7-26（b）]。压裂裂缝带的长度与水平最小主应力、水平最大主应力、水平最大渗透率主值及裂缝线密度呈正相关[图 7-26（c）～（f）]，水平最大主应力与压裂裂缝带长度的相关性最强，呈二次方关系，其拟合系数达 0.627 6[图 7-26（d）]；与水平最小主应力、水平最大渗透率主值及裂缝线密度呈线性正相关[图 7-26（c）、（e）、（f）]。

3. 压裂裂缝带宽度

压裂裂缝带的宽度同样与天然裂缝成网指数、水平最小主应力、水平最大主应力、裂缝水平最大渗透率主值及裂缝线密度大小相关性较强（表 7-3）。在这 5 个参数中，压裂裂缝带的宽度与天然裂缝成网指数呈正相关[图 7-27（a）]，即裂缝越容易形成网状缝，压裂裂缝带的宽度越宽；压裂裂缝带的宽度与水平最小主应力、水平最大主应力、水平最大渗透率主值及裂缝线密度大小呈负相关[图 7-27（b）～（e）]，裂缝线密度与压裂裂缝带的宽度相关性最强，拟合系数达 0.406，呈二次方关系[图 7-27（e）]；而压裂裂缝带的宽度与水平主应力差基本无相关性[图 7-27（f）]。

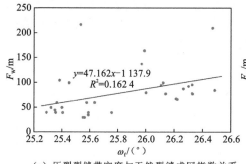

（a）压裂裂缝带宽度与天然裂缝成网指数关系

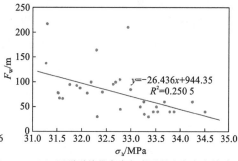

（b）压裂裂缝带宽度与水平最小主应力关系

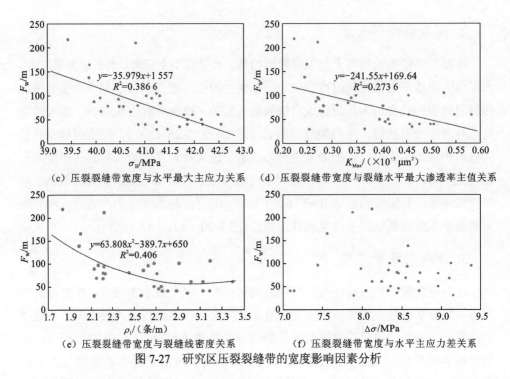

（c）压裂裂缝带宽度与水平最大主应力关系 （d）压裂裂缝带宽度与裂缝水平最大渗透率主值关系

（e）压裂裂缝带宽度与裂缝线密度关系 （f）压裂裂缝带宽度与水平主应力差关系

图 7-27 研究区压裂裂缝带的宽度影响因素分析

4. 压裂裂缝带高度

压裂裂缝带的高度与天然裂缝成网指数、水平最小主应力、水平最大渗透率主值及裂缝线密度大小相关性较强（表 7-3）。在这 4 个变量中，压裂裂缝带的高度与天然裂缝成网指数呈正相关[图 7-28（a）]，即裂缝越容易形成网状缝，压裂裂缝带的高度越大；压裂裂缝带的高度与水平最小主应力、水平最大渗透率主值及裂缝线密度大小呈线性负相关[图 7-28（b）～（d）]，裂缝线密度与压裂裂缝带的高度的相关性最强，其中拟合系数为 0.435 4[图 7-28（d）]。

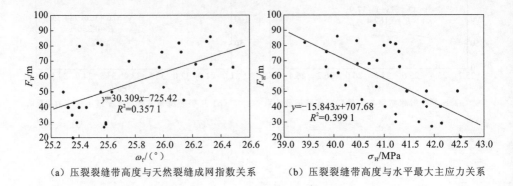

（a）压裂裂缝带高度与天然裂缝成网指数关系 （b）压裂裂缝带高度与水平最大主应力关系

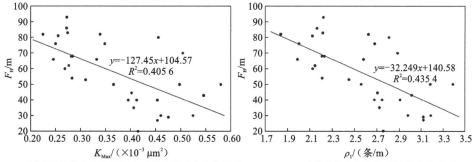

（c）压裂裂缝带高度与裂缝水平最大渗透率主值关系　　　（d）压裂裂缝带高度与裂缝线密度关系

图 7-28　研究区压裂裂缝带的高度影响因素分析

7.7.3　压裂裂缝带两翼不等长扩展规律

通过微地震监测获取破裂点（数目为 n）的空间位置，Ψ 为过水平井且垂直于水平井所在水平面的平面，以 Ψ 为界，将破裂点分为两组，数目分别为 a、b，其中 a、b 满足：$a+b=n$；设压裂喷点的坐标为 $(X_{\mathrm{P}}, Y_{\mathrm{P}}, Z_{\mathrm{P}})$，利用式（7-7）计算压裂裂缝两翼缝长差异性评价指数 κ。

$$\kappa = \sum_{i=1}^{a}\left[(X_i - X_{\mathrm{p}})^2 + (Y_i - Y_{\mathrm{p}})^2 + (Z_i - Z_{\mathrm{p}})^2\right] - \sum_{j=1}^{b}\left[(X_j - X_{\mathrm{p}})^2 + (Y_j - Y_{\mathrm{p}})^2 + (Z_j - Z_{\mathrm{p}})^2\right]$$

$$(7\text{-}7)$$

结合微地震监测破裂点数据，拾取井区应力场精细模拟结果，求取水平地应力的差值 $\Delta\sigma$，并对 $\Delta\sigma$ 进行正态分布检验，求取压裂裂缝段对应的 $\Delta\sigma$ 正态分布检验峰度 ζ_1、$\Delta\sigma$ 正态分布检验偏度 ζ_2，定义峰度 ζ_1 的正负与偏度 ζ_2 的正负一致，即

$$\begin{cases} \zeta_1 = -|\zeta_1|, & \zeta_2 < 0 \\ \zeta_1 = |\zeta_1|, & \zeta_2 > 0 \end{cases}$$

$$(7\text{-}8)$$

定义 $\Delta\sigma$ 正态分布判别指数 δ 为

$$\delta = \frac{\zeta_1 + \zeta_2}{2}$$

$$(7\text{-}9)$$

利用压裂裂缝两翼缝长差异性评价指数 κ 与 δ，建立数学模型。如图 7-29 所示，两个参数呈二次函数关系，拟合系数达 0.834 3。因此，可以认为压裂裂缝两翼不等长的扩展规律与地应力差的分布频率有关。地应力差分布趋近于正态分布时，压裂裂缝两翼基本等长；而越偏离正态分布时，压裂裂缝两翼的长度之差越大，该现象同样可以在庆平 50 井区地应力差的频率统计中得到验证。基于应力场的模拟及图 7-29 中建立的数学模型，可以对压裂裂缝的全缝长进行预测。

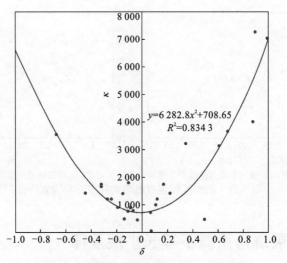

图 7-29　压裂裂缝带两翼不等长扩展规律

7.8　裂缝性储层开发建议

7.8.1　井口注水压力预测

　　在油气开发过程中，注水井的井底流压一般不超过储层的破裂压力。对于华庆地区低渗透储层，井底的最大注入压力通常不超过岩石破裂压力的 90%；同时，注入压力不能超过裂缝的开启压力，即注水井井口的注入压力应当严格控制在拐点压力之下。对于裂缝性储层，直井注水井的井口最大注水压力可以表示为

$$\begin{cases} P_{I\max} = P_{k\min} + P_s - \rho_w gH & (P_{k\min} < 0.9P_f) \\ P_{I\max} = 0.9P_f + P_s - \rho_w gH & (P_{k\min} > 0.9P_f) \end{cases} \tag{7-10}$$

　　当裂缝不发育时，直井注水井井口的最大注水压力可以表示为

$$P_{I\max} = 0.9P_f + P_s - \rho_w gH \tag{7-11}$$

式中：$P_{I\max}$ 为直井注水井井口的最大注水压力，MPa；P_f 为储层的破裂压力，MPa；P_s 为损失压力，包括油管摩擦压力损失、水嘴压力损失，MPa；$P_{k\min}$ 为模拟单元内裂缝的最小开启压力，MPa；ρ_w 为注入水的密度，kg/m³；H 为储层埋深，km；g 为重力加速度，取 9.8 m/s²。

　　依据注水过程中的回压测试，确定 P_s 为 1.4 MPa，依据模拟的储层破裂压

力、裂缝的开启压力及式（7-10）～式（7-11），确定不同层位的合理井口注水压力（图 7-30）。研究区的注水压力集中分布在 0～24 MPa，不同层位的注水压力差异性很大，因此应当依据不同的层位、井区，选择合适的井口注水压力。在开发过程中，同样应该参考吸水剖面曲线，应及时调整注水压力。

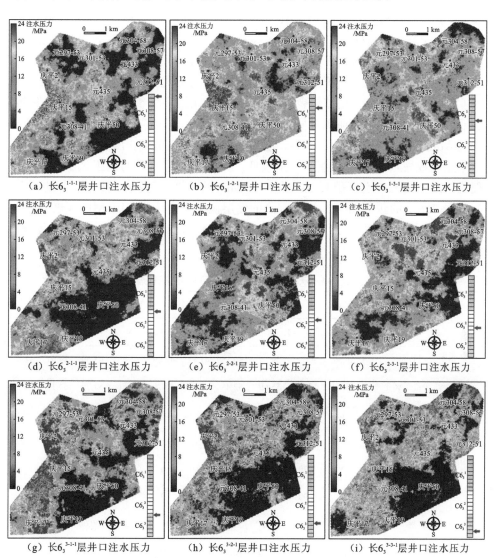

图 7-30　不同层位合理的井口注水压力预测

7.8.2　压裂位置的优选

　　结合目前的开发井数据，优选储层的压裂位置；以庆平 50 井为例（图 7-31），该井动态资料表现为中含水，这是影响该井增油效果的主要因素。第 1、2、9 段为主产段，含水较低；新补孔第 10 段不出液，原第 3、7、8 段产纯水；原第 4、6 段含水较高（75%左右）；因第 5 段为补孔段，施压 60 MPa 未压开进而放弃，因此，实际有效压裂改造 8 段。在目前地下水系统不明确的前提下，目前水平井压裂开发部位应当优先选择水平主应力差小的区域，尤其是那些小于 8 MPa 的地区（第 1 段、第 2 段）。在储层裂缝评价中，应当采用多个参数（动态与静态参数）表征裂缝发育程度，为避免开发过程中含水率过高，不宜在裂缝渗透率主值大于 $1×10^{-3}$ $μm^2$ 的地区（表 7-4）压裂，这些地区渗透率主值高，压裂裂缝带长而窄，很难压裂成网，会导致后期产油量较低。此外，考虑目前的施工技术条件，压裂施工过程中应该选择破裂压力小于 60 MPa 的区域，避免第 5 段未压开的情况；而依据 7.2 节的预测结果，该段预测的储层破裂压力达到 61.9 MPa（表 7-2），在吸水剖面强度指数大于 24 的地区，应当选择合适的注水压力，以防止裂缝性水淹。

表 7-4　庆平 50 井不同压裂段参数统计表

参数	段数									
	10	9	8	7	6	5	4	3	2	1
电阻率/（Ω·m）	39.57	39.72	39.24	40.15	41.32	42.69	46.56	45.59	34.07	32.12
含油饱和度/%	56.48	56.32	55.69	52.43	53.56	45.79	56.86	57.79	54.13	52.19
声波时差/（μs/m）	226.32	219.24	215.32	209.71	210.32	191.74	212.87	216.73	229.04	223.07
基质渗透率/（$×10^{-3}$ $μm^2$）	0.23	0.19	0.18	0.12	0.15	0.07	0.14	0.16	0.33	0.22
日产液/m^3	0	2.70	2.30	2.10	1.80	0	1.30	0.60	2.00	1.40
日产油/t	0	1.90	0	0	0.40	0	0.40	0	1.50	1.10
含水/%	—	28.10	100.00	100.00	78.80	—	72.20	100.00	22.20	22.20
产液量占比/%	0	18.90	16.00	15.10	13.00	0	9.00	4.00	14.00	10.00
裂缝渗透率主值/（$×10^{-3}$ $μm^2$）	0.33	0.50	1.02	1.19	2.12	2.46	0.66	0.69	0.43	0.51

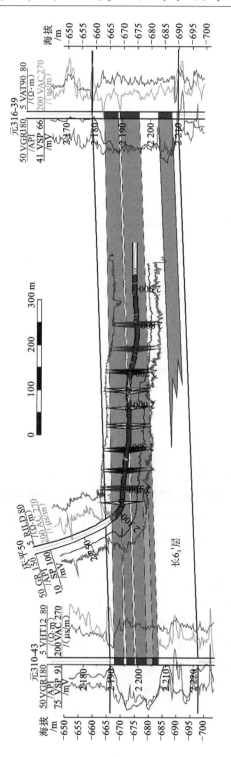

图 7-31　庆平50井井轨迹与压裂段段设计

VHT12为阵列感应测井，RILD为深感应测井，VAT90为阵列感应电阻率测井

第 8 章　结论与展望

（1）基于野外露头、岩心、成像测井、薄片及扫描电镜资料对研究区的裂缝进行了观察描述。其中，裂缝方位以北东—北东东—东西向为主。通过野外观测，将裂缝充填样式分为均匀型充填、条带型充填及团簇型充填 3 种；构造裂缝与结构面组合样式分为终止型、穿透型、变换型及复合型 4 大类。利用成像测井与阵列声波测井资料分析了不同尺度的力学参数与裂缝面密度关系，发现岩石的动态杨氏模量与裂缝面密度呈两段式变化，动态杨氏模量区间为 45～48.5 GPa 时，裂缝最为发育。岩石的泊松比与裂缝面密度整体呈负相关；当动态泊松比小于 0.24 时，随岩石泊松比的增大，裂缝面密度迅速减小；当动态泊松比大于 0.24 时，岩石泊松比对裂缝面密度的控制作用与统计的尺度有关。基于常规测井曲线，提出"轨迹寻踪法"识别裂缝；经与岩心统计结果对比表明，该方法识别裂缝的正确率为 77.29%。

（2）利用野外裂缝观测统计数据，建立裂缝三维网络模型，采用有限元与离散元相结合的方法分析裂缝性储层的多尺度力学行为，确定了地质力学建模中表征单元体的大小为 28 m，结合后期模拟的裂缝静态参数分布，定量预测裂缝性储层力学参数的演化规律。结果表明，从燕山期至今，岩体的杨氏模量及泊松比的差异性逐渐减小，即在燕山期杨氏模量较大的位置，现今杨氏模量下降的幅度大；反之，现今杨氏模量下降的幅度小，甚至没有变化；同样，在燕山期岩石泊松比较小的位置，现今泊松比增加幅度大；反之，现今泊松比增加的幅度小，甚至没有变化。

（3）构造形迹分析确定燕山期水平最大主应力方向为南东东向 109°，水平最小主应力方向为北北东向 19°。喜马拉雅期水平最大主应力方向为北北东向 29°，水平最小主应力方向为南东东向 119°。通过等效古应力场反演，确定燕山期区域水平最小主应力为 41.29 MPa，水平最大主应力为 160.58 MPa；喜马拉雅期区域水平最小主应力为 33.18 MPa，水平最大主应力为 108.54 MPa。研究区现今水平最大主应力方向为北东东向 64.55°，其方向变化幅度小，仅在砂泥接触处发生一定的偏转，最大变化不超过 11.7°。现今水平主应力差集中在 5～12.5 MPa，不同层位之间的差异性明显，即应力具有显著的垂向分层性。

（4）基于岩石破裂自相似性理论，在考虑裂缝面三维形貌的基础上，建立包含裂缝面的有限元地质力学模型，提出了现今地应力、岩石力学参数、裂缝产状、裂缝尺度、裂缝充填特征及裂缝面特征等多因素约束下的油藏裂缝开度理论计算模型。模拟发现，油藏裂缝开度与杨氏模量呈正相关，与泊松比呈负相关；随着埋深的增大，裂缝的开度减小，研究区长 6_3 层的埋深大于 2 000 m，裂缝开度普遍小于 20 μm；随着水平主应力差的增大，裂缝的开度减小；当地应力差大于 10 MPa 时，地应力差对裂缝平均开度的控制作用减弱。在裂缝三种充填样式中，其他情况相同的条件下，均匀型充填的裂缝平均有效开度最大；在均匀型充填样式、条带型充填及团簇型充填中，裂缝充填率分别在 12%～14%、36%、26%时，裂缝的平均有效开度最大。在不同的充填物中，硅质充填物的裂缝平均有效开度最大，其次为钙质，而泥质充填的裂缝平均有效开度最小。随着裂缝面粗糙度的增大，裂缝的闭合率减小，而裂缝的平均开度呈两段式变化，当 JRC 小于 20 时，裂缝开度基本保持不变；当 JRC>20 时，裂缝开度随粗糙度的增大而增大。裂缝的间距小于 2 m 时，随裂缝间距的增大，裂缝开度逐渐增大；当裂缝的间距大于 2 m 时，地下裂缝的开度基本不受裂缝间距的影响。受研究区现今地应力类型的控制作用，随裂缝倾角的增大，裂缝的开度增大。

（5）利用储层地质力学非均质建模技术，结合力学参数的演化规律，模拟了不同时期的应力场分布，通过建立储层裂缝密度计算模型，得出不同层位的裂缝线密度差异性大，这与古应力场的垂向分层性密切相关。模拟的燕山期裂缝线密度集中分布在 0.8～3.2 条/m，裂缝的体密度集中分布在 0.5～3.5 m^2/m^3；喜马拉雅期裂缝的线密度集中分布在 0.2～1.2 条/m，裂缝的体密度集中分布在 0.12～0.75 m^2/m^3。燕山期与喜马拉雅期裂缝开度分布规律类似，但喜马拉雅期裂缝的开度普遍大于燕山期裂缝的开度；燕山期裂缝的开度集中分布在 10.0～12.5 μm，而喜马拉雅期裂缝的开度集中分布在 12.0～15.5 μm。

（6）以吸水剖面资料为约束条件，结合模拟的裂缝形成时期的古应力场，建立吸水剖面高度、裂缝尺度的预测模型。裂缝尺度与最小主应力的波动系数相关性最大，为线性正相关；与单井的最小主应力的最小值相关性次之，为线性负相关。吸水剖面的高度与单井的最小主应力的最大值，最小主应力波动系数，中间主应变波动系数，最大主应变的最大值、最小值、平均值及应变能的最大值及平均值存在弱相关性；与动态开发资料对比表明，吸水剖面强度指数大于 24 时，储层容易形成裂缝性水窜、水淹带。

（7）裂缝性低渗透储层双孔双渗建模结果表明，储层基质孔隙度分布在 4%～13%，长 6_3^1 层的渗透率高值区（>0.2×10^{-3} μm²）分布范围最广，其次为长 6_3^2 层，长 6_3^3 层分布范围最小。燕山期裂缝的孔隙度介于 0～5.6×10^{-3}%，喜马拉雅期裂

缝的孔隙度介于 $0\sim2.8\times10^{-3}$%，裂缝的总孔隙度介于 $0\sim8\times10^{-3}$%。通过建立三维裂缝渗透率张量计算模型，预测得到裂缝的平面渗透率主值介于 $0\sim3\times10^{-3}~\mu m^2$，裂缝的平面渗透率主值分布规律与裂缝的孔隙度相似；在裂缝不发育区的周围，裂缝的平面渗透率主值方向为近东西向；远离裂缝不发育区，裂缝的渗透率主值方向集中在北东东向 $65°\sim70°$。

（8）数值模拟分析结果表明，裂缝线密度与基质孔隙度呈两段式变化，储层孔隙度在 10% 左右时，最有利于裂缝发育；模拟的裂缝线密度与储层渗透率呈两段式变化，储层渗透率在 $0.15\times10^{-3}~\mu m^2$ 左右时，最有利于裂缝发育；模拟的裂缝线密度与泥质含量同样呈两段式变化，泥质含量在 10%～20% 时，最有利于裂缝发育。测井解释与数值模拟结果表明，3 个砂层组的裂缝密度均有如下规律：长 6_3^1 层＞长 6_3^2 层＞长 6_3^3 层；对于单个砂层组，相对于砂层组的上部、下部，砂层组中部的裂缝相对不发育。结合孔隙压力下降过程中有效应力的变化规律，模拟了开发过程中裂缝孔隙度、渗透率的动态变化特征，模拟的裂缝孔隙度应力敏感性指数分布在 $0\sim0.2$，裂缝渗透率应力敏感性指数分布在 $0\sim0.4$。裂缝应力敏感性与岩石杨氏模量、地应力参数及岩石声速密切相关，其中与杨氏模量、水平最大主应力、水平最小主应力呈正相关，与岩石声波时差呈负相关，水平应力差对裂缝应力敏感性的影响呈两段式变化；裂缝应力敏感性与岩石泊松比、泥质含量、储层物性及岩石密度、含水性相关性不大。

（9）以 57 个水平井试油和射孔数据为约束，优选与储层破裂压力密切相关的参数，建立了适用于水平井的储层破裂压力预测模型，计算得到长 6_3 层的破裂压力，主要分布在 25～70 MPa。受现今北东东向水平最大主应力的影响，喜马拉雅期裂缝的开启压力多低于燕山期裂缝。依据模拟的储层破裂压力、裂缝开启压力，确定了不同井区的合理井口注水压力。预测得到研究区井口注水压力集中分布在 0～24 MPa，不同层位的注水压力差异性很大，因此应当依据不同的层位、井区，优选合适的注水压力。

（10）查明了研究区压裂裂缝方向与水平主应力差的关系，并将压裂裂缝的扩展方向分为三个阶段：独控阶段，水平主应力差大于 8.30 MPa，压裂裂缝沿水平最大主应力方向扩展；双控阶段，水平主应力差介于 7.75～8.30 MPa，压裂裂缝扩展方向受天然裂缝、现今地应力双重因素共同控制，压裂裂缝扩展方向在介于北东向 $50°\sim$北东东向 $80°$；多控阶段，水平主应力差小于 7.75 MPa，压裂裂缝扩展方向的离散性进一步增大。

（11）压裂改造效果影响因素分析表明，微地震事件数目主要受水平主应力差控制，两者呈负相关。压裂裂缝带的长度与天然裂缝成网指数、水平最小主应力、水平最大主应力、水平最大渗透率主值及裂缝线密度大小的相关性较强，压裂裂缝带的长度与天然裂缝成网指数呈负相关，与其他 4 个变量呈正相关。压裂裂缝带的宽度与天然裂缝成网指数、水平最小主应力、水平最大主应力、水平最大渗透率主值及裂缝线密度大小相关性较强，压裂裂缝带的宽度与天然裂缝成网指数呈正相关，与其他 4 个变量呈负相关。压裂裂缝带的高度与天然裂缝成网指数、水平最小主应力、水平最大渗透率主值及裂缝线密度大小相关性较强。其中，与天然裂缝成网指数呈正相关，与其他三个变量呈负相关。压裂裂缝两翼不等长的扩展规律与地应力差的分布频率有关，水平主应力差频率趋近于正态分布时，压裂裂缝两翼基本等长；而水平主应力差越偏离正态分布，压裂裂缝两翼的长度之差越大。

在世界油气勘探中，裂缝预测一直是一个难题。现今裂缝性油气藏已经成为全球油气勘探中的一个重要方面，占据着举足轻重的地位。天然裂缝一方面可以显著改善储层的渗透性，甚至可以为油气聚集提供一定的储集空间，另一方面对储层的压裂改造和石油工程方案优化设计有重要影响，笔者总结了未来储层裂缝研究的几个方向。

（1）裂缝识别和表征趋向精细化、定量化的方向发展，并逐渐形成了多手段、多尺度、多参数的储层裂缝综合表征的思路。目前，裂缝识别与表征方法主要包括地质与岩石学法、测井方法、钻井、录井及生产动态资料分析法。地质与岩石学法表征裂缝正朝向更微观、更立体和更精细的方向发展。常规测井资料识别裂缝实际是对微弱信号提取与放大的过程，而钻录井识别裂缝法应当在裂缝综合表征中占据更重要的角色。测井法表征裂缝参数正朝向表征定量化、探测立体化的方向发展，即由"一孔之见"朝向"一孔远见"发展；而生产动态资料识别裂缝应当注意判别吸水、漏失及水窜是否由天然裂缝引起。

（2）常规裂缝定量表征参数主要包括裂缝的产状、密度、高度、长度、组系、开度、孔隙度及渗透率等；裂缝的充填特征、连通性、有效性、开启压力、封闭性、发育模式及动态参数等正日益得到研究人员的关注。裂缝面粗糙度是裂缝力学开度与水力等效开度转换的关键参数，也是储层裂缝多参数预测、裂缝抗剪强度及水力传导特征评价的关键参数，应当引起更多储层裂缝研究人员的关注。此外，构造裂缝的开启-闭合机理及演化过程较为薄弱，缺少多参数耦合作用下构造裂缝开启程度的定量表征模型研究。前人对于构造裂缝开启-闭合主控因素的研究更多的是对于裂缝开启性的定性分析，缺少裂缝开启与闭合过程与各主控因素之间的定量研究。此外，现有的裂缝开启程度定量表征模型过于简单，难以满足实际生产中裂缝性储层甜点优选的需求。

（3）不同类型储层中裂缝的主控因素不一，厚度对裂缝间距的影响并非是一成不变的，这取决于裂缝的成因机制。裂缝的预测方法可以分为岩层曲率法、断裂分形法、地震法、应力场数值模拟及综合法 5 大类，储层裂缝预测方法正朝向多方法综合，多尺度、多参数定量预测的方向发展，应力场数值模拟法与地震法是目前主流的裂缝正演、反演预测方法。随着计算机与人工智能技术的发展，智能预测技术正在彻底改变储层裂缝的表征和预测方式，逐渐成为储层裂缝研究的重要结合方向。

（4）目前，对储层裂缝参数的描述及预测侧重于油田勘探或开发初期阶段储层的裂缝静态参数，但在开发过程中，岩石基质的渗透性差，导致地层能量补给困难，裂缝面受到的正应力与剪应力发生不同的变化，裂缝开度和渗透率发生不同程度的变化，进而影响致密砂岩油气藏开发后期方案的调整和开发效果。因此，裂缝动态参数的评价及其预测方法对致密砂岩油气藏的开发管理具有重要的理论与现实价值，其变化规律是致密砂岩油气藏开发后期井网调整的重要依据。目前，对于裂缝参数的四维变化表征/预测模型研究仍然相对较少，没有形成相对完善的理论模型与评价体系。因此，裂缝动态参数预测将是裂缝性致密砂岩油气藏开发中有待突破的新课题。

参 考 文 献

包汉勇, 刘超, 甘玉青, 等, 2024. 四川盆地涪陵南地区奥陶系五峰组—志留系龙马溪组页岩古构造应力场及裂缝特征. 岩性油气藏, 36(1): 14-22.

鲍明阳, 董少群, 曾联波, 等, 2023. 基于地震属性的致密碳酸盐岩储层裂缝分布的人工智能预测方法. 地球科学, 48(7): 2462-2474.

卜向前, 师永民, 杜书恒, 等, 2015. 低渗透油藏压力场变化对岩体力学性质的影响. 北京大学学报(自然科学版), 51(5): 850-856.

曹东升, 曾联波, 黄诚, 等. 2023. 多尺度岩石力学层对断层和裂缝发育的控制作用. 地球科学, 48(7): 2535-2556.

陈晋镳, 武铁山, 1997. 华北区区域地层. 武汉: 中国地质大学出版社.

陈清贵, 潘小东, 2006. 致密砂岩储集层裂缝综合录井识别技术研究. 录井工程(3): 6-9.

戴俊生, 冯阵东, 刘海磊, 等, 2011. 几种储层裂缝评价方法的适用条件分析. 地球物理学进展, 26(4): 1234-1242.

戴俊生, 商琳, 王彤达, 等, 2014. 富台潜山凤山组现今地应力场数值模拟及有效裂缝分布预测. 油气地质与采收率, 21(6): 33-36.

戴俊生, 汪必峰, 马占荣, 2007. 脆性低渗透砂岩破裂准则研究. 新疆石油地质, 28(4): 393-395.

邓虎成, 周文, 2016. 油气藏内多成因多期次天然裂缝系统评价技术. 北京: 科学出版社.

邓虎成, 周文, 周秋媚, 等, 2013. 新场气田须二气藏天然裂缝有效性定量表征方法及应用. 岩石学报, 29(3): 1087-1097.

邓少贵, 袁习勇, 王正楷, 等, 2018. 裂缝性地层方位侧向测井响应数值模拟. 地球物理学报, 61(8): 3457-3467.

丁文龙, 樊太亮, 黄晓波, 等, 2011a. 塔里木盆地塔中地区上奥陶统古构造应力场模拟与裂缝分布预测. 地质通报, 30(4): 588-594.

丁文龙, 王垚, 王生晖, 等, 2024. 页岩储层非 x 构造裂缝研究进展与思考. 地学前缘, 31(1): 297.

丁文龙, 许长春, 久凯, 等, 2011b. 泥页岩裂缝研究进展. 地球科学进展, 26(2): 135.

丁文龙, 姚佳利, 何建华, 2015a. 非常规油气储层裂缝识别方法与表征. 北京: 地质出版社.

丁文龙, 尹帅, 王兴华, 等, 2015b. 致密砂岩气储层裂缝评价方法与表征. 地学前缘, 22(4): 173-187.

丁中一, 钱祥麟, 霍红, 等, 1998. 构造裂缝定量预测的一种新方法: 二元法. 石油与天然气地质(1): 1-7.

董航宇, 2017. 不规则岩石节理剪切力学特性试验研究. 焦作: 河南理工大学.

董少群, 曾联波, 车小花, 等, 2023. 人工智能在致密储层裂缝测井识别中的应用. 地球科学, 48(7): 2443-2461.

董树文, 张岳桥, 龙长兴, 等, 2007. 中国侏罗纪构造变革与燕山运动新诠释. 地质学报, 81(11): 1449-1461.

董有浦, 燕永锋, 肖安成, 等, 2013. 岩层厚度对砂岩斜交构造裂缝发育的影响. 大地构造与成矿学, 37(3): 384-392.

段昕婷, 陈义国, 贺永红, 等, 2016. 电导率异常检测裂缝识别方法与应用: 以鄂尔多斯盆地延长组深层低渗透砂岩为例. 中国石油勘探, 20(1): 89-94.

范存辉, 秦启荣, 李虎, 等, 2017. 四川盆地元坝中部断褶带须家河组储层构造裂缝形成期次. 石油学报, 38(10): 1135-1143.

冯建伟, 戴俊生, 马占荣, 等, 2011. 低渗透砂岩裂缝参数与应力场关系理论模型. 石油学报, 32(4): 664-671.

冯建伟, 孙建芳, 张亚军, 等, 2020. 塔里木盆地库车坳陷断层相关褶皱对裂缝发育的控制. 石油与天然气地质, 41(3): 543-557.

冯阵东, 戴俊生, 邓航, 等, 2011. 利用分形几何定量评价克拉 2 气田裂缝. 石油与天然气地质, 32(6): 928-933.

冯阵东, 戴俊生, 王霞田, 等, 2011. 不同坐标系中裂缝渗透率的定量计算. 石油学报, 32(1): 135-139.

付建伟, 李洪楠, 孙中春, 等, 2015. 玛北地区砂砾岩储层地应力方向测井识别及主控因素. 石油与天然气地质, 36(4): 605-611.

付金华, 范立勇, 刘新社, 等, 2019. 鄂尔多斯盆地天然气勘探新进展、前景展望和对策措施. 中国石油勘探, 24(4), 418-430.

付晓飞, 苏玉平, 吕延防, 等, 2007. 断裂和裂缝的分形特征. 地球科学, 32(2): 227-234.

高晨阳, 赵福海, 高莲凤, 等, 2023. 基于构造应变分析的裂缝预测方法及其应用. 地质力学学报, 29(1): 21-33.

高金栋, 周立发, 冯乔, 等, 2018. 储层构造裂缝识别及预测研究进展. 地质科技情报, 37(4): 158-166.

高帅, 曾联波, 马世忠, 等, 2015. 致密砂岩储层不同方向构造裂缝定量预测. 天然气地球科学, 26(3): 427-434.

葛云峰, 唐辉明, 黄磊, 等, 2012. 岩体结构面三维粗糙度系数表征新方法. 岩石力学与工程学报, 31(12): 2508-2517.

巩磊, 程宇琪, 高帅, 等, 2023. 库车前陆盆地东部下侏罗统致密砂岩储层裂缝连通性表征及其主控因素. 地球科学, 48(7): 2475-2488.

郭明宇, 姬建飞, 2021. 渤海太古界变质岩潜山裂缝型储集层随钻评价方法. 录井工程, 32(2): 83-89.

何建华, 曹峰, 邓虎成, 等, 2023. 四川盆地 HC 地区须二段致密砂岩储层地应力评价及其在致密气开发中的应用. 中国地质, 50(4): 1107-1121.

何新兵, 董京智, 邱田民, 等, 2014. 红河油田水平井储集层裂缝录井识别技术研究. 录井工程, 25(4): 15-21.

侯贵廷, 1994. 裂缝的分形分析方法. 应用基础与工程科学学报(4): 299-305.

侯贵廷, 潘文庆, 2013. 裂缝地质建模及力学机制. 北京: 科学出版社.

季宗镇, 戴俊生, 汪必峰, 2010b. 地应力与构造裂缝参数间的定量关系. 石油学报, 31(1): 68-72.

季宗镇, 戴俊生, 汪必峰, 等, 2010a. 构造裂缝多参数定量计算模型. 中国石油大学学报(自然科学版), 34(1): 24-28.

姜琳, 王清晨, 王香增, 等, 2013. 鄂尔多斯盆地东南部中生界地层节理发育特征与古应力场. 岩石学报, 29(5): 1774-1790.

姜晓宇, 张研, 甘利灯, 等, 2020. 花岗岩潜山裂缝地震预测技术. 石油地球物理勘探, 55(3): 694-704.

金强, 毛晶晶, 杜玉山, 等, 2015. 渤海湾盆地富台油田碳酸盐岩潜山裂缝充填机制. 石油勘探与开发, 42(4): 454-462.

鞠玮, 侯贵廷, 冯胜斌, 等, 2014a. 鄂尔多斯盆地庆城—合水地区延长组长 6_3 储层构造裂缝定量预测. 地学前缘, 21(6): 310-320.

鞠玮, 侯贵廷, 黄少英, 等, 2014b. 断层相关褶皱对砂岩构造裂缝发育的控制约束. 高校地质学报, 20(1): 105-113.

阚留杰, 陈钉钉, 祝国伟, 等, 2015. 应用测井、录井资料识别泥岩裂缝方法. 录井工程, 26(2): 29-33.

赖锦, 白天宇, 肖露, 等, 2023. 地应力测井评价方法及其地质与工程意义. 石油与天然气地质, 44(4): 1033-1043.

赖锦, 王贵文, 孙思勉, 等, 2015. 致密砂岩储层裂缝测井识别评价方法研究进展. 地球物理学进展, 30(4): 1712-1724.

雷振宇, 张朝军, 2000. 鄂尔多斯盆地含油气系统划分及特征. 中国石油勘探(3): 75-82.

李传亮, 2008. 裂缝性油藏的应力敏感性及产能特征. 新疆石油地质, 29(1): 72-75.

李军, 陈勉, 柳贡慧, 2006. 岩石力学性质正交各向异性实验研究. 西南石油大学学报(自然科学版), 28(5): 50-52.

李乐, 侯贵廷, 潘文庆, 等, 2011. 逆断层对致密岩石构造裂缝发育的约束控制. 地球物理学报, 54(2): 466-473.

李理, 桑晓彤, 陈霞飞, 2017. 低渗透储层裂缝研究现状及进展. 地球物理学进展, 32(6):

2472-2484.

李向阳, 王赟, 孙鹏远, 等, 2024. 横波分裂和纵波方位各向异性在油气勘探中的应用. 地球物理学报, 67(3): 855-870.

李萧, 吴礼明, 王丙贤, 等, 2021. 渝东南地区龙马溪组构造应力场数值模拟及裂缝有利区预测. 地质科技通报, 40(6): 24-31.

李小刚, 徐国强, 戚志林, 等, 2013. 断层相关裂缝定性识别: 原理与应用. 吉林大学学报(地球科学版), 43(6): 1779-1786.

李晓, 李守定, 史戎坚, 等, 2019. 高能加速器 CT 岩石力学试验系统: 201811224053. 6: 2018-10-19.

李毓, 2009. 储层裂缝的测井识别及其地质建模研究. 测井技术, 33(6), 575-578.

李战奎, 郭明宇, 马金鑫, 等, 2023. 录井技术在渤海油田太古界变质岩裂缝识别中的应用. 录井工程, 34(1): 121-129.

李志明, 张金珠, 1997. 地应力与油气勘探开发. 北京: 石油工业出版社.

李志勇, 曾佐勋, 罗文强, 2003. 裂缝预测主曲率法的新探索. 石油勘探与开发, 30(6): 83-85.

梁丰, 唐磊, 李睿琦, 等, 2022. 鄂尔多斯盆地南部延长组长 7 油组页岩层系天然裂缝发育特征及主控因素. 地质科学, 57(1): 73-87.

刘池洋, 赵红格, 王锋, 等, 2005. 鄂尔多斯盆地西缘(部)中生代构造属性. 地质学报, 79(6): 737-747.

刘春, 张荣虎, 张惠良, 等, 2017. 库车前陆冲断带多尺度裂缝成因及其储集意义. 石油勘探与开发, 44(3): 463-472.

刘敬寿, 2020. 一种裂缝面粗糙度各向异性表征方法: 201810859415. 2: 2018-08-01.

刘敬寿, 戴俊生, 王硕, 等, 2015a. 断层容量维、信息维与数值模拟预测裂缝对比. 新疆石油地质, 36(2): 222-227.

刘敬寿, 戴俊生, 邹娟, 等, 2015b. 裂缝性储层渗透率张量定量预测方法. 石油与天然气地质, 36(6): 1022-1029.

刘敬寿, 丁文龙, 肖子亢, 等, 2019. 储层裂缝综合表征与预测研究进展. 地球物理学进展, 34(6): 2283-2300.

刘敬寿, 丁文龙, 杨海盟, 等, 2023. 鄂尔多斯盆地华庆地区天然裂缝与岩石力学层演化: 基于数值模拟的定量分析. 地球科学, 48(7): 2572-2588.

刘敬寿, 杜全伟, 戴俊生, 2015c. 金湖凹陷阜二段断裂信息维特征与油气藏分布. 特种油气藏, 22(3): 42-45.

刘亢, 曹代勇, 徐浩, 等, 2014. 鄂尔多斯煤盆地西缘古构造应力场演化分析. 中国煤炭地质, 26(8): 87-90.

刘群明, 唐海发, 吕志凯, 等, 2023. 超深层气藏裂缝发育模式及水侵规律: 以塔里木盆地克深 2、9、8 气藏为例. 天然气地球科学, 34(6): 963-972.

刘卫彬, 张世奇, 李世臻, 等, 2018. 东濮凹陷沙三段储层微裂缝发育特征及意义. 地质通报, 37(2-3): 496-502.

刘钰洋, 鞠玮, 熊伟, 等, 2024. 川南泸州区块五峰-龙马溪组现今地应力特征与页岩气开发. 科学技术与工程, 24(8): 3200-3206.

刘月田, 丁祖鹏, 屈亚光, 等, 2011. 油藏裂缝方向表征及渗透率各向异性参数计算. 石油学报, 32(5): 842-846.

卢世浩, 杨红满, 胡江涛, 2020. 主曲率法预测顺北区块二叠系井漏研究. 录井工程, 30(4): 17-21.

陆云龙, 吕洪志, 崔云江, 等, 2018. 基于三维莫尔圆的裂缝有效性评价方法及应用. 石油学报, 39(5): 564-569.

罗静兰, 李忠兴, 史成恩, 等, 2008. 鄂尔多斯盆地西南部上三叠统延长组长8、长6油层组的沉积体系与物源方向. 地质通报, 27(1): 101-111.

罗静兰, 罗晓容, 白玉彬, 等, 2016. 差异性成岩演化过程对储层致密化时序与孔隙演化的影响: 尔多斯盆地西南部长7致密浊积砂岩储层为例. 地球科学与环境学报, 38(1): 79-92.

吕文雅, 曾联波, 刘静, 等, 2016. 致密低渗透储层裂缝研究进展. 地质科技情报, 35(4): 74-83.

马春德, 刘泽霖, 谢伟斌, 等, 2020. 套孔应力解除法与声发射法在新城矿区深部地应力测量中的对比研究. 黄金科学技术, 28(3): 401-410.

马妮, 印兴耀, 宗兆云, 等, 2020. 基于曲率属性的构造应力预测方法. 石油地球物理勘探, 55(3): 643-650.

毛哲, 曾联波, 刘国平, 等, 2020. 准噶尔盆地南缘侏罗系深层致密砂岩储层裂缝及其有效性. 石油与天然气地质, 41(6): 1212-1221.

孟召平, 蓝强, 刘翠丽, 等, 2013. 鄂尔多斯盆地东南缘地应力、储层压力及其耦合关系. 煤炭学报, 38(1): 122-128.

穆龙新, 2009. 储层裂缝预测研究. 北京: 石油工业出版社.

南泽宇, 李军, 刘志远, 等, 2017. 基于数值模拟的双感应测井裂缝参数定量评价方法. 地球物理学进展, 32(2): 696-701.

潘保芝, 刘文斌, 张丽华, 等, 2018. 一种提高储层裂缝识别准确度的方法. 吉林大学学报(地球科学版), 48(1): 298-306.

彭红利, 熊钰, 孙良田, 等, 2005. 主曲率法在碳酸盐岩气藏储层构造裂缝预测中的应用研究. 天然气地球科学, 16(3): 343-346.

乔兰, 蔡美峰, 1995. 应力解除法在某金矿地应力测量中的新进展. 岩石力学与工程学报 14(1): 25-025.

屈海洲, 张福祥, 王振宇, 等, 2016. 基于岩心-电成像测井的裂缝定量表征方法: 以库车坳陷 ks2 区块白垩系巴什基奇克组砂岩为例. 石油勘探与开发, 43(3): 425-432.

饶华, 李建民, 孙夕平, 2009. 利用分形理论预测潜山储层裂缝的分布. 石油地球物理勘探, 44(1): 98-103.

任浩林, 刘成林, 刘文平, 等, 2020. 四川盆地富顺-永川地区五峰组—龙马溪组应力场模拟及裂缝发育区预测. 地质力学学报, 26(1): 74-83.

商琳, 戴俊生, 贾开富, 等, 2013. 碳酸盐岩潜山不同级别构造裂缝分布规律数值模拟: 以渤海湾盆地富台油田为例. 天然气地球科学, 24(6): 1260-1267.

时保宏, 郑飞, 张艳, 等, 2014. 鄂尔多斯盆地延长组长 7 油层组石油成藏条件分析. 石油实验地质, 36(3): 285-290.

苏皓, 雷征东, 张获萩, 等, 2017. 裂缝性油藏天然裂缝动静态综合预测方法. 石油勘探与开发, 44(6): 919-929.

宿晓岑, 巩磊, 高帅, 等, 2021. 陇东地区长 7 段致密储集层裂缝特征及定量预测. 新疆石油地质, 42(2): 161-167.

隋泽栋, 胡张明, 覃保铜, 等, 2015. 新疆中拐地区火成岩裂缝储集层录井功指数比值解释评价及流体识别方法. 录井工程, 26(1): 13-17.

孙洪泉, 2011. 分形几何与分形插值. 北京: 科学出版社.

孙尚如, 2003. 预测储层裂缝的两种曲率方法应用比较. 地质科技情报, 22(4): 71-74.

孙致学, 姜宝胜, 肖康, 等, 2020. 基于新型集成学习算法的基岩潜山油藏储层裂缝开度预测算法. 油气地质与采收率, 27(3): 32-38.

汤锡元, 郭忠铭, 王定一, 1988. 鄂尔多斯盆地西部逆冲推覆构造带特征及其演化与油气勘探. 石油与天然气地质, 9(1): 1-10.

唐诚, 2013. 储层裂缝表征及预测研究进展. 科技导报, 31(21): 74-79.

唐晓明, 李盛清, 许松, 等, 2017. 页岩气藏水平测井裂缝识别及声学成像研究. 测井技术, 41(5): 501-505.

童亨茂, 2006. 成像测井资料在构造裂缝预测和评价中的应用. 天然气工业, 26(9): 58-61.

汪虎, 郭印同, 王磊, 等, 2017. 不同深度页岩储层力学各向异性的试验研究. 岩土力学, 38(9): 2496-2506.

王成虎, 2014. 地应力主要测试和估算方法回顾与展望. 地质论评, 60(5): 971-996.

王春燕, 高涛, 2009. 火山岩储层测井裂缝参数估算与评价方法. 天然气工业, 29(8): 38-41.

王丹丹, 李浩, 赵向原, 等, 2016. 新场气田储层裂缝特征及其与动态气水分布的关系. 石油实验地质, 38(6): 748-756.

王军, 李艳东, 甘利灯, 2013. 基于蚂蚁体各向异性的裂缝表征方法. 石油地球物理勘探, 48(5): 763-769.

王珂, 戴俊生, 张宏国, 等, 2014. 裂缝性储层应力敏感性数值模拟: 以库车坳陷克深气田为例. 石油学报, 35(1): 123-133.

王珂, 张惠良, 张荣虎, 等, 2015. 塔里木盆地克深 2 气田储层构造裂缝多方法综合评价. 石油学报, 36(6): 673-687.

王珂, 张荣虎, 戴俊生, 等, 2016. 库车坳陷克深 2 气田低渗透砂岩储层裂缝发育特征. 油气地质与采收率, 23(1), 53-60.

王立静, 2010. 鄂尔多斯盆地华庆地区长 6₃ 储层综合评价. 成都: 成都理工大学.

王连捷, 李朋武, 崔军文, 等, 2005. 中国大陆科学钻探主孔声发射法现今地应力状态的确定. 中国地质, 32(2): 259-264.

王明飞, 苏克露, 肖伟, 等, 2016. 泥页岩应力场约束的叠后地震裂缝预测技术: 以焦石坝区块五峰组—龙马溪组一段为例. 石油与天然气地质, 39(1): 198-206.

王小琼, 葛洪魁, 王文文, 等, 2021. 致密储层岩石应力各向异性与材料各向异性的实验研究. 地球物理学报, 64(12): 4239-4251.

王秀娟, 杨学保, 迟博, 等, 2004. 大庆外围低渗透储层裂缝与地应力研究. 大庆石油地质与开发, 23(5): 88-90.

王永宏, 李宇征, 李伟华, 等, 2013. 华庆油田元 284 区油藏描述研究. 长庆油田分公司超低渗透油藏研究中心.

王正国, 曾联波, 2007. 特低渗透砂岩储层裂缝特征及其常规井识别方法. 国外测井技术, 22(2): 14-18, 22.

位云生, 王军磊, 于伟, 等, 2021. 基于三维分形裂缝模型的页岩气井智能化产能评价方法. 石油勘探与开发, 48(4): 787-796.

吴林强, 刘成林, 张涛, 等, 2018. "二元法"在构造裂缝定量预测中的应用: 以松辽盆地青一段泥页岩为例. 地质力学学报, 24(5): 598-606.

吴琼, 唐辉明, 王亮清, 等, 2014. 基于三维离散元仿真试验的复杂节理岩体力学参数尺寸效应及空间各向异性研究. 岩石力学与工程学报, 33(12): 2419-2432.

吴晓明, 2014. 华庆地区长 6 油藏裂缝见水规律研究. 西安: 西安石油大学.

吴炎, 2017. 辽河油田元古界潜山水平井钻井缝型储集层识别方法. 录井工程, 28(2): 42-45.

谢清惠, 蒋立伟, 赵春段, 等, 2021. 提高蚂蚁追踪裂缝预测精度的应用研究. 物探与化探, 45(5): 1295-1302.

谢润成, 周文, 杨志彬, 等, 2010. 非定向全直径岩心现今地应力特征试验测试一体化研究. 石油钻探技术, 38(4): 108-111.

徐珂, 田军, 杨海军, 等, 2020. 深层致密砂岩储层现今地应力场预测及应用. 中国矿业大学学报, 49(4): 708-720.

徐珂, 刘敬寿, 张辉, 等, 2024. 复杂构造区全层系地质力学建模及其地质与工程应用. 地学前缘, 31(5): 195-208.

徐黎明, 周立发, 张义楷, 等, 2006. 鄂尔多斯盆地构造应力场特征及其构造背景. 大地构造与成矿学, 30(4): 455-462.

杨华, 刘显阳, 张才利, 等, 2007. 鄂尔多斯盆地三叠系延长组渗透岩性油藏主控因素及其分布规律. 岩性油气藏, 19(3): 1-6.

杨野, 2010. 海拉尔盆地三维地应力模拟评价研究. 北京: 石油工业出版社.

叶金汉, 1991. 岩石力学参数手册. 北京: 水利电力出版社.

袁士义, 宋新民, 冉启全, 2004. 裂缝性油藏开发技术. 北京: 石油工业出版社.

曾联波, 2004. 低渗透砂岩油气储层裂缝及其渗流特征. 地质科学, 39(1): 11-17.

曾联波, 2008. 低渗透砂岩储层裂缝的形成与分布. 北京: 科学出版社.

曾联波, 高春宇, 漆家福, 等, 2008a. 鄂尔多斯盆地陇东地区特低渗透砂岩储层裂缝分布规律及其渗流作用. 中国科学: 地球科学(s1): 44-50.

曾联波, 巩磊, 宿晓岑, 等, 2024. 深层-超深层致密储层天然裂缝分布特征及发育规律. 石油与天然气地质, 45(1): 1-14.

曾联波, 巩磊, 祖克威, 等, 2012. 柴达木盆地西部古近系储层裂缝有效性的影响因素. 地质学报, 86(11): 1809-1814.

曾联波, 柯式镇, 刘洋, 2010. 低渗透油气储层裂缝研究方法. 北京: 石油工业出版社.

曾联波, 吕鹏, 屈雪峰, 等, 2020. 致密低渗透储层多尺度裂缝及其形成地质条件. 石油与天然气地质, 41(3): 449-454.

曾联波, 吕文雅, 徐翔, 等, 2022. 典型致密砂岩与页岩层理缝的发育特征、形成机理及油气意义. 石油学报, 43(2): 180-191.

曾联波, 马诗杰, 田鹤, 等, 2023. 富有机质页岩天然裂缝研究进展. 地球科学, 48(7): 2427-2442.

曾联波, 漆家福, 王永秀, 2007. 低渗透储层构造裂缝的成因类型及其形成地质条件. 石油学报, 28(4): 52-56.

曾联波, 张建英, 2001. 大民屯凹陷静北潜山油藏裂缝及其渗流特征. 石油大学学报(自然科学版), 25(1): 34-36.

曾联波, 赵继勇, 朱圣举, 等, 2008b. 岩层非均质性对裂缝发育的影响研究. 自然科学进展, 18(2): 216-220.

曾联波, 赵向原, 2019. 鄂尔多斯盆地天然裂缝与注水诱导裂缝. 北京: 科学出版社.

曾联波, 赵向原, 朱圣举, 等, 2016. 低渗透油藏注水诱导裂缝及其开发意义. 石油科学通报, 2(3): 336-343.

曾维特, 丁文龙, 张金川, 等, 2016. 渝东南-黔北地区下寒武统牛蹄塘组页岩裂缝有效性研究. 地学前缘, 23(1): 96-106.

张福明, 陈义国, 邵才瑞, 等, 2010. 基于双侧向测井的裂缝开度估算模型比较及改进. 测井技术, 34(4): 339-342.

张贵科, 徐卫亚, 2008. 裂隙网络模拟与 REV 尺度研究. 岩土力学, 29(6): 1675-1680.

张浩, 康毅力, 陈景山, 等, 2007. 储层裂缝宽度应力敏感性可视化研究. 钻采工艺, 30(1): 41-43.

张军华, 王月英, 赵勇, 2004. C$_3$ 相干体在断层和裂缝识别中的应用. 地震学报, 26(5): 560-564.

张鹏, 侯贵廷, 潘文庆, 等, 2013. 塔里木盆地震旦寒武系白云岩储层构造裂缝有效性研究. 北京大学学报(自然科学版), 49(6): 993-1001.

赵继勇, 周新桂, 雷启鸿, 等, 2017. 鄂尔多斯盆地马岭油田长 7 致密储层古今构造应力研究. 地质力学学报, 23(6): 810-820.

赵军龙, 蔡振东, 张亚旭, 等, 2015. 鄂尔多斯盆地 C 区长 8 储层岩石力学参数剖面建立方法. 西安石油大学学报(自然科学版), 30(3): 47-52.

赵军龙, 李兆明, 李建霆, 等, 2010. Z 油田天然裂缝测录井识别技术应用. 石油地球物理勘探, 45(4): 584-590.

赵军龙, 朱广社, 2011. 低渗透砂岩天然裂缝综合判识技术研究. 北京: 石油工业出版社.

赵文韬, 侯贵廷, 孙雄伟, 等, 2013. 库车东部碎屑岩层厚和岩性对裂缝发育的影响. 大地构造与成矿学, 37(4): 603-610.

赵文韬, 侯贵廷, 张居增, 等, 2015. 层厚与岩性控制裂缝发育的力学机理研究: 以鄂尔多斯盆地延长组为例. 北京大学学报(自然科学版), 51(6): 1047-1058.

赵向原, 曾联波, 靳宝光, 等, 2015. 裂缝性低渗透砂岩油藏合理注水压力: 以鄂尔多斯盆地安塞油田王窑区为例. 石油与天然气地质, 36(5): 855-861.

赵向原, 曾联波, 祖克威, 等, 2016. 致密储层脆性特征及对天然裂缝的控制作用: 以鄂尔多斯盆地陇东地区长 7 致密储层为例. 石油与天然气地质, 37(1): 62-71.

赵向原, 胡向阳, 曾联波, 等, 2017. 四川盆地元坝地区长兴组礁滩相储层天然裂缝有效性评价. 天然气工业, 37(2): 52-61.

赵向原, 胡向阳, 肖开华, 等, 2018. 川西彭州地区雷口坡组碳酸盐岩储层裂缝特征及主控因素. 石油与天然气地质, 39(1): 30-39.

赵向原, 吕文雅, 王策, 等, 2020. 低渗透砂岩油藏注水诱导裂缝发育的主控因素: 以鄂尔多斯盆地安塞油田 W 区长 6 油藏为例. 石油与天然气地质, 41(3): 586-595.

赵向原, 游瑜春, 胡向阳, 等, 2023. 基于成因机理及主控因素约束的多尺度裂缝"分级-分期-分组"建模方法. 石油与天然气地质, 44(1): 213-225.

周文, 闫长辉, 王世泽, 2007. 油气藏现今地应力场评价方法及应用. 北京: 地质出版社.

周新桂, 张林炎, 范昆, 等, 2009a. 鄂尔多斯盆地现今地应力测量及其在油气开发中的应用. 西安石油大学学报(自然科学版), 24(3): 7-12.

周新桂, 张林炎, 黄臣军, 等, 2012. 华庆地区长 63 储层裂缝分布模型与裂缝有效性. 吉林大学学报(地球科学版), 42(3): 689-697.

周新桂, 张林炎, 黄臣军, 等, 2013. 华庆探区长 63 储层破裂压力及裂缝开启压力估测与开发建议. 中南大学学报(自然科学版), 44(7): 2812-2818.

周新桂, 张林炎, 屈雪峰, 等, 2009b. 沿河湾探区低渗透储层构造裂缝特征及分布规律定量预测. 石油学报, 30(2): 195-200.

朱如凯, 邹才能, 吴松涛, 等, 2019. 中国陆相致密油形成机理与富集规律. 石油与天然气地质, 40(6): 1168-1184.

ABUL K H, COOKE D, HAND M, 2015. Paleo stress contribution to fault and natural fracture distribution in the Cooper Basin. Journal of Structural Geology, 79: 31-41.

AFSHARI MOEIN M J, SOMOGYVÁRI M, VALLEY B, et al., 2018. Fracture network characterization using stress-based tomography. Journal of Geophysical Research: Solid Earth, 123(11): 9324-9340.

AL-FAHMI M M, CARTWRIGHT J A, 2019. Comparison of carbonate reservoir fractures from core and modern electrical borehole images. Marine and Petroleum Geology, 101: 252-264.

ALI ZERROUKI A, AÏFA T, BADDARI K, 2014. Prediction of natural fracture porosity from well log data by means of fuzzy ranking and an artificial neural network in Hassi Messaoud oil field, Algeria. Journal of Petroleum Science and Engineering, 115: 78-89.

ALLÈGRE C J, LE MOUEL J L, PROVOST A, 1982. Scaling rules in rock fracture and possible implications for earthquake prediction. Nature, 297: 47-49.

ARBOIT F, AMROUCH K, MORLEY C, et al., 2017. Palaeostress magnitudes in the Khao Khwang fold-thrust belt, new insights into the tectonic evolution of the Indosinian orogeny in central Thailand. Tectonophysics, 710: 266-276.

ASADOLLAHPOUR E, HASHEMOLHOSSEINI H, BAGHBANAN A, et al., 2019. Redistribution of local fracture aperture and flow patterns by acidizing. International Journal of Rock Mechanics and Mining Sciences, 117: 20-30.

BAGHBANAN A, JING L R, 2008. Stress effects on permeability in a fractured rock mass with correlated fracture length and aperture. International Journal of Rock Mechanics and Mining Sciences, 45(8): 1320-1334.

BANSAL R, SEN M K, 2008. Finite-difference modelling of S-wave splitting in anisotropic media. Geophysical Prospecting, 56(3): 293-312.

BARR S P, HUNT D P, 1999. Anelastic strain recovery and the Kaiser effect retention span in the Carnmenellis granite, U K. Rock Mechanics and Rock Engineering, 32(3): 169-193.

BARTON N, 1973. Review of a new shear-strength criterion for rock joints. Engineering Geology, 7(4): 287-332.

BARTON N, 1982. Modelling rock joint behavior from in situ block tests: Implications for nuclear waste repository design. Office of Nuclear Waste Isolation, Battelle Project Management Divsion.

BARTON N, CHOUBEY V, 1977. The shear strength of rock joints in theory and practice. Rock

Mechanics, 10(1): 1-54.

BAYTOK S, PRANTER M J, 2013. Fault and fracture distribution within a tight-gas sandstone reservoir: Mesaverde Group, Mamm Creek Field, Piceance Basin, Colorado, USA. Petroleum Geoscience, 19(3): 203-222.

BELEM T, HOMAND-ETIENNE F, SOULEY M, 2000. Quantitative parameters for rock joint surface roughness. Rock Mechanics and Rock Engineering, 33(4): 217-242.

BISDOM K, BERTOTTI G, NICK H, 2016a. A geometrically based method for predicting stress-induced fracture aperture and flow in discrete fracture networks. AAPG Bulletin, 100(7): 1075-1097.

BISDOM K, BERTOTTI G, NICK H, 2016b. The impact of different aperture distribution models and critical stress criteria on equivalent permeability in fractured rocks. Journal of Geophysical Research: Solid Earth, 121(5): 4045-4063.

BISDOM K, BERTOTTI G, NICK H M, 2016c. The impact of in-situ stress and outcrop-based fracture geometry on hydraulic aperture and upscaled permeability in fractured reservoirs. Tectonophysics, 690: 63-75.

BISDOM K, NICK H M, BERTOTTI G, 2017. An integrated workflow for stress and flow modelling using outcrop-derived discrete fracture networks. Computers & Geosciences, 103: 21-35.

BOGATKOV D, BABADAGLI T, 2010. Fracture network modeling conditioned to pressure transient and tracer test dynamic data. Journal of Petroleum Science and Engineering, 75(1/2): 154-167.

BOUCHAALA F, ALI M Y, MATSUSHIMA J, et al., 2019. Scattering and intrinsic attenuation as a potential tool for studying of a fractured reservoir. Journal of Petroleum Science and Engineering, 174: 533-543.

BOURBIAUX B, BASQUET R, CACAS M C, et al., 2002. An integrated workflow to account for multi-scale fractures in reservoir simulation models: Implementation and benefits//Abu Dhabi International Petroleum Exhibition and Conference. SPE: SPE-78489-MS.

BROGI A, 2011. Variation in fracture patterns in damage zones related to strike-slip faults interfering with pre-existing fractures in sandstone (Calcione area, southern Tuscany, Italy). Journal of Structural Geology, 33(4): 644-661.

BULTREYS T, BOONE M A, BOONE M N, et al., 2016. Fast laboratory-based micro-computed tomography for pore-scale research: Illustrative experiments and perspectives on the future. Advances in Water Resources, 95: 341-351.

CAI J C, WOOD D A, HAJIBEYGI H, et al., 2022. Multiscale and multiphysics influences on fluids in unconventional reservoirs: Modeling and simulation. Advances in Geo-Energy Research, 6(2): 91-94.

CAI Y D, LIU D M, MATHEWS J P, et al., 2014. Permeability evolution in fractured coal:

Combining triaxial confinement with X-ray computed tomography, acoustic emission and ultrasonic techniques. International Journal of Coal Geology, 122: 91-104.

CASINI G, HUNT D W, MONSEN E, et al., 2016. Fracture characterization and modeling from virtual outcrops. AAPG Bulletin, 100(1): 41-61.

CHAI Y T, YIN S D, 2021. 3D displacement discontinuity analysis of in situ stress perturbation near a weak faul. Advances in Geo-Energy Research, 5(3): 286-296.

CHEN D, PAN Z J, YE Z H, 2015. Dependence of gas shale fracture permeability on effective stress and reservoir pressure: Model match and insights. Fuel, 139: 383-392.

CHEN S D, TANG D Z, TAO S, et al., 2021. Implications of the in situ stress distribution for coalbed methane zonation and hydraulic fracturing in multiple seams, western Guizhou, China. Journal of Petroleum Science and Engineering, 204: 108755.

CHEN S Q, ZENG L B, HUANG P, et al., 2016. The application study on the multi-scales integrated prediction method to fractured reservoir description. Applied Geophysics, 13(1): 80-92.

CHENG C J, MILSCH H, 2020. Evolution of fracture aperture in quartz sandstone under hydrothermal conditions: Mechanical and chemical effects. Minerals, 10(8): 657.

CHENG Z G, BIAN L, CHEN H D, et al., 2022. Multiscale fracture prediction technique via deep learning, seismic gradient disorder, and aberrance: Applied to tight sandstone reservoirs in the Hutubi Block, southern Junggar Basin. Interpretation, 10(4): T647-T663.

COOK J E, GOODWIN L B, BOUTT D F, 2011. Systematic diagenetic changes in the grain-scale morphology and permeability of a quartz-cemented quartz arenite. AAPG Bulletin, 95(6): 1067-1088.

COOK J E, GOODWIN L B, BOUTT D F, et al., 2015. The effect of systematic diagenetic changes on the mechanical behavior of a quartz-cemented sandstone. Geophysics, 80(2): 145-160.

COOK J, GORDON J E, 1964. A mechanism for the control of crack propagation in all-brittle systems. Proceedings of the Royal Society of London, Series A. Mathematical and Physical Sciences, 282(1391): 508-520.

COX T, SEITZ K, 2007. Ant tracking seismic volumes for automated fault interpretation//CSPG CSEG Convention, Alberta: 14-17.

DAHI TALEGHANI A, 2009. Analysis of hydraulic fracture propagation in fractured reservoirs: An improved model for the interaction between induced and natural fractures. Dissertations & Theses-Gradworks, 5(12): S58.

DARBY B J, RITTS B D, 2002. Mesozoic contractional deformation in the middle of the Asian tectonic collage: the intraplate Western Ordos fold-thrust belt, China. Earth and Planetary Science Letters, 205(1/2): 13-24.

DASHTI R, RAHIMPOUR-BONAB H, ZEINALI M, 2018. Fracture and mechanical stratigraphy in naturally fractured carbonate reservoirs: A case study from Zagros Region. Marine and Petroleum Geology, 97: 466-479.

DENG H, FITTS J P, PETERS C A, 2016. Quantifying fracture geometry with X-ray tomography: Technique of iterative local thresholding (TILT) for 3D image segmentation. Computational Geosciences, 20(1): 231-244.

DENG H, STEEFEL C, MOLINS S, et al., 2018. Fracture evolution in multimineral systems: The role of mineral composition, flow rate, and fracture aperture heterogeneity. ACS Earth and Space Chemistry, 2(2): 112-124.

DENG H, VOLTOLINI M, MOLINS S, et al., 2017. Alteration and erosion of rock matrix bordering a carbonate-rich shale fracture. Environmental Science & Technology, 51(15): 8861-8868.

DETWILER R L, 2008. Experimental observations of deformation caused by mineral dissolution in variable-aperture fractures. Journal of Geophysical Research: Solid Earth, 113(B8): 1-12.

DU J J, QIN X H, ZENG Q L, et al., 2017. Estimation of the present-day stress field using in-situ stress measurements in the Alxa Area, Inner Mongolia for China's HLW disposal. Engineering Geology, 220: 76-84.

DU Z G, ZHANG X D, HUANG Q, et al., 2019. Investigation of coal pore and fracture distributions and their contributions to coal reservoir permeability in the Changzhi Block, middle-southern Qinshui Basin, North China. Arabian Journal of Geosciences, 12. DOI: https: //doi. org/10.1007/ s12517-019-4665-9.

EZATI M, AZIZZADEH M, ALI RIAHI M, et al., 2018. Characterization of micro-fractures in carbonate Sarvak Reservoir, using petrophysical and geological data, SW Iran. Journal of Petroleum Science and Engineering, 170: 675-695.

FANG K, TANG H M, ZHU J C, et al., 2023. Study on geomechanical and physical models of necking-type slopes. Journal of Earth Science, 34(3): 924-934.

FANG X D, FEHLER M C, ZHU Z Y, et al., 2014. Reservoir fracture characterization from seismic scattered waves. Geophysical Journal International, 196(1): 481-492.

FENG J W, QU J H, WAN H Q, et al., 2021. Quantitative prediction of multiperiod fracture distributions in the Cambrian-Ordovician buried hill within the Futai Oilfield, Jiyang Depression, East China. Journal of Structural Geology, 148: 104359.

FENG J W, REN Q Q, XU K, 2018. Quantitative prediction of fracture distribution using geomechanical method within Kuqa Depression, Tarim Basin, NW China. Journal of Petroleum Science and Engineering, 162: 22-34.

FERNÁNDEZ-IBÁÑEZ F, DEGRAFF J M, Ibrayev F, 2018. Integrating borehole image logs with core: A method to enhance subsurface fracture characterization. AAPG Bulletin, 102(6): 1067-1090.

FISCHER M P, GROSS M R, ENGELDER T, et al., 1995. Finite-element analysis of the stress distribution around a pressurized crack in a layered elastic medium: Implications for the spacing of fluid-driven joints in bedded sedimentary rock. Tectonophysics, 247(1/2/3/4): 49-64.

FLODIN E, AYDIN A, 2004. Faults with asymmetric damage zones in sandstone, Valley of Fire State Park, southern Nevada. Journal of Structural Geology, 26(5): 983-988.

FRASH L P, CAREY J W, WELCH N J, 2019. Scalable en echelon shear-fracture aperture-roughness mechanism: Theory, validation, and implications. Journal of Geophysical Research: Solid Earth, 124(1): 957-977.

GALE J, LAUBACH S, OLSON J, et al., 2014. Natural fractures in shale: A review and new observations. AAPG bulletin, 98(11): 2165-2216.

GAO D L, 2013. Integrating 3D seismic curvature and curvature gradient attributes for fracture characterization: Methodologies and interpretational implications. Geophysics, 78(2): 21-31.

GEPHART J W, 1990. FMSI: A FORTRAN program for inverting fault/slickenside and earthquake focal mechanism data to obtain the regional stress tensor. Computers and Geosciences, 16(7): 953-989.

GHOSH K, MITRA S, 2009a. Structural controls of fracture orientations, intensity, and connectivity, Teton anticline, Sawtooth Range, *Montana*. AAPG Bulletin, 93(8): 995-1014.

GHOSH K, MITRA S, 2009b. Two-dimensional simulation of controls of fracture parameters on fracture connectivity. AAPG Bulletin, 93(11): 1517-1533.

GIORGIONI M, IANNACE A, D'AMORE M, et al., 2016. Impact of early dolomitization on multi-scale petrophysical heterogeneities and fracture intensity of low-porosity platform carbonates (Albian-Cenomanian, southern Apennines, Italy). Marine and Petroleum Geology, 73: 462-478.

GONG L, FU X F, GAO S, et al., 2018. Characterization and prediction of complex natural fractures in the tight conglomerate reservoirs: A fractal method. Energies, 11(9): 2311.

GRIFFITH A, 1921. The phenomena of rupture and flow in solids. Philosophical Transactions of the Royal Society of London. Series A, Containing Papers of a Mathematical or Physical Character, 221(582-593): 163-198.

GRIFFITH W A, PRAKASH V, 2015. Integrating field observations and fracture mechanics models to constrain seismic source parameters for ancient earthquakes. Geology, 43(9): 763-766.

GUDMUNDSSON A, 2006. How local stresses control magma-chamber ruptures, dyke injections, and eruptions in composite volcanoes. Earth-Science Reviews, 79(1/2): 1-31.

GUDMUNDSSON A, PHILIPP S L, 2006. How local stress fields prevent volcanic eruptions. Journal of Volcanology and Geothermal Research, 158(3/4): 257-268.

GUDMUNDSSON A, SIMMENES T H, LARSEN B, et al., 2010. Effects of internal structure and local stresses on fracture propagation, deflection, and arrest in fault zones. Journal of Structural Geology, 32(11): 1643-1655.

GUO P, YAO L H, REN D S, 2016. Simulation of three-dimensional tectonic stress fields and quantitative prediction of tectonic fracture within the Damintun Depression, Liaohe Basin, Northeast China. Journal of Structural Geology, 86: 211-223.

HANDIN J, 1969. On the Coulomb-Mohr failure criterion. Journal of Geophysical Research, 74(22): 5343-5348.

HAUK V. 1997. Structural and residual stress analysis by nondestructive methods: Evaluation-Application-Assessment. Amsterdam: Elsevier: 564-589.

HEALY D, RIZZO R E, CORNWELL D G, et al., 2017. FracPaQ: A MATLAB™ toolbox for the quantification of fracture patterns. Journal of Structural Geology, 95: 1-16.

HEALY J H, ZOBACK M D, 1988. Hydraulic fracturing in-situ stress measurements to 2. 1 km depth at Cajon Pass, California. Geophysical Research Letters, 15(9): 1005-1008.

HEIDBACH O, TINGAY M, BARTH A, et al., 2010. Global crustal stress pattern based on the World Stress Map database release 2008. Tectonophysics, 482(1/2/3/4): 3-15.

HOLCOMB D J, 1993. Observations of the Kaiser Effect under multiaxial stress states: Implications for its use in determining in-situ stress. Geophysical Research Letters, 20(19): 2119-2122.

HOOKER J N, KATZ R F, 2015. Vein spacing in extending, layered rock: The effect of synkinematic cementation. American Journal of Science, 315(6): 557-588.

HOOKER J N, LAUBACH S E, MARRETT R, 2018. Microfracture spacing distributions and the evolution of fracture patterns in sandstones. Journal of Structural Geology, 108: 66-79.

HSIEH A, DIGHT P, DYSKIN A, 2014. Ghost Kaiser effect at low stress. International Journal of Rock Mechanics and Mining Sciences(68): 15-21.

HUANG B X, LI L H, TAN Y F, et al., 2020. Investigating the meso-mechanical anisotropy and fracture surface roughness of continental shale. Journal of Geophysical Research: Solid Earth, 125(8): e2019JB017828.

HUNT L, REYNOLDS S, HADLEY S, et al., 2011. Causal fracture prediction: Curvature, stress, and geomechanics. The Leading Edge, 30(11): 1274-1286.

HUO D, PINI R, BENSON S M, 2016. A calibration-free approach for measuring fracture aperture distributions using X-ray computed tomography. Geosphere, 12(2): 558-571.

HUTCHINSON J W, 1996. Stresses and failure modes in thin films and multilayers. Kongens Lyngby: Technical University of Denmark: 1-14.

JIA P, CHENG L S, HUANG S J, et al., 2016. A semi-analytical model for the flow behavior of naturally fractured formations with multi-scale fracture networks. Journal of Hydrology, 537: 208-220.

JIN Y, QI Z L, CHEN M, et al., 2009. Time-sensitivity of the Kaiser effect of acoustic emission in limestone and its application to measurements of in-situ stress. Petroleum Science, 6(2): 176-180.

JIU K, DING W L, HUANG W H, et al., 2013. Simulation of paleotectonic stress fields within Paleogene shale reservoirs and prediction of favorable zones for fracture development within the Zhanhua Depression, Bohai Bay Basin, East China. Journal of Petroleum Science and Engineering, 110: 119-131.

JU W, SUN W F, 2016. Tectonic fractures in the Lower Cretaceous Xiagou Formation of Qingxi Oilfield, Jiuxi Basin, NW China. Part two: Numerical simulation of tectonic stress field and prediction of tectonic fractures. Journal of Petroleum Science and Engineering, 146: 626-636.

JU W, SUN W F, HOU G T, 2015. Insights into the tectonic fractures in the Yanchang Formation interbedded sandstone-mudstone of the Ordos Basin based on core data and geomechanical models. Acta Geologica Sinica-English Edition, 89(6): 1986-1997.

KAMALI-ASL A, KC B, GHAZANFARI E, et al., 2019. Flow-induced alterations of ultrasonic signatures and fracture aperture under constant state of stress in a single-fractured rock. Geophysics, 84(4): 115-125.

KANG S S, NAKAMURA N, OBARA Y, et al., 2000. Rock stress interpretations from Mt. Torigata (Japan) based on calcite strain gauge and differential strain curve analysis. Engineering Geology, 58(1): 35-52.

KIM M, TAK H, BYUN J, 2015. Imaging pre-existing natural fractures using microseismic data. Geophysical Prospecting, 63(5): 1175-1187.

KLING T, HUO D, SCHWARZ J O, et al., 2016. Simulating stress-dependent fluid flow in a fractured core sample using real-time X-ray CT data. Solid Earth, 7(4): 1109-1124.

KRAVCHENKO S G, KRAVCHENKO O G, SUN C T, 2014. A two-parameter fracture mechanics model for fatigue crack growth in brittle materials. Engineering Fracture Mechanics, 119: 132-147.

KULATILAKE P H S W, PARK J, BALASINGAM P, et al., 2008. Quantification of aperture and relations between aperture, normal stress and fluid flow for natural single rock fractures. Geotechnical and Geological Engineering, 26(3): 269-281.

LACOMBE O, 2007. Comparison of paleostress magnitudes from calcite twins with contemporary stress magnitudes and frictional sliding criteria in the continental crust: Mechanical implications. Journal of Structural Geology, 29(1): 86-99.

LAI J, WANG G W, FAN Z Y, et al., 2017. Three-dimensional quantitative fracture analysis of tight gas sandstones using industrial computed tomography. Scientific Reports, 7(1): 1825.

LAI J, WANG G W, WANG S, et al., 2018. A review on the applications of image logs in structural analysis and sedimentary characterization. Marine and Petroleum Geology, 95: 139-166.

LAMARCHE J, LAVENU A P C, GAUTHIER B D M, et al., 2012. Relationships between fracture patterns, geodynamics and mechanical stratigraphy in Carbonates (South-East Basin, France). Tectonophysics, 581: 231-245.

LARSEN B, GRUNNALEITE I, GUDMUNDSSON A, 2010. How fracture systems affect permeability development in shallow-water carbonate rocks: An example from the Gargano Peninsula, Italy. Journal of Structural Geology, 32(9): 1212-1230.

LAUBACH S E, LANDER R H, CRISCENTI L J, et al., 2019. The role of chemistry in fracture pattern development and opportunities to advance interpretations of geological materials. Reviews of Geophysics, 57(3): 1065-1111.

LAUBACH S E, OLSON J E, GALE J F W, 2004. Are open fractures necessarily aligned with maximum horizontal stress?. Earth and Planetary Science Letters, 222(1): 191-195.

LAUBACH S E, OLSON J E, GROSS M R, 2009. Mechanical and fracture stratigraphy. AAPG Bulletin, 93(11): 1413-1426.

LAVENU A P C, LAMARCHE J, TEXIER L, et al., 2015. Background fractures in carbonates: Inference on control of sedimentary facies, diagenesis and petrophysics on rock mechanical behavior. Example of the Murge Plateau (southern Italy). Italian Journal of Geosciences, 134(3): 535-555.

LEE S H, JENSEN C L, LOUGH M F, 2000. Efficient finite-difference model for flow in a reservoir with multiple length-scale fractures. SPE Journal, 5(3): 268-275.

LEHTONEN A, COSGROVE J W, HUDSON J A, et al., 2012. An examination of in-situ rock stress estimation using the Kaiser effect. Engineering Geology, 124: 24-37.

LEI Q H, LATHAM J P, XIANG J S, et al., 2014. Effects of geomechanical changes on the validity of a discrete fracture network representation of a realistic two-dimensional fractured rock. International Journal of Rock Mechanics and Mining Sciences, 70: 507-523.

LI H, YU F S, WANG M, et al., 2022a. Quantitative prediction of structural fractures in the Paleocene lower Wenchang formation reservoir of the Lufeng Depression. Advances in Geo-Energy Research, 6(5): 375-387.

LI L K, JIANG H Q, LI J J, et al., 2018. An analysis of stochastic discrete fracture networks on shale gas recovery. Journal of Petroleum Science and Engineering, 167: 78-87.

LI Z, LI G, YU H, et al., 2022b. Fracability evaluation based on the three-dimensional geological numerical simulation of in-situ stress: Case study of the Longmaxi Formation in the Weirong shale gas field, southwestern China. Mathematical Geosciences, 54(6): 1069-1096.

LIANG B, JIANG H Q, LI J J, et al., 2016. Flow in multi-scale discrete fracture networks with stress sensitivity. Journal of Natural Gas Science and Engineering, 35: 851-859.

LIN C, MAO J C, HE J M, et al., 2019. Propagation characteristics and aperture evolution of hydraulic fractures in heterogeneous granite cores. Arabian Journal of Geosciences, 12(22): 684.

LIN T J, YU H, LIAN Z H, et al., 2016. Numerical simulation of the influence of stimulated reservoir volume on in-situ stress field. Journal of Natural Gas Science and Engineering, 36: 1228-1238.

LIU J S, CHEN P, XU K, et al., 2022a. Fracture stratigraphy and mechanical stratigraphy in sandstone: A multiscale quantitative analysis. Marine and Petroleum Geology, 145: 105891.

LIU J S, DING W L, DAI J S, et al., 2018a. Quantitative multiparameter prediction of fault-related fractures: A case study of the second member of the Funing Formation in the Jinhu Sag, Subei Basin. Petroleum Science, 15(3): 468-483.

LIU J S, DING W L, DAI J S, et al., 2018b. Quantitative prediction of lower order faults based on the finite element method: A case study of the M35 fault block in the western Hanliu fault zone in the Gaoyou Sag, East China. Tectonics, 37(10): 3479-3499.

LIU J S, DING W L, DAI J S, et al., 2018c. Unreliable determination of fractal characteristics using the capacity dimension and a new method for computing the information dimension. Chaos, Solitons and Fractals, 113: 16-24.

LIU J S, DING W L, WANG R Y, et al., 2017a. Simulation of paleotectonic stress fields and quantitative prediction of multi-period fractures in shale reservoirs: A case study of the Niutitang Formation in the Lower Cambrian in the Cen'gong Block, South China. Marine and Petroleum Geology, 84: 289-310.

LIU J S, DING W L, WANG R Y, et al., 2018d. Methodology for quantitative prediction of fracture sealing with a case study of the lower Cambrian Niutitang Formation in the Cen'gong block in South China. Journal of Petroleum Science and Engineering, 160: 565-581.

LIU J S, DING W L, YANG H M, et al., 2018e. Quantitative prediction of fractures using the finite element method: A case study of the lower Silurian Longmaxi Formation in northern Guizhou, South China. Journal of Asian Earth Sciences, 154: 397-418.

LIU J S, DING W L, YANG H M, et al., 2017b. 3D geomechanical modeling and numerical simulation of in situ stress fields in shale reservoirs: A case study of the lower Cambrian Niutitang Formation in the Cen'gong block, South China. Tectonophysics, 712: 663-683.

LIU J S, LUO Y, TANG Z T, et al., 2024b. Methodology for quantitative prediction of low-order faults in rift basins: Dongtai Depression, Subei Basin, China. Marine and Petroleum Geology, 160: 106618.

LIU J S, LU Y H, XU K, et al., 2024a. Main controlling factors and prediction model of fracture scale in tight sandstone: Insights from dynamic reservoir data and geomechanical model analysis. Rock Mechanics and Rock Engineering: 1-20.

LIU J S, LU Y H, LUO Y, 2024c. Method for predicting the injection pressure for horizontal wells in fractured tight sandstone reservoirs. Geophysics, 89(4): B273-B287.

LIU J S, MEI L F, DING W L, et al., 2023b. Asymmetric propagation mechanism of hydraulic fracture networks in continental reservoirs. GSA Bulletin, 135(3/4): 678-688.

LIU J S, YANG H M, BAI J P, et al., 2021. Numerical simulation to determine the fracture aperture in a typical basin of China. Fuel, 283: 118952.

LIU J S, YANG H M, WU X F, et al., 2020b. The in-situ stress field and microscale controlling factors in the Ordos Basin, central China. International Journal of Rock Mechanics and Mining Sciences, 135: 104482.

LIU J S, YANG H M, XU K, et al., 2022b. Genetic mechanism of transfer zones in rift basins: Insights from geomechanical models. GSA Bulletin, 134(9/10): 2436-2452.

LIU J S, ZHANG G J, BAI J P, et al., 2022a. Quantitative prediction of the drilling azimuth of horizontal wells in fractured tight sandstone based on reservoir geomechanics in the Ordos Basin, central China. Marine and Petroleum Geology, 136: 105439.

LIU J, DING W, YANG H, et al, 2023a. Natural fractures and rock mechanical stratigraphy evaluation in the Huaqing Area, Ordos Basin: A quantitative analysis based on numerical simulation. Earth Science, 48(7): 2572-2588.

LIU J, SHEN L, JIN J, 2011. Reliability analysis of in-situ stress measurement using circumferential velocity anisotropy. Journal of Rock Mechanics and Geotechnical Engineering, 3: 457-60.

LIU Y Q, LI H B, LUO C W, et al., 2014. In-situ stress measurements by hydraulic fracturing in the Western Route of South to North Water Transfer Project in China. Engineering Geology, 168: 114-119.

LIU Y Y, ZHANG X W, GUO W, et al., 2022c. An approach for predicting the effective stress field in low-permeability reservoirs based on reservoir-geomechanics coupling. Processes, 10(4): 633.

LUCZAJ J A, HARRISON III W B, SMITH WILLIAMS N, 2006. Fractured hydrothermal dolomite reservoirs in the Devonian Dundee Formation of the central Michigan Basin. AAPG Bulletin, 90(11): 1787-1801.

LYU W Y, ZENG L B, LIU Z Q, et al., 2016. Fracture responses of conventional logs in tight-oil sandstones: A case study of the Upper Triassic Yanchang Formation in southwest Ordos Basin, China. AAPG Bulletin, 100(9): 1399-1417.

LYU W Y, ZENG L B, LYU P, et al., 2022. Insights into the mechanical stratigraphy and vertical fracture patterns in tight oil sandstones: The Upper Triassic Yanchang Formation in the eastern Ordos Basin, China. Journal of Petroleum Science and Engineering, 212: 110247.

LYU W Y, ZENG L B, ZHOU S B, et al., 2019. Natural fractures in tight-oil sandstones: A case study of the Upper Triassic Yanchang Formation in the southwestern Ordos Basin, China. AAPG Bulletin, 103(10): 2343-2367.

MA X D, ZOBACK M D, 2017. Lithology-controlled stress variations and pad-scale faults: A case study of hydraulic fracturing in the Woodford Shale, Oklahoma. Geophysics, 82(6): 35-44.

MAERTEN L, GILLESPIE P, DANIEL J M, 2006. Three-dimensional geomechanical modeling for constraint of subseismic fault simulation. AAPG Bulletin, 90(9): 1337-1358.

MAESO C, DUBOURG I, QUESADA D, et al., 2015. Uncertainties in fracture apertures calculated from electrical borehole images//International Petroleum Technology Conference. International Petroleum Technology Conference, Doha, Qatar.

MANCHUK J G, DEUTSCH C V, 2012. A flexible sequential Gaussian simulation program: USGSIM. Computers & Geosciences, 41: 208-216.

MCGINNIS R N, FERRILL D A, MORRIS A P, et al., 2017. Mechanical stratigraphic controls on natural fracture spacing and penetration. Journal of Structural Geology, 95: 160-170.

MCLENNAN J A, ALLWARDT P F, HENNINGS P H, et al., 2009. Multivariate fracture intensity prediction: Application to Oil Mountain anticline, Wyoming. AAPG Bulletin, 93(11): 1585-1595.

MENG X H, GE M, TUCKER M E, 1997. Sequence Sequence stratigraphy, sea-level changes and depositional systems in the Cambro-Ordovician of the North China carbonate platform. Sedimentary Geology, 114(1/2/3/4): 189-222.

MILAD B, SLATT R, 2018. Impact of lithofacies variations and structural changes on natural fracture distributions. Interpretation, 6(4): T873-T887.

MIRZAIE A, BAFTI S S, DERAKHSHANI R, 2015. Fault control on Cu mineralization in the Kerman porphyry copper belt, SE Iran: A fractal analysis. Ore Geology Reviews, 71: 237-247.

MOINFAR A, VARAVEI A, SEPEHRNOORI K, et al, 2013. Development of a coupled dual continuum and discrete fracture model for the simulation of unconventional reservoirs//SPE Reservoir Simulation Conference, Texas.

MOINFAR A, VARAVEI A, SEPEHRNOORI K, et al., 2014. Development of an efficient embedded discrete fracture model for 3D compositional reservoir simulation in fractured reservoirs. SPE Journal, 19(2): 289-303.

MOU P W, PAN J N, WANG K, et al., 2021. Influences of hydraulic fracturing on microfractures of high-rank coal under different in-situ stress conditions. Fuel, 287: 119566.

MURRAY G, 1968. Quantitative fracture study: Sanish pool, McKenzie County, North Dakota. AAPG Bulletin, 52(1): 57-65.

NARR W, SCHECHTER D, THOMPSON L, 2006. Naturally fractured reservoir characterization. Richardson, Texas: Society of Petroleum Engineers.

NELSON R, 2001. Geologic analysis of naturally fractured reservoirs. New York: Elsevier.

NEMOTO K, WATANABE N, HIRANO N, et al., 2009. Direct measurement of contact area and stress dependence of anisotropic flow through rock fracture with heterogeneous aperture distribution. Earth and Planetary Science Letters, 281(1/2): 81-87.

NI Q, ZHOU W, NI G S, et al., 2023. Characterization of fractures in low-permeability thin tight sandstones: A case study of Chang 6 Member, Yanchang Formation, western Ordos Basin. Geological Journal, 58(11): 4229-4242.

NORBECK J, FONSECA E, GRIFFITHS D, et al., 2012. Natural fracture identification and characterization while drilling underbalanced//SPE Americas Unconventional Resources Conference. Society of Petroleum Engineers, Pennsylvania.

NURIEL P, WEINBERGER R, ROSENBAUM G, et al., 2012. Timing and mechanism of late-Pleistocene calcite vein formation across the Dead Sea Fault Zone, northern Israel. Journal of Structural Geology, 36: 43-54.

NUSSBAUMER R, MARIETHOZ G, GRAVEY M, et al., 2018. Accelerating sequential gaussian simulation with a constant path. Computers & Geosciences, 112: 121-132.

OGATA K, STORTI F, BALSAMO F, et al., 2017. Sedimentary facies control on mechanical and fracture stratigraphy in turbidites. Geological Society of America Bulletin, 129(1/2): 76-92.

OLORODE O, WANG B, RASHID H U, 2020. Three-dimensional projection-based embedded discrete-fracture model for compositional simulation of fractured reservoirs. SPE Journal, 25(4): 2143-2161.

OLSON J E, 2003. Sublinear scaling of fracture aperture versus length: An exception or the rule?. Journal of Geophysical Research: Solid Earth, 108(B9): 2413.

OLSON J E, 2007. Fracture aperture, length and pattern geometry development under biaxial loading: A numerical study with applications to natural, cross-jointed systems. Geological Society, London, Special Publications, 289(1): 123-142.

OLSON J E, LAUBACH S E, LANDER R H, 2007. Combining diagenesis and mechanics to quantify fracture aperture distributions and fracture pattern permeability. Geological Society, London, Special Publications, 270(1): 101-116.

OLSON J E, LAUBACH S E, LANDER R H, 2009. Natural fracture characterization in tight gas sandstones: Integrating mechanics and diagenesis. AAPG Bulletin, 93(11): 1535-1549.

ORTEGA O J, MARRETT R A, LAUBACH S E, 2006. A scale-independent approach to fracture intensity and average spacing measurement. AAPG Bulletin, 90(2): 193-208.

OZKAYA S I, MATTNER J, 2003. Fracture connectivity from fracture intersections in borehole image logs. Computers and Geosciences, 29(2): 143-153.

PARMIGIANI J P, THOULESS M D, 2007. The effects of cohesive strength and toughness on mixed-mode delamination of beam-like geometries. Engineering Fracture Mechanics, 74(17): 2675-2699.

PONZIANI M, SLOB E, LUTHI S, et al., 2015. Experimental validation of fracture aperture determination from borehole electric microresistivity measurements. Geophysics, 80(3): D175-D181.

POWER W L, TULLIS T E, BROWN S R, et al., 1987. Roughness of natural fault surfaces. Geophysical Research Letters, 14(1): 29-32.

PRIOUL R, JOCKER J, 2009. Fracture characterization at multiple scales using borehole images, sonic logs, and walkaround vertical seismic profile. AAPG Bulletin, 93(11): 1503-1516.

QI S W, LAN H X, MARTIN D, et al., 2020. Factors controlling the difference in Brazilian and direct tensile strengths of the Lac du bonnet granite. Rock Mechanics and Rock Engineering, 53(3): 1005-1019.

QIAO Y D, ZHANG C, ZHANG L, et al., 2020. Numerical simulation of fluid-solid coupling of fractured rock mass considering changes in fracture stiffness. Energy Science & Engineering, 8(1): 28-37.

RAJABI M, TINGAY M, HEIDBACH O, et al., 2017a. The present-day stress field of Australia. Earth-Science Reviews, 168: 165-189.

RAJABI M, TINGAY M, KING R, et al., 2017b. Present-day stress orientation in the Clarence-Moreton Basin of New South Wales, Australia: A new high density dataset reveals local stress rotations. Basin Research, 29(S1): 622-640.

RAMOS-MARTÍNEZ J, ORTEGA A A, MCMECHAN G A, 2000. 3-D seismic modeling for cracked media: Shear-wave splitting at zero-offset. Geophysics, 65(1): 211-221.

RAO X, XIN L Y, HE Y X, et al., 2022. Numerical simulation of two-phase heat and mass transfer in fractured reservoirs based on projection-based embedded discrete fracture model (pEDFM). Journal of Petroleum Science and Engineering, 208: 109323.

RITTS B D, WEISLOGEL A, GRAHAM S A, et al., 2009. Mesozoic tectonics and sedimentation of the giant polyphase nonmarine intraplate Ordos Basin, Western North China Block. International Geology Review, 51(2): 95-115.

ROD K A, IYER J, LONERGAN C, et al., 2020. Geochemical narrowing of cement fracture aperture during multiphase flow of supercritical CO_2 and brine. International Journal of Greenhouse Gas Control, 95: 102978.

SAADAT M, TAHERI A, 2020. A numerical study to investigate the influence of surface roughness and boundary condition on the shear behaviour of rock joints. Bulletin of Engineering Geology and the Environment, 79(5): 2483-2498.

SAMSU A, CRUDEN A R, MICKLETHWAITE S, et al., 2020. Scale matters: The influence of structural inheritance on fracture patterns. Journal of Structural Geology, 130: 103896.

SANADA H, HIKIMA R, TANNO T, et al., 2013. Application of differential strain curve analysis to the Toki Granite for in-situ stress determination at the Mizunami underground research laboratory, Japan. International Journal of Rock Mechanics and Mining Sciences, 59: 50-56.

SANTOS R F V C, MIRANDA T S, BARBOSA J A, et al., 2015. Characterization of natural fracture systems: Analysis of uncertainty effects in linear scanline results. AAPG Bulletin, 99(12): 2203-2219.

SASSI W, GUITON M L E, LEROY Y M, et al., 2012. Constraints on bed scale fracture chronology with a FEM mechanical model of folding: The case of Split Mountain (Utah, USA). Tectonophysics, 576: 197-215.

SCHEIBER T, VIOLA G, 2018. Complex bedrock fracture patterns: A multipronged approach to resolve their evolution in space and time. Tectonics, 37(4): 1030-1062.

SEKINE K, HAYASHI K, 2009. Residual stress measurements on a quartz vein: Constraint on paleostress magnitude. Journal of Geophysical Research: Solid Earth, 114(B1): B0144.

SHABAN A L, SHERKATI S, MIRI S A, 2011. Comparison between curvature and 3D strain analysis methods for fracture predicting in the Gachsaran oil field (Iran). Geological Magazine, 148(5/6): 868-878.

SHACKLETON J R, COOKE M L, SUSSMAN A J, 2005. Evidence for temporally changing mechanical stratigraphy and effects on joint-network architecture. Geology, 33(2): 101.

SHANG R, TANG D, LAMB M, et al., 2005. Fracture pattern and associated aperture distribution: Example from the foothills, Western Canada//SPWLA 46th Annual Logging Symposium, Rio de Janeiro.

SIBBIT A, FAIVRE O, 1985. The dual laterolog response in fractured rocks//SPWLA 26th Annual Logging Symposium, Rio de Janeiro.

SINGH H K, BASU A, 2016. Shear behaviors of 'real' natural un-matching joints of granite with equivalent joint roughness coefficients. Engineering Geology, 211: 120-134.

SOBHANI A, KADKHODAIE A, NABI-BIDHENDI M, et al., 2024. Analyzing in-situ stresses and wellbore stability in one of the South Iranian hydrocarbon gas reservoirs. Journal of Petroleum Exploration and Production Technology, 14(4): 1035-1052.

STEFENELLI M, TODT J, RIEDL A, et al., 2013. X-ray analysis of residual stress gradients in TiN coatings by a Laplace space approach and cross-sectional nanodiffraction: A critical comparison. Journal of Applied Crystallography, 46(5): 1378-1385.

SUN R, WANG J G, 2024. Effects of in-situ stress and multiborehole cluster on hydraulic fracturing of shale gas reservoir from multiscale perspective. Journal of Energy Engineering, 150(2): 04024002.

TANAKA H, YAMAMOTO Y, 2014. Microscopic observation of titanomagnetite grains during palaeointensity experiments of volcanic rocks. Geophysical Journal International, 196(1): 145-159.

TANG X M, CHUNDURU R K, 1999. Simultaneous inversion of formation shear-wave anisotropy parameters from cross-dipole acoustic-array waveform data. Geophysics, 64(5): 1502-1511.

TANG X, PATTERSON D, 2001. Shear wave anisotropy measurement using cross-dipole acoustic logging: An overview. Petrophysics, 42(2): 107-117.

TATONE B S A, GRASSELLI G, 2012. Quantitative measurements of fracture aperture and directional roughness from rock cores. Rock Mechanics and Rock Engineering, 45(4): 619-629.

TSE R, CRUDEN D M, 1979. Estimating joint roughness coefficients. International Journal of Rock Mechanics and Mining Sciences & Geomechanics Abstracts, 16(5): 303-307.

UKAR E, LAUBACH S E, HOOKER J N, 2019. Outcrops as guides to subsurface natural fractures: Example from the Nikanassin Formation tight-gas sandstone, Grande Cache, Alberta foothills, Canada. Marine and Petroleum Geology, 103: 255-275.

VAN STAPPEN J F, MEFTAH R, BOONE M A, et al., 2018. In-situ triaxial testing to determine fracture permeability and aperture distribution for CO_2 sequestration in svalbard, Norway. Environmental Science & Technology, 52(8): 4546-4554.

VOORN M, EXNER U, RATH A, 2013. Multiscale Hessian fracture filtering for the enhancement and segmentation of narrow fractures in 3D image data. Computers & Geosciences, 57: 44-53.

WANG J, XIE H P, MATTHAI S K, et al., 2023. The role of natural fracture activation in hydraulic fracturing for deep unconventional geo-energy reservoir stimulation. Petroleum Science, 20(4): 2141-2164.

WANG M, CAO P, LI R C, et al., 2017. Effect of water absorption ratio on tensile strength of red sandstone and morphological analysis of fracture surfaces. Journal of Central South University, 24(7): 1647-1653.

WANG P, XU L R, 2006. Dynamic interfacial debonding initiation induced by an incident crack. International Journal of Solids and Structures, 43(21): 6535-6550.

WANG Z Z, PAN J N, HOU Q L, et al., 2018. Anisotropic characteristics of low-rank coal fractures in the Fukang mining area, China. Fuel, 211: 182-193.

WENNING Q C, MADONNA C, KUROTORI T, et al., 2019. Spatial mapping of fracture aperture changes with shear displacement using X-ray computerized tomography. Journal of Geophysical Research: Solid Earth, 124(7): 7320-7340.

WU H, ZHOU Y F, YAO Y B, et al., 2019. Imaged based fractal characterization of micro-fracture structure in coal. Fuel, 239: 53-62.

WU Z H, ZUO Y J, WANG S Y, et al., 2016. Numerical simulation and fractal analysis of mesoscopic scale failure in shale using digital images. Journal of Petroleum Science and Engineering, 145: 592-599.

WU Z H, ZUO Y J, WANG S Y, et al., 2017. Numerical study of multi-period palaeotectonic stress fields in Lower Cambrian shale reservoirs and the prediction of fractures distribution: A case study of the Niutitang Formation in Feng'gang No. 3 block, South China. Marine and Petroleum Geology, 80: 369-381.

XIA Y, JIN Y, CHEN M, 2015. Comprehensive methodology for detecting fracture aperture in naturally fractured formations using mud loss data. Journal of Petroleum Science and Engineering, 135: 515-530.

XIAO Z K, DING W L, LIU J S, et al., 2019. A fracture identification method for low-permeability sandstone based on R/S analysis and the finite difference method: A case study from the Chang 6 reservoir in Huaqing oilfield, Ordos Basin. Journal of Petroleum Science and Engineering, 174: 1169-1178.

XU B, WANG Y, 2021. Profile control performance and field application of preformed particle gel in low-permeability fractured reservoir. Journal of Petroleum Exploration and Production, 11(1): 477-482.

XU J L, ZHANG B Y, QIN Y X, et al., 2016. Method for calculating the fracture porosity of tight-fracture reservoirs. Geophysics, 81(4): 57-70.

XU J L, ZHANG B Y, XU L, 2018. Predicting the porosity of natural fractures in tight reservoirs. Arabian Journal for Science and Engineering, 43(1): 311-319.

YANG J C, LIU K W, LI X D, et al., 2020. Stress initialization methods for dynamic numerical simulation of rock mass with high in-situ stress. Journal of Central South University, 27(10): 3149-3162.

YANG Y B, XIAO W L, ZHENG L L, et al., 2023. Pore throat structure heterogeneity and its effect on gas-phase seepage capacity in tight sandstone reservoirs: A case study from the Triassic Yanchang Formation, Ordos Basin. Petroleum Science, 20(5): 2892-2907.

YANG Y F, LIU Z H, SUN Z X, et al., 2017. Research on stress sensitivity of fractured carbonate reservoirs based on CT technology. Energies, 10(11): 1833.

YIN S, DING W L, 2019. Evaluation indexes of coalbed methane accumulation in the strong deformed strike-slip fault zone considering tectonics and fractures: A 3D geomechanical simulation study. Geological Magazine, 156(6): 1052-1068.

YU H Y, ZHANG Y H, LEBEDEV M, et al., 2019. X-ray micro-computed tomography and ultrasonic velocity analysis of fractured shale as a function of effective stress. Marine and Petroleum Geology, 110: 472-482.

YUN T S, JEONG Y J, KIM K Y, et al., 2013. Evaluation of rock anisotropy using 3D X-ray computed tomography. Engineering Geology, 163: 11-19.

ZANG A, STEPHANSSON O, 2010. Stress field of the earth's crust. Dordrecht: Springer.

ZENG L B, GAO C Y, QI J F, et al., 2008. The distribution rule and seepage effect of the fractures in the ultra-low permeability sandstone reservoir in East Gansu Province, Ordos Basin. Science in China Series D: Earth Sciences, 51(2): 44-52.

ZENG L B, GONG L, GUAN C, et al., 2022. Natural fractures and their contribution to tight gas conglomerate reservoirs: A case study in the northwestern Sichuan Basin, China. Journal of Petroleum Science and Engineering, 210: 110028.

ZENG L B, LI X Y, 2009. Fractures in sandstone reservoirs with ultra-low permeability: A case study of the Upper Triassic Yanchang Formation in the Ordos Basin, China. AAPG Bulletin, 93(4): 461-477.

ZENG L B, SONG Y C, LIU G P, et al., 2023. Natural fractures in ultra-deep reservoirs of China: A review. Journal of Structural Geology, 175: 104954.

ZENG L B, TANG X M, JIANG J W, et al., 2015. Unreliable determination of in-situ stress orientation by borehole breakouts in fractured tight reservoirs: A case study of the upper Eocene Hetaoyuan Formation in the Anpeng field, Nanxiang Basin, China. AAPG Bulletin, 99(11): 1991-2003.

ZHANG X M, SHI W Z, HU Q H, et al., 2019. Pressure-dependent fracture permeability of marine shales in the Northeast Yunnan Area, Southern China. International Journal of Coal Geology, 214: 103237.

ZHANG Y Q, SHI W, DONG S W, 2011. Changes of Late Mesozoic tectonic regimes around the Ordos Basin (North China) and their geodynamic implications. Acta Geologica Sinica, 85(6): 1254-1276.

ZHAO J, 1997. Joint surface matching and shear strength part A: Joint matching coefficient (JMC). International Journal of Rock Mechanics and Mining Sciences, 34(2): 173-178.

ZHAO J, CAI J G, ZHAO X B, et al., 2008. Dynamic model of fracture normal behaviour and application to prediction of stress wave attenuation across fractures. Rock Mechanics and Rock Engineering, 41(5): 671-693.

ZHONG J H, LIU S X, MA Y S, et al., 2015. Macro-fracture mode and micro-fracture mechanism of shale. Petroleum Exploration and Development, 42(2): 269-276.

ZOBACK M D, 2019. Reservoir Geomechanics. Cambridge: Cambridge University Press.

ZOBACK M D, MOOS D, Mastin L, et al., 1985. Well bore breakouts and in-situ stress. Journal of Geophysical Research: Solid Earth, 90(B7): 5523-5530.

ZOU Y S, GAO B D, ZHANG S C, et al., 2022. Multi-fracture nonuniform initiation and vertical propagation behavior in thin interbedded tight sandstone: An experimental study. Journal of Petroleum Science and Engineering, 213: 110417.

附录 1 岩石三轴力学实验测试结果

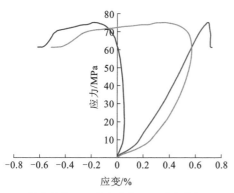

— 轴向应变 — 径向应变 — 体积应变

附图 1-1 H1 试样三轴压缩
应力应变关系曲线图

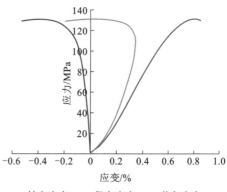

— 轴向应变 — 径向应变 — 体积应变

附图 1-2 H2 试样三轴压缩
应力应变关系曲线图

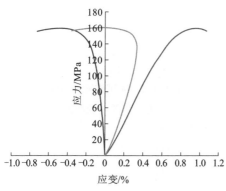

— 轴向应变 — 径向应变 — 体积应变

附图 1-3 H3 试样三轴压缩
应力应变关系曲线图

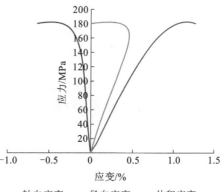

— 轴向应变 — 径向应变 — 体积应变

附图 1-4 H4 试样三轴压缩
应力应变关系曲线图

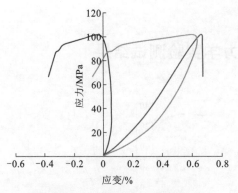

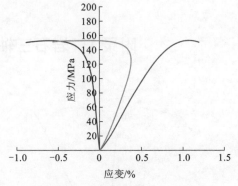

——轴向应变 ——径向应变 ——体积应变
附图 1-5　I1 试样三轴压缩
应力应变关系曲线图

——轴向应变 ——径向应变 ——体积应变
附图 1-6　I2 试样三轴压缩
应力应变关系曲线图

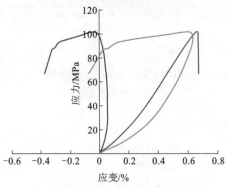

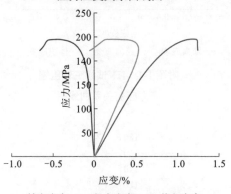

——轴向应变 ——径向应变 ——体积应变
附图 1-7　I3 试样三轴压缩
应力应变关系曲线图

——轴向应变 ——径向应变 ——体积应变
附图 1-8　I4 试样三轴压缩
应力应变关系曲线图

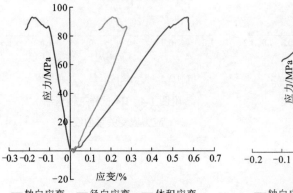

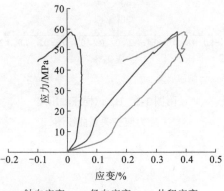

——轴向应变 ——径向应变 ——体积应变
附图 1-9　J1 试样三轴压缩
应力应变关系曲线图

——轴向应变 ——径向应变 ——体积应变
附图 1-10　J2 试样三轴压缩
应力应变关系曲线图

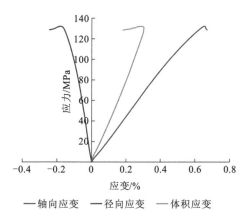

附图 1-11　J3 试样三轴压缩
应力应变关系曲线图

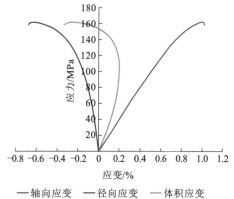

附图 1-12　J4 试样三轴压缩
应力应变关系曲线图

附录2 岩石声发射实验测试结果

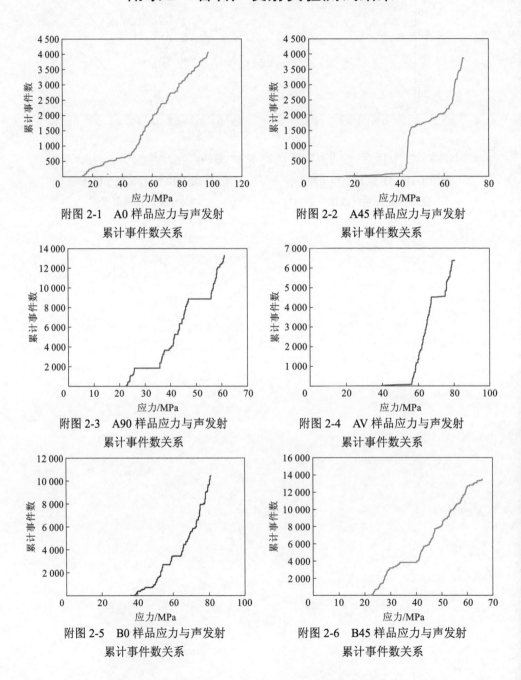

附图 2-1 A0 样品应力与声发射
累计事件数关系

附图 2-2 A45 样品应力与声发射
累计事件数关系

附图 2-3 A90 样品应力与声发射
累计事件数关系

附图 2-4 AV 样品应力与声发射
累计事件数关系

附图 2-5 B0 样品应力与声发射
累计事件数关系

附图 2-6 B45 样品应力与声发射
累计事件数关系

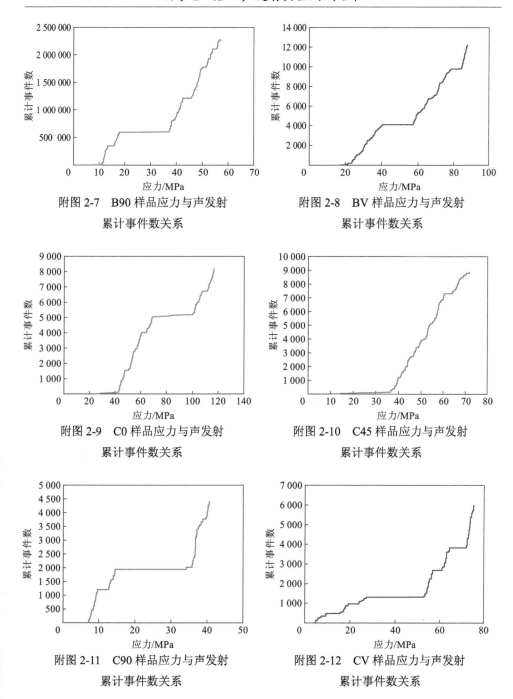

附图 2-7　B90 样品应力与声发射
累计事件数关系

附图 2-8　BV 样品应力与声发射
累计事件数关系

附图 2-9　C0 样品应力与声发射
累计事件数关系

附图 2-10　C45 样品应力与声发射
累计事件数关系

附图 2-11　C90 样品应力与声发射
累计事件数关系

附图 2-12　CV 样品应力与声发射
累计事件数关系

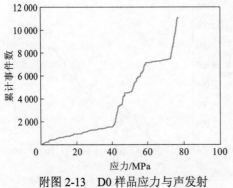

附图 2-13　D0 样品应力与声发射
累计事件数关系

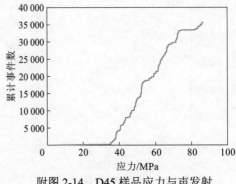

附图 2-14　D45 样品应力与声发射
累计事件数关系

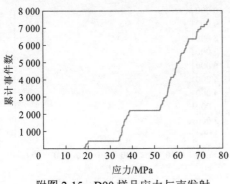

附图 2-15　D90 样品应力与声发射
累计事件数关系

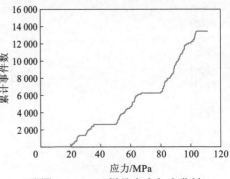

附图 2-16　DV 样品应力与声发射
累计事件数关系

附录 3 水平井改造参数

附表 3-1 庆平 18 井试油及射孔数据

层位	喷点位置/m	措施类型	砂量/m³	砂比/%	排量/(L/min)	破压/MPa	工作压力/MPa	停泵压力/MPa	入地总液量/m³	排出总液量/m³	试排情况 抽深/m	液面/m	日产液/m³	日产油/m³	日产水/m³
长6	2 899、2 911	分段多簇水力喷射射孔压裂	30	34.7	2.4	油：33.8 套：29.4	油：44.0 套：18.6	油：17.0 套：17.7	152.0	31.5	1 250	1 100	36.6	36.6	0
	2 814、2 826		35	34.9	2.4~2.6	油：55.0 套：45.9	油：39.0 套：20.0	油：16.6 套：17.5	171.3	36.0					
	2 739、2 754		30	34.7	2.4	油：48.5 套：38.0	油：37.0 套：18.7	油：17.5 套：16.7	151.3	32.0					
	2 670、2 685		25	30.0	2.4	油：43.7 套：36.3	油：38.0 套：18.8	油：17.9 套：19.3	146.5	32.0					
	2 599、2 612		15	30.2	2.0	油：35.0 套：31.3	油：36.5 套：20.0	油：18.0 套：19.0	96.0	31.5					
	2 454、2 467		15	32.8	2.0	油：53.5 套：38.5	油：38.0 套：20.4	油：19.0 套：20.0	89.1	32.0					
	2 389		25	30.5	2.4	油：49.4 套：38.9	油：44.5 套：29.0	油：27.0 套：27.1	142.2	31.5					
	2 320		35	34.8	2.4~2.6	油：51.5 套：42.5	油：43.0 套：22.0	油：19.3 套：20.4	172.1	32.0					
	2 248		30	35.7	2.4	油：34.3 套：23.4	油：42.0 套：21.0	油：19.7 套：20.5	147.1	36.0					

附表 3-2　庆平 19 井试油及射孔数据

层位	喷点位置 /m	措施类型	参数									试排情况				
			砂量 /m³	砂比 /%	排量 /(L/min)	破压 /MPa	工作压力 /MPa	停泵压力 /MPa	入地总液量/m³	排出总液量/m³	抽深 /m	液面 /m	日产液 /m³	日产油 /m³	日产水 /m³
长6	2 960、2 970		25	29.4	油：2.4 套：0.9	油：53.5 套：34.0	油：49.4 套：10.1	油：23.5 套：9.5	162.0	46.8					
	2 910、2 900		30	34.3	油：2.6 套：0.9	油：52.9 套：49.5	油：49.0 套：34.0	油：15.6 套：14.6	166.3	61.5					
	2 840、2 850		30	35.9	油：2.6 套：0.9	油：58.7 套：48.4	油：43.7 套：21.1	油：16.6 套：15.6	158.5	65.4					
	2 750、2 760	分段多簇水力喷射射流压裂				未压开									
	2 686、2 696		15	24.4	油：2.2 套：0.8	油：56.3 套：47.3	油：38.5 套：17.5	油：14.7 套：15.1	114.6	46.1					
	2 454、2 464		15	24.4	油：2.2 套：0.8	油：56.9 套：42.0	油：44.6 套：17.5	油：14.7 套：15.1	116.1	57.3	750	600	45.6	45.6	0
	2 372、2 382		25	29.6	油：2.4 套：0.8	油：55.6 套：46.2	油：32.3 套：17.6	油：14.6 套：15.1	149.7	61.3					
	2 310、2 320		30	35.0	油：2.6 套：1.0	油：44.1 套：18.5	油：43.5 套：17.2	油：15.4 套：15.1	157.8	67.2					
	2 244、2 254		20	30.0	油：2.4 套：1.0	油：48.6 套：38.7	油：41.0 套：17.2	油：16.9 套：16.6	124.6	47.2					

附表 3-3　庆平 20 井试油及射孔数据

层位	射孔段位置/m	措施类型	参数	砂量/m³	砂比/%	排量/(L/min)	破压/MPa	工作压力/MPa	停泵压力/MPa	入地总液量/m³	放喷液量/m³	抽深/m	液面/m	日产液/m³	日产油/t	日产水/m³
	3006.0~3010.0		油	30	20.7	2.4	54.6	36.5	16.9	167.5	51.8					
	2962.0~2966.0		油	35	21.8	2.2	42.9	35.1	18.6	251.2	61.8					
	2900.0~2904.0		油	35	25.4	2.4	37.9	41.9	23.7	175.4	50.8					
	2846.0~2850.0	双封选压	油	尝试压裂 6 次			最高压力 57.1			387.4	0					
			油	5 粉+15	19.0	2.4	49.8	37.4	17.9	131.2	50.5	900	750	30.6	30.6	0
长 6	2381.0~2385.0		油	20	21.5	2.4	36.2	37.2	18.7	234.9	90.0					
	2301.0~2305.0		油	35	22.4	2.4	53.2	34.3	17.8	137.8	51.9					
	2256.0~2260.0		油	20	20.4	2.4	49.3	30.1	16.8							

附表3-4 庆平46井试油及射孔数据

层位	喷点位置/m	措施类型	参数								试排情况				
			砂量/m³	砂比/%	排量/(L/min)	破压/MPa	工作压力/MPa	停泵压力/MPa	入地总液量/m³	排出总液量/m³	抽深/m	液面/m	日产液/m³	日产油/m³	日产水/m³
长6	2918、2920		尝试压7次未压开，最高油压60 MPa，套压45.9 MPa；最高油压64.2 MPa，套压51.5 MPa，排量1.0～1.4 L/min；超压未压开用前置酸6.1 方压裂，排量1.0～1.4 L/min，套压46.1 MPa。尝试压裂6次未压开。最高油压48.4 MPa，套压48.4 MPa，最高油压63.8 MPa，最高油压64.6 MPa，排量0.5 L/min，超尝试压裂5次未压开												
	2872	分段多簇	25	31.9	油：1.7 套：0.6	油：46.2 套：33.8	油：41.2 套：14.8	油：13.8 套：13.5	161.4	35					
	2828、2818		35	33.9	油：2.4 套：0.9	油：63.0 套：46.8	油：41.2 套：16.1	油：16.2 套：14.1	182.8	39					
	2768、2758	水力喷射射流压裂	35	33.9	油：2.6 套：0.8	油：39.7 套：33.3	油：36.5 套：16.6	油：14.1 套：14.2	175.0	41	750	600	42.3	42.3	0
	2722、2712	压裂	25	34.7	油：2.4 套：0.9	油：30.6 套：21.4	油：41.1 套：14.1	油：13.6 套：14.5	136.6	26					
	2662、2672		20	30.3	油：2.4 套：0.8～1.0	油：32.4 套：17.6	油：41.8 套：14.8	油：15.0 套：15.2	125.7	26					
	2424		15	28.7	油：1.8 套：0.4～0.6	油：60.4 套：36.1	油：38 套：14.4	油：15.1 套：13.5	91.5	23					
	2374		15	28.8	油：1.8 套：0.4～0.6	油：58.9 套：29.5	油：37.5 套：13.6	油：14.8 套：13.6	95.4	36					

附表3-5　庆平47井试油及射孔数据

层位	喷点位置/m	措施类型	砂量/m³	砂比/%	排量/(L/min)	破压/MPa	工作压力/MPa	停泵压力/MPa	入地总液量/m³	排出总液量/m³	抽深/m	液面/m	日产液/m³	日产油/m³	日产水/m³
							参数						试排情况		
长6	2808、2823		20	30.5	油：1.8 套：2.5	油：43.6 套：31.9	油：39.6 套：14.0	油：13.2 套：13.7	167.5	21.3	850	700	43.8	43.8	0
	2733、2748		30	35.1	油：1.8 套：3.0	油：49.0 套：42.8	油：32.0 套：15.0	油：14.4 套：14.7	213.4	32.0					
	2656、2671		35	35.4	油：2.0 套：3.0	油：54.5 套：47.0	油：26.5 套：16.7	油：16.1 套：16.6	245.7	33.5					
	2580、2595	分段多簇水力喷射流压裂	40	35.4	油：1.8 套：3.0	油：32.2 套：20.2	油：39.6 套：18.1	油：15.2 套：15.8	300.4	37.5					
	2510、2525		35	35.4	油：2.0 套：3.0	油：37.1 套：27.7	油：42.7 套：18.0	油：17.4 套：18.1	250.3	41.0					
	2424、2439		30	35.3	油：1.8 套：3.0	油：53.0 套：46.0	油：42.0 套：16.2	油：15.8 套：16.4	211.1	64.8					
	2355、2370		20	30.4	油：2.0 套：2.5	油：54.0 套：48.0	油：43.0 套：19.1	油：17.5 套：18.0	157.6	72.0					

附表 3-6　庆平 48 井试油及射孔数据

层位	喷点位置 /m	措施类型	参数								试排情况				
			砂量 /m³	砂比 /%	排量 /(L/min)	破压 /MPa	工作压力 /MPa	停泵压力 /MPa	入地总液量/m³	排出总液量/m³	抽深 /m	液面 /m	日产液 /m³	日产油 /m³	日产水 /m³
长6	2 800、2 815	分段多簇水力喷射流压裂	20	30.7	油: 2.0 套: 0.7	油: 43.1 套: 21.8	油: 33.0 套: 10.2	油: 11.9 套: 10.1	121.3	60					
	2 712、2 727		25	33.3	油: 2.2 套: 0.8	油: 60.1 套: 37.1	油: 31.5 套: 10.4	油: 11.1 套: 9.1	136.0	42					
	2 632、2 617		35	24.2	油: 2.4 套: 0.8	油: 62.0 套: 32.2	油: 48.6 套: 15.5	油: 16.6 套: 14.3	259.2	84					
	2 562、2 547		35	22.9	油: 2.6 套: 0.8	油: 52.1 套: 43.6	油: 30.2 套: 11.2	油: 11.1 套: 10.4	164.8	42	1 200	1 050	31.8	29.4	2.4
	2 498、2 488		35	31.9	油: 2.4 套: 0.8	油: 51.3 套: 25.4	油: 48.0 套: 12.8	油: 13.6 套: 11.7	189.8	42					
	2 420、2 430		25	36.3	油: 2.2 套: 0.8	油: 53.1 套: 45.3	油: 39.2 套: 12.7	油: 12.6 套: 11.6	126.0	42					
	2 350、2 360		20	31.0	油: 2.0 套: 0.8	油: 51.6 套: 38.2	油: 38.5 套: 14.6	油: 12.9 套: 12.0	112.4	42					

附表 3-7　庆平 49 井试油及射孔数据

层位	喷点位置/m	措施类型	参数									试排情况				
			砂量/m³	砂比/%	排量/(L/min)	破压/MPa	工作压力/MPa	停泵压力/MPa	入地总液量/m³	排出总液量/m³	抽深/m	液面/m	日产液/m³	日产油/m³	日产水/m³
长6	2 750、2 760	分段多簇水力喷射射流压裂	25	30.5	油：2.0 套：0.6	油：42.2 套：21.8	油：41.1 套：14.3	油：14.0 套：14.1	144.1	16	800	650	43.2	43.2	0
	2 700、2 710		30	35.5	油：2.2 套：0.6	油：45.7 套：34.3	油：40.2 套：14.3	油：14.2 套：13.9	145.9	23					
	2 650、2 660		35	35.0	油：2.2 套：0.8	油：38.9 套：25.3	油：44.2 套：17.0	油：15.9 套：15.1	183.1	25					
	2 604、2 614		35	35.0	油：2.2 套：0.8	油：51.4 套：43.1	油：44.4 套：14.3	油：15.0 套：14.2	182.9	24					
	2 557、2 567		40	35.4	油：2.4 套：0.9	油：47.5 套：43.3	油：44.6 套：16.8	油：15.8 套：14.9	208.7	28					
	2 506、2 516		40	35.4	油：2.4 套：0.9	油：45.3 套：37.4	油：40.2 套：15.0	油：14.2 套：13.7	208.2	22					
	2 458、2 468		35	35.4	油：2.2 套：0.8	油：26.8 套：21.4	油：42.9 套：15.0	油：14.5 套：13.7	180.7	27					
	2 400、2 410		30	35.3	油：2.2 套：0.6	油：48.8 套：39.6	油：40.9 套：17.2	油：16.7 套：16.6	144.7	21					
	2 360、2 370		25	30.5	油：2.0 套：0.6	油：48.8 套：41.8	油：40.9 套：17.6	油：16.4 套：15.6	132.5	15					
	2 320、2 330		20	30.3	油：1.8 套：0.6	油：42.6 套：26.9	油：37.6 套：18.9	油：16.1 套：15.1	119.7	27					

附表3-8 庆平50井试油及射孔数据

层位	喷点位置/m	措施类型	砂量/m³	砂比/%	排量/(L/min)	破压/MPa	工作压力/MPa	停泵压力/MPa	入地总液量/m³	排出总液量/m³	抽深/m	液面/m	日产液/m³	日产油/m³	日产水/m³
长6	2885、2900	分段多簇水力喷射射流压裂	20	30.3	油:2.0 套:0.6	油:39.1 套:34.1	油:37.6 套:12.1	油:13.5 套:12.9	120.1	22.0	900	750	40.2	40.2	0
	2818、2833		25	35.2	油:2.4 套:0.8	油:50.3 套:38.9	油:41.3 套:14.6	油:14.3 套:14.9	152.4	32.0					
	2744、2759		30	35.3	油:2.6 套:0.8	油:53.0 套:42.4	油:48.6 套:17.4	油:16.6 套:16.2	185.8	52.0					
	2670、2685		35	35.2	油:2.6 套:2.4	油:29.5 套:21.6	油:44.6 套:15.9	油:14.2 套:15.8	212.4	35.0					
	2572、2587		35	35.4	油:2.6 套:2.4	油:23.3 套:14.6	油:39.1 套:13.2	油:12.0 套:11.4	215.3	48.0					
	2497、2512		30	35.3	油:2.6 套:2.4	油:36.5 套:18.7	油:40.0 套:13.2	油:12.5 套:13.4	183.2	53.2					
	2430、2440		25	35.2	油:2.4 套:2.0	油:41.8 套:34.5	油:36.7 套:11.5	油:11.4 套:10.7	150.8	54.4					
	2362、2372		20	30.3	油:2.0 套:0.6	油:43.0 套:35.3	油:36.8 套:12.3	油:12.0 套:12.1	118.0	67.2					

附表3-9 川平50-23井试油及射孔数据

层位	措施类型	喷点位置/m	参数	砂量/m³	砂比/%	排量/(L/min)	破压/MPa	工作压力/MPa	停泵压力/MPa	入地总液量/m³	放喷液量/m³	抽深/m	液面/m	日产液/m³	日产油/m³	日产水/m³
长6	水力喷砂射孔油管加砂分段多簇压裂	3305、3315	油	20	28.70	2.2	53.8	326.3	11.9	97.7	32	1000	850	37.8	37.8	0
			套	0	0	0.8	45.2	19.2	12.8	39.8						
		3240、3250	油	30	27.25	2.2	51.6	41.2	13.7	148.5	35					
			套	0	0	0.8	28.2	28.9	14.4	64.2						
		3166、3176	油	20	27.70	2.2	58.9	41.4	16.7	100.4	38					
			套	0	0	0.8	40.9	21.3	17.0	42.0						
		2850、2860	油	20	28.20	2	51.7	42.7	20.9	138.8	39					
			套	0	0	0.8	26.8	23.5	21.8	54.3						
		2790、2800	油	30	28.60	2.2	58.5	48.8	17.9	143.9	42					
			套	0	0	1.2	39.3	34.3	18.6	88.1						
		2719、2729	油	35	29.20	2.4	50.5	32.8	12.9	162.5	42					
			套	0	0	1.4	24.1	14.9	13.8	106.9						
		2656、2666	油	40	29.10	2.4	56.9	35.5	14.4	186.1	48					
			套	0	0	1.4	43.6	18.2	15.3	123.6						
		2599、2609	油	40	29.40	2.4	52.6	37.8	13.6	183.8	46					
			套	0	0	1.4	30.1	13.9	11.9	121.8						
		2538、2548	油	35	29.70	2.4	48.7	30.5	15.7	160.3	42					
			套	0	0	1.4	39.9	15.8	15.9	105.9						
		2460、2470	油	30	28.20	2.2	28.2	32.2	16.2	142.5	45					
			套	0	0	1.2	15.4	17.8	17.3	87.1						
		2388、2398	油	20	28.10	2.2	39.2	42.5	15.1	98.5	42					
			套	0	0	0.8	18.4	17.8	15.7	38.8						

附表 3-10　川平 50-24 井试油及射孔数据

层位	喷点位置/m	措施类型	参数	砂量/m³	砂比/%	排量/(L/min)	破压/MPa	工作压力/MPa	停泵压力/MPa	入地总液量/m³	放喷液量/m³	抽深/m	液面/m	日产液/m³	日产油/m³	日产水/m³
长6	3 468, 3 478	水力喷砂射孔	油	25	26.1	2.2	43.2	37.4	14.3	153.0	17.5					
			套	0	0	0.8	30.2	24.3	15.1	58.9						
	3 406, 3 416		油	35	29.2	2.4	33.9	29.2	14.6	159.9	22.5					
			套	0	0	1.4	20.1	17.4	13.8	105.6						
	3 337, 3 347		油	35	29.5	2.4	33.1	28.1	14.5	158.5	27.0					
			套	0	0	1.4	20.6	15.2	15.6	105.4						
	3 227, 3 237		油	40	28.9	2.4	43.2	30.3	17.1	182.8	28.5					
			套	0	0	1.4	28.1	17.8	17.9	120.7						
	3 152, 3 162		油	25	25.4	2.4	40.7	18.1	12.9	142.9	31.0					
			套	0	0	1.4	27.3	14.6	13.0	91.5						
	3 088, 3 098		油	15	24.6	2.4	40.7	24.5	13.4	88.8	9.3	1 500	1 350	22.2	22.2	0
			套	0	0	1.4	27.3	14.3	14.2	56.9						
	3 012, 3 022	油管加砂分段多簇压裂	油	35	28.1	2.4	44.7	30.4	13.3	163.9	24.0					
			套	0	0	1.4	32.3	17.8	13.9	105.0						
	2 948, 2 958		油	35	28.9	2.4	49.6	30.5	14.9	160.4	31.5					
			套	0	0	1.4	35.9	20.2	15.5	105.4						
	2 896, 2 906		油	30	27.9	2.2	30.6	31.7	17.6	142.6	24.7					
			套	0	0	0.8	21.5	23.1	17.9	60.5						
			油	20	28.7	2.2	39.7	28.4	17.1	95.2	17.5					
			套	0	0	0.8	26.9	18.7	16.5	39.5						
	2 613, 2623		油	20	28.7	2.2	48.9	27.7	18.4	94.7	21.0					
			套	0	0	0.8	34.0	18.9	17.9	39.3						
	2 529, 2 539		油	30	28.7	2.2	37.7	27.8	16.5	138.6	18.0					
			套	0	0	0.8	25.9	17.9	16.5	57.6						
	2 470, 2 480		油	30	28.5	2.2	26.3	24.8	13.9	138.9	25.5					
			套	0	0	0.8	14.3	14.8	14.2	58.2						

编 后 记

"博士后文库"是汇集自然科学领域博士后研究人员优秀学术成果的系列丛书。"博士后文库"致力于打造专属于博士后学术创新的旗舰品牌，营造博士后百花齐放的学术氛围，提升博士后优秀成果的学术影响力和社会影响力。

"博士后文库"出版资助工作开展以来，得到了全国博士后管委会办公室、中国博士后科学基金会、中国科学院、科学出版社等有关单位领导的大力支持，众多热心博士后事业的专家学者给予积极的建议，工作人员做了大量艰苦细致的工作。在此，我们一并表示感谢！

"博士后文库"编委会